초등 자기주도 공부법

초등 자기주도 공부법

: 점점 더 잘하는 아이들은 어떻게 공부할까?

초판 발행 2020년 12월 7일
3쇄 발행 2021년 3월 20일

지은이 이은경, 이성종 / **펴낸이** 김태헌
총괄 임규근 / **책임편집** 권형숙 / **기획편집** 김희정 / **교정교열** 박정수 / **디자인** 어나더페이퍼
영업 문윤식, 조유미 / **마케팅** 박상용, 손희정, 박수미 / **제작** 박성우, 김정우

펴낸곳 한빛라이프 / **주소** 서울시 서대문구 연희로 2길 62 한빛빌딩
전화 02-336-7129 / **팩스** 02-325-6300
등록 2013년 11월 14일 제25100-2017-000059호 / **ISBN** 979-11-90846-07-3 13590

한빛라이프는 한빛미디어(주)의 실용 브랜드로 우리의 일상을 환히 비추는 책을 펴냅니다.

이 책에 대한 의견이나 오탈자 및 잘못된 내용에 대한 수정 정보는 한빛미디어(주)의 홈페이지나 아래 이메일로 알려 주십시오. 잘못된 책은 구입하신 서점에서 교환해 드립니다. 책값은 뒤표지에 표시되어 있습니다.
한빛미디어 홈페이지 www.hanbit.co.kr / **이메일** ask_life@hanbit.co.kr
한빛라이프 페이스북 facebook.com/goodtipstoknow / **포스트** post.naver.com/hanbitstory

초등 자기주도 공부법

슬기로운 초등생활
이은경 × 이성종

HB 한빛라이프

머리말

스스로 공부할 줄 아는 아이, 그 이상 무얼 더 바랄까요?

자식 교육은 초등교사도 어렵습니다

저희 부부가 아이를 한 명씩 붙들고 끙끙대며 공부시키는 모습을 본 주위 분들은 의아해합니다. '부모가 둘 다 초등교사면서 애들 공부 가르치는 게 뭐가 힘들다는 거야?' 하는 눈빛이죠. 일일이 내색하지 않지만 더러 억울하기도 합니다.

직업이 아이들을 가르치는 일이고 초등 교육과정을 훤히 알고 있으니 겁 없이 덤벼보지만 딱 거기까지입니다. 엄마표·아빠표 공부 6년 차에 접어들었는데요, 여기까지 온 과정은 저희 역시 비슷했습니다. 다들 그렇듯 아이들에게 짜증·험한 말·고함을 자주 터트렸고, 인내·반성·회개·결심을 되풀이했습니다. 내내 쉽지 않았고 지금도 여전히 어렵습니다. 뭐가 그렇게 어렵고 힘드냐고요? 가르치는 건 쉬웠습니다. 저희를 지치게 한 건 아무리 해도 쉬이 다스려지지 않는 저희의 엉큼한 속내였습니다.

초등교사로 근무한 15년 동안 우리 반 교실, 옆 반 교실, 영재 학급, 청소년 단체, 경시대회, 학교 대항 대회에서 똘똘하고 야무지게 잘하는 아이들을 너무 많이 봤습니다. 약이 될 줄 알았던 교육 현장의 경험이 저희의 발목을 제대로 잡았습니다. 뛰어난 아이들이 어떤 방법으로 어떻게 꾸준히 공부하는지, 그 부모는 어떻게 노력하는지 지켜본 건 돈 주고도 얻기 힘든 귀한 경험입니다. 하지만 그러는 사이 저희 기준은 차츰 높아져 갔습니다.

저희는 아이를 낳으면 당연히 교실에서 봐온, 반짝반짝 빛나는 총명한 아이가 태어날 거라 기대했습니다. 하지만 저희 아이들은 그런 특별한 아이가 아니었고, 부모인 저희도 지극히 평범했습니다. 아이가 노력한 결과물은 당연히 저희의 높은 기대에 미치지 못했습니다. 그때마다 감정을 다스리지 못해 모자람을 탓하고, 고함을 치고, 때로는 거친 욕을 내뱉기도 했습니다(저희는 차지게 욕도 잘합니다).

경험은 독이 되었고 열심히 해보려고 애쓰는 두 아이와 부모인 저희를 초라하고 속상하게 만들었습니다. 누가 뭐라 한 적이 없는데 저희 스스로 그렇게 변해갔습니다. 학부모들에게는 "과한 기대와 욕심은 아이에게 해가 될 수 있으니 아이를 조금 더 여유로운 눈길로 바라보라"라고 애원하듯 상담하면서도 정작 저희는 그러지 못했습니다. 초등교사도 자식 교육은 몹시 어렵습니다.

한때는 저도 엄마표를 오해했습니다

부모가 되기 전, '엄마표 영어'에 관한 강의를 들은 적이 있습니다. 철저한 엄마표로 아이가 원어민 수준으로 영어를 하게 만든 한 엄마의 열강이었습니다. 강의 내내 '저 엄마 진짜 보통 아니네'라고 중얼거렸던 기억이 납니다. 다들 비슷한 마음일 겁니다. '엄마표'라는 단어에 담긴 묘한 뉘앙스를 모르지 않습니다. 엄마표는 유별나고 독하고 엄격하고 철저하고 완벽하고 똑똑하고 인내심 강한 엄마들의 전유물로 보인다는 걸 압니다. 그렇게 잘 아는 저희도 엄마표를 시작했습니다. 주변에서 물어올 때 "학원에 보내지 않고 엄마표로 하고 있다"라고 대답하면 반응은 비슷합니다. "대단하다"라고 말하면서 속으로는 '저 엄마 독하다'라고 생각하시더라고요.

하고 보니, 엄마표는 선택이 아니었습니다. 당연한 것이더라고요. 따지고 보면 아이 공부는 모두 엄마표로 시작할 수밖에 없습니다. 초등학교 1학년 아이가 스스로 공부해야 할 과목을 정하고, 정한 과목의 수업·학습지·문제집을 알아보고, 상담받고 결정하고 구입할 수는 없으니까요. 부모라면 누구라도 아이를 도와 하고 있는 일입니다. 저희는 이 정도라도 엄마표라고 생각합니다. 물론 여기에 더해 부모가 직접 학습지와 문제집을 고르고 공부를 가르치는 경우도 있지만 엄마표의 다양한 유형 중 하나라고 생각합니다.

학원에 다니면 엄마표가 아닌 걸까요? 실제로 대한민국 초등학생 대부분이 학원에 다니고 있습니다. 이런 경우를 '학원표'라고 하는데 굳이 그렇게 구분 지을 필요가 있는지 모르겠습니다. 수업은 학원 선생님이 진행하지만 어떤 수업을 받게 할지는 부모가 정하잖아요. 그 수업이 아이와 잘 맞는지, 꼭 필요한지, 대안은 없는지를 수시로 확인하여 그대로 유지할지, 학원을 옮길지, 부모가 가르칠지, 인강으로 대체할지, 학습지로 관리할지, 아이 스스로 하게 할지 등을 고민하고 결정하는 사람은 부모입니다.

핵심은 누가 가르치느냐가 아니라 그 방법을 누가 결정하느냐, 누가 계획하느냐입니다. 저희 역시 필요할 때는 수학 학원에 보냈고(맞벌이로 아이의 오후 시간이 애매했고, 수학 선행을 시도해보고 싶었습니다), 한글 학습지의 도움을 받았고(아이가 원했습니다. 엄마는 자꾸 화를 내기 때문에 친절한 선생님께 배우고 싶다고 했습니다), 영문법 강의를 유튜브에서 찾아 듣게 했습니다(저희는 영문법을 배운 지 오래되어 문법을 직접 설명하는 데에 한계가 있습니다). 엄마표는 부모 상황, 아이 학년, 아이의 희망 여부 등에 따라 얼마든지 그 세부적인 형태가 달라질 수 있습니다. 핵심은 초등 공부의 시작이 부모에게 달려 있다는 점입니다. 별스러운 게 아니고, 그게 엄마표입니다. 우리는 모두 엄마표를 하고 있습니다.

'힘을 뺀 엄마표'라면 누구라도 할 수 있습니다

엄마표를 할지 말지를 두고 고민하는 분에게 저희는 단호하게 말씀드립니다. 초등 저학년 아이에게 엄마표는 선택이 아니라 필수라고요. 아이에게 한 번이라도 자기주도공부를 경험하게 하고 싶다면 평생 공부 습관이 만들어지는 미취학, 초등 저·중학년 시기의 엄마표는 필수입니다. "저는 바빠서 도저히 엄마표는 할 수 없어요"라고 말씀하시는 분들이 있는데, 지레 포기하지 마세요. 어렵고 바쁜 상황을 모르지 않습니다. 저희도 육아 독립군으로, 맞벌이 부부로, 아프고 바쁘고 경제적으로 빠듯한 두 아이의 부모로 살면서 근근이 여기까지 왔기에 부모들이 처한 현실적인 어려움을 너무나 잘 압니다.

저희의 엄마표 비결은 '적당히 힘 빼고'입니다. 엄마표를 하다가 아이와 사이가 나빠질까봐 시작조차 않는다는 분이 많습니다. 맞습니다. 저희 역시 공부 때문에 얼굴 붉히는 날도 많습니다. 내 마음만큼 따라오지 않는 아이에게 실망하여 소리 지르고 혼낸 적도 많았습니다. 하지만 가만히 생각해보세요. 어떤 선택이라도 얻는 게 있으면 잃는 게 있습니다. 그래도 조금 덜 잃고 조금 더 얻는 선택이라면 해볼 만하지 않나요? 엄마표를 하면서는 잃은 것보다 얻은 것이 훨씬 많았습니다.

처음부터 되는 일은 결코 아닙니다. 저희도 너무 힘들고 속상해 학원으로 떠밀고 싶었지만 아이는 가지 않겠다고 강하게 버텼습니다. 덕분에 어쩔 수 없이 계속하게 되었고, 함께 공부한 시간만큼 아이의 공부 성향과 습관, 강·약점을 파악할 수 있었습니다. 이렇게 알아낸 것들을 십분 활용해 아이가 사춘기에 접어들어 성적·공부·진로 때문에 고민할 때 도움을 줄 수 있으리라 확신합니다. 공부든 놀이든 인생이든 아이를 키울 때 가장 중요한 건 내 아이를 제대로 아는 겁니다. 필요한 순간에 최적의 도움을 주기 위한 저축이라고 생각합니다. 숟가락질이나 화장실 사용법을 가정생활에서 배워나간 것처럼 아이 공부의 시작은 부모 몫입니다.

이 모든 공부에 관한 결정권이 결국 아이에게 넘어가야겠지만 시작은 부모여야 합니다. 부모가 시작해서 아이에게 넘기자는 이야기입니다.

할 수 있습니다. 너무 잘하려고만 하지 않으면 누구라도 할 수 있고, 지금 당장 할 수 있습니다. 적당히 힘만 빼면 오래 할 수 있습니다. 아이가 공부 주도권을 잡을 때까지만 근근이 버텨봅시다.

학원과 과외가 필요한 순간도 분명 옵니다

저희가 공교육에 몸담고 있다보니 학원이나 과외 같은 사교육을 싫어할 거라고 짐작하는 분들도 있는데요, 그건 아닙니다. 저희 역시 사교육을 좋아합니다. 당장이라도 아이 둘 다 학원에 등록시키고 싶고, 더 좋은 학원에 다니게 하고 싶고, 형편만 허락되면 명문대 출신 과외 선생님에게 맡기고 싶습니다. 아이가 자라는 과정에서 진심으로 존경할 수 있는 스승을 만나게 해주는 것도 부모의 중요한 역할이라 생각하거든요. 그래서 저희는 아이가 인생에서 최고의 스승을 만날 수 있도록 눈과 귀를 활짝 열어놓고 있습니다.

그런데 왜 아직도 학원에 안 보내느냐고요? 왜 쉽게 결정하지 못하느냐고요? 두 녀석이 초등학생이라 그렇습니다. 지금은 운동하느라 땀 흘리고 정신없이 책 읽기에 빠져 지내야 할 시기라서요. 놀고, 먹고, 걷기만 해도 부모를 흐뭇하게 했던 아이들이 공부라는 새로운 기술을 처음으로 익혀가는 중이기 때문입니다.

아이가 학원에 발을 들이기 시작하면 공부와 생활의 모든 흐름이 학원 위주로 흐릅니다. 학원 시간표에 맞춰 모든 걸 조정해야 합니다. 학원에서 아이의 학습 수준을 평가하고 앞으로 어떻게 공부해야 할지를 정해줄지도 모릅니다. 아이는 레벨 테스트와 승급 시험이라는 이름으로 다른 아이들과 끊임없이 비교당하고 스스로 비교할 겁니다. 한 번 경쟁 구도가 자리 잡히면 나는 보이지 않고 함께 뛰는 친구만 보입니다. 나는 분명 앞으로 뛰고 있는데 나보다 빨리 뛰는 아이들이 많아지면 내가 뒷걸음치는 듯 보입니다.

부모도 착각합니다. 앞으로 나아가는 아이를 격려하기보다 닦달하고 혼을 냅니다. 그러면 아이는 더 급하게 달립니다. 부모를 실망시키지 않으려고요. 생각할 틈 없이 일단 달리고 봅니다. 더 빨리 달리는 데 힘을 쏟습니다. 우리 아이들이 그러지 않았으면 합니다. 주관 없이 마냥 휩쓸리지 않으려면 아이가 자기를 알고, 돌아보고, 생각하고, 결정하고, 실패하고, 성공하는 시간이 필요합니다. 훗날 학원을 가든 과외를 받든 초등학생 때 자기주도적인 공부를 경험해야 한다고 주장하는 이유입니다.

사람 일이란 알 수 없습니다. 아이를 키우면서 더욱 절실히 느낍니다. 생각처럼 마음처럼 착착 되지 않는 일이 훨씬 많습니다. 아이에 따라서는 엄마표에서 자기주도공부로 자연스럽게 안착하는 경우도 있지만 어떤 아이들은 툭하면 고비를 만나기도 하고요, 때로는 예상치 못하게 완전히 무너질 수도 있습니다. 다양한 이유로 학원·과외 수업을 지속할 수 없는 상황이 오기도 합니다. 그 어떤 도움도 받을 수 없어 마음이 급한데, 한 번도 스스로 공부해본 적이 없다면 공부를 지속할 수 있을까요?

'스스로 공부할 줄 아는 아이'를 기다립니다

우리 아이의 공부는 잘 차려놓은 백반 한 상이었으면 합니다. 전주에 가서 백반을 주문하면 찌개·밥·반찬이 한 상 가득 나옵니다. 뭘 먼저 먹고 뭘 나중에 먹든, 비벼 먹든 말아 먹든, 어떤 반찬을 더 달라고 주문하든 먹는 사람 마음입니다. 좋아하는 반찬부터 먹기 시작하겠지만 처음 보는 요리에도 젓가락이 닿다가 때로는 공깃밥을 더 달라고도 하겠죠. 초등학생 공부는 이런 모습이면 좋겠습니다.

이때는 뭐든 경험할 수 있고, 어떤 걸 실패해도 괜찮습니다. 숟가락질 못하는 아이 입에 밥을 떠 넣어주고 반찬을 챙겨주던 부모는 서서히 함께 먹는 것으로 충분할 겁니다. 그뿐인가요, 조금만 더 있으면 차려주기만 해도 혼자 잘 먹고요, 원하는 식당에 찾아가 먹고 오는 일도 생길 거예요. 아이 식사 때문에 동동거리며 하나씩 챙기지 않아도 되는 시기가 오는 것처럼 공부도 그렇습니다. 결국엔 혼자서도 싹싹 비우며 잘 먹는 아이로 키우자는 겁니다.

공부에 대한 성공과 실패의 경험이 없는 상태에서 학원 공부를 시작하지 않았으면 합니다. 학원을 선택하게 된다면 그 결정은 아이 스스로 자신을 충분히 들여다보고 고민한 후에 절실한 필요에 따라 내린 것이었으면 합니다.

자기 공부의 주도권을 잡고 있는 아이들은 학원에 가도 친구들과 덜 비교합니다. 내가 아는 것과 모르는 것을 구분하고 부족한 것을 채우는 데 집중합니다. 학원에 다니는 목적이 친구보다 잘하기 위해서가 아니라 혼자 공부하기 힘든 부분에 관한 도움을 받기 위해서이기 때문입니다.

이런 아이들은 스스로 판단하고 결정해본 경험이 있기 때문에 친구와 비교·경쟁하는 데 집착하지 않습니다. 그런 게 중요하지 않다는 것을 이미 잘 알고 있기 때문입니다. 그래서 그보다 훨씬 중요하고 나에게 효과적인 학습 방법, 수업, 교재, 환경, 휴식 방법을 선택하는 일에 집중합니다.

초등 자기주도 공부법은 결국 아이가 자신에게 잘 맞는 공부법, 현재 자신의 공부 수준과 위치, 뛰어난 부분과 부족한 부분 등에 관해 파악하고 채워가는 과정입니다. 나를 알아야 달려가야 할 때, 쉬어야 할 때, 파고들고 되짚어야 할 때를 현명하게 판단할 수 있습니다.

공부는 마라톤입니다. 길게 보고 자기 페이스대로 뛰는 아이들이 끝까지 달려 성취할 수 있습니다. 그래서 지금부터 저희와 함께 나누게 될 이야기는 '학원 다 끊고 엄마가 주도하여 성공적으로 가르치는 비법' 혹은 '학원 끊고 전 과목 독학해서 성공하는 비법'이 아닙니다. 가정에서 부모 주도로 초등학생인 아이의 공부를 시작하여 필요하다면 사교육도 알차게 활용하되 결국에는 '스스로 공부할 줄 아는 아이'로 키워보자는 제언입니다. 부모에게 있던 공부 주도권을 아이에게 넘기는 방법에 관한 실제적이고 구체적인 이야기입니다.

어쩌면 이 책은 '아이에게 덜 폭발하고 학원의 유혹을 견디며 근근이 버티는 방법'에 관한 이야기일지도 모릅니다. 처음엔 부모랑 같이 계획을 짜서 아이가 해보게 하다가 한 과목씩, 한 가지씩, 하루씩 스스로 해보게 하면서 부모는 조금씩 뒤로 물러서는 방법, 그것에 관한 이야기이기도 합니다.

아직 혼자 공부할 엄두가 나지 않는 아이에게 언제, 어떤 과목부터, 어떻게 넘겨야 할지에 관해 이제껏 어디서도 들어본 적 없는 속 시원한 정보와 경험을 담았습니다.

함께 고민하고 이야기를 나눌 준비가 되셨나요?

시작해보겠습니다.

차례

자기주도공부, 초등에서 시작합니다

단계별 초등 자기주도 공부법

과목별 초등 자기주도 공부법

자기주도공부를 성공으로 이끄는 초등 핵심 습관 일곱 가지

1장

자기주도공부, 초등에서 시작합니다

초등 공부 주도권은 부모가 먼저 잡고 천천히 아이에게로 넘겨야 합니다. 동네 공부방에서 잡고 있다가 대형 학원으로 넘기는 게 아닙니다. 아무리 바쁘고 힘들어도 시작은 부모가 해야 합니다. 교육 전문가의 강의·코칭·첨삭이 결정적인 도움으로 작용하는 시기는 빠르면 초등 고학년, 대개는 중학생 이후입니다. 지금이 아닙니다. 초등 시기에는 부모가 아이 학습 전체를 주도하면서 아이의 공부 성향을 파악하며 최소한의 사교육을 병행하는 것을 원칙으로 삼아야 합니다. 사춘기에 접어든 초등 고학년 아이가 '이제 제가 알아서 할게요'라는 내색을 보이면 못 이기는 척 주도권을 아이에게 넘기는 것으로 자기주도공부를 시작해야 합니다. 바로 지금이 그때입니다.

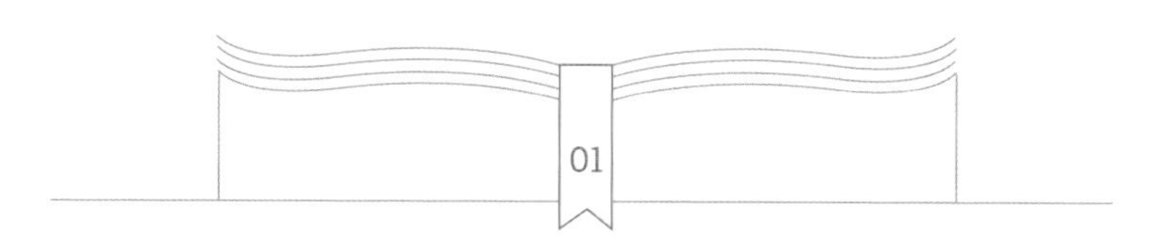

01

초등 공부,
최종 목표는 무엇입니까

초등 6년은 인생 전체로 보면 짧은 기간이지만 인생의 많은 것이 결정되는 중요한 시기이기도 합니다. 초등학교에 입학할 때 120cm 남짓이던 작고 귀여운 꼬마가 졸업할 즈음이면 160cm 언저리까지 자라 부모와 나란히 눈을 맞추려 듭니다. 몸만 그런 건 아니죠. 머리와 마음도 입학할 때와는 비교할 수 없을 만큼 눈에 띄게 성장합니다.

담임을 맡았던 1학년 아이들을 6학년 때 다시 가르친 적이 있는데요, 이 아이들이 그때 그 귀염둥이들이 맞나 싶더라고요. 외모, 말투, 성적, 생활, 습관, 눈빛, 의욕, 성향 등 모든 면에서 달라져 있었습니다. '다른 아이라 해도 믿겠구나' 싶었습니다. 초등 6년이 중요한 이유입니다. 이 시기를 어떻게 보내느냐에 따라 아이들은 매우 다르게 성장합니다. 그 많은 변화 중 공부 습관에 관한 이야기를 시작해 보겠습니다.

'공부 습관을 제대로 잡으려면 초등 시기를 어떻게 보내야 할까요?'라는 질문은 '아이가 중학교에 올라갈 무렵 어떤 모습으로 공부하길 바라나요?'라는 질문으로 바꾸어도 괜찮을 듯합니다. 목표를 명확하고 구체적으로 그릴수록 지금 무엇을 어떻게 해야 할지 결정하기 수월합니다. 아직 구체적인 목표를 세우지 않았을 거예요. 아이가 어떤 모습으로 크길 그려본 적이 없었을 거예요. 괜찮습니다. 다들 그런걸요. 지금부터 그리면 됩니다. 그러자고 이 이야기를 시작한 거니까요.

2020년이 저물어가는 지금 우리는 한 번도 겪어본 적이 없는 코로나바이러스감염증-19(이후 코로나19)라는 힘겨운 강을 건너고 있습니다. 강 너머에 어떤 세상이 펼쳐질지 지금은 알 수가 없습니다. 이렇게 불투명한 시기에 미래를 계획하고 목표를 세우는 게 사치스럽고 무의미하게 느껴질 수도 있습니다. 온·오프라인 수업을 병행하느라 생긴 학습 공백 때문에 불안하고 오랜 사회적 거리 두기로 아이도 부모도 많이 지쳤습니다. 그럴수록 마음을 다잡았으면 합니다.

부모인 우리는 아이가 미래와 목표를 명확하게 그릴 수 있게 돕는 사람들입니다. 목표가 없는 아이는 잘 가고 있는지 몰라 수시로 흔들리고, 비교하다 좌절하게 됩니다. 그런 아이를 지켜보는 부모는 제대로 이끌어주지 못하고 있다며 자책하기 쉽습니다. 아이는 나름대로 애를 쓰며 잘해보려는데 자꾸 흔들리고 좌절하고 자책하느라 나아가지 못하고 제자리만 맴돕니다. 앞으로 나아가려면 아이 눈에 뚜렷하게 보이는 목표가 필요합니다. 그걸 보여주고 걸음을 뗄 수 있게 돕는 게 부모의 일입니다.

지금 당장 '공부 잘했으면 좋겠다', '단원평가 백 점 맞았으면 좋겠다', '중등 수학 선행했으면 좋겠다', '해리포터를 원서로 읽었으면 좋겠다' 말고 아이가 어떤 중학생으로 자라길 바라는지, 초등학교를 졸업할 즈음이면 어떤 모습으로 공부하고 있기를 바라는지 생각해 보세요. 조금 더 구체적이고 본질적인 관점으로 초등 6년 공부의 큰 그림을 함께 그려보고 싶습니다.

초등 시기는 인생 전체를 위한 경험과 배움의 시기입니다

초등 6년 공부의 최종 목표를 정하려면 초등 시기에 무엇이 가장 중요한지 짚어야 합니다. 중·고등학생 공부와 달리 초등학생 공부의 목표는 대학 입시가 아닙니다. 대학 입시를 위한 첫 단추, 1단계는 더욱 아닙니다. 초등 시기는 인생 전체를 위한 경험과 배움의 시기임을 기억해야 합니다. 그래서 중요하고, 그래서 단단해야 하고, 그래서 부모의 역할이 그 어느 때보다 중요합니다.

공부는 일상의 평범한 배움과 다릅니다. 인생 전체에서 공부처럼 전략이 중요한 분야는 드뭅니다. 인생에는 거시적인 전략, 체계적인 계획, 뚜렷한 목표 없이도 그럭저럭 해낼 수 있는 영역이 제법 많습니다. 요리에 소질이 없어도 유튜브 영상을 보며 따라 만든 딸기잼은 쪼쪼하니 감칠맛이 납니다. 또 어제 딸기잼 한 냄비 태워 먹었다고 해서 오늘 끓이는 김치찌개가 맛이 없으리라는 법은 없습니다. 저(이은경)는 턱걸이로 합격한 도로 주행 시험 점수를 가지고도 20년째 큰 사고 없이 운전을 하고 다닙니다. 오늘 퇴근길 운전을 바탕으로 내년의 운전 전략을 세우거나 수정하는 사람은 없습니다.

아이가 이번 단원과 이번 학기 내용을 달달 외워 백 점을 맞았다고 해서 충분하다고 자신할 수는 없습니다. 그보다 훨씬 중요한 것은 '제대로 된 공부 습관'과 '자기주도공부의 시작'이기 때문입니다. 이 두 가지는 평생 함께할 공부 습관, 점수, 합격 같은 결과를 가져오고 결정짓는 중요한 요소지만, 초등 시기에 경험하지 않으면 갈수록 익히기 힘들어집니다. 그래서 지금 시작해야 합니다.

제대로 시키기 위한 고민을 시작합시다

내신 등급 때문에 신경이 곤두선 중학생 아이에게 독해력과 사고력을 키우자며 수행평가고 시험이고 다 제쳐두고 매일 독서를 하자고 하기는 쉽지 않습니다. 잠자는 시간까지 줄여가며 공부하는 고등학생 아이를 붙잡고 한 번도 해본 적 없는 자기주도공부를 시도해보자고 할 수도 없는 노릇입니다. 조금은 느긋하게 천천히 나아갈 수 있고, 실패해도 괜찮은 초등 시기에 공부 습관을 바로잡고 자기주도공부를 시도하자고 제안하는 이유입니다. 굳이 초등 시기가 아니라도 할 수 있는 공부를 하느라 시간과 돈을 낭비하지 말자는 이야기이며, 초등 시기가 아니면 더 하기 힘든 경험과 공부에 지금 집중하자는 이야기입니다. 공부를 덜 시키자는 게 아니라 시킬 거면 제대로 시키자는 겁니다. 계획과 전략을 제대로 세워 꼭 필요한 것들로 알차게 채우자는 겁니다.

초등 시기는 '뒤처지지 않기 위해 일단 뭐든 많이 시키기'보다 '제대로 시키기' 위한 고민이 필요한 중요한 시기입니다. 초등학생을 둔 부모라면 한 번쯤 '제대로 공부시키는 게 뭔지' 머리 아프게 고민해봤으면 합니다. '주변에서 다 시키고 있다'라는 것이 내 아이 사교육의 종류와 시기를 결정하는 기준이 되어선 안 됩니다. 학원을 선택했다면 이 학원을 보내는 이유와 목적이 명확해야 합니다. 그래야 아이가 입시를 마친 후에 '그렇게까지 힘들고 고통스럽게 시키지 말았어야 했는데'라는 후회를 하지 않습니다.

자기주도공부는 어느 날 아침 책상에 앉아 갑작스럽게 시작되지 않습니다. 학원에서 방법을 배운 후, 그날 저녁부터 적용할 수 있는 기술도 아니에요. 문제를 푸는 기술, 공책을 정리하는 방법이 아니라 '내가 내 인생의 주인이 되어 주체적으로 살아보겠다는 삶의 방식'입니다. 그 첫 시도를 공부로 해보자는 거예요.

공부의 주도권을 잡아야 인생의 주도권을 잡을 수 있습니다. 초등 시기에 잡아보지 못한 주도권은 중·고등학생, 성인이 되어도 잡기 어렵습니다. 넘어지고 뒷걸음치는 힘든 날도 있을 테고, 힘차게 앞으로 나가는 날도 있을 거예요. 그런 아이를 옆에서 지켜보는 게 쉽진 않아요. 아이를 지름길처럼 보이는 길로 끌어 달려가고 싶은 마음을 눌러야 합니다. 넘어져도 기회를 주고 격려하며 아이가 마침내 작은 성공을 만들어내 성취감을 얻을 수 있게 도와야 합니다.

완전히 자리 잡는 데까지 2~3년은 걸릴 거예요. 억지로 할 수 있는 일이 아니고 조바심 낸다고 빨라질 일도 아닙니다. 조금 느긋하게 마음먹고 시작하세요. 그런 하루하루가 모이면 자기주도공부도 천천히 자연스럽게 삶의 한 부분으로 자리 잡을 거예요. 애정 어린 시선의 부모가 한발 뒤로 물러나는 만큼 아이는 열정적인 눈빛으로 성큼 앞서갈 겁니다. 자기주도공부의 열쇠는 부모가 쥐고 있습니다.

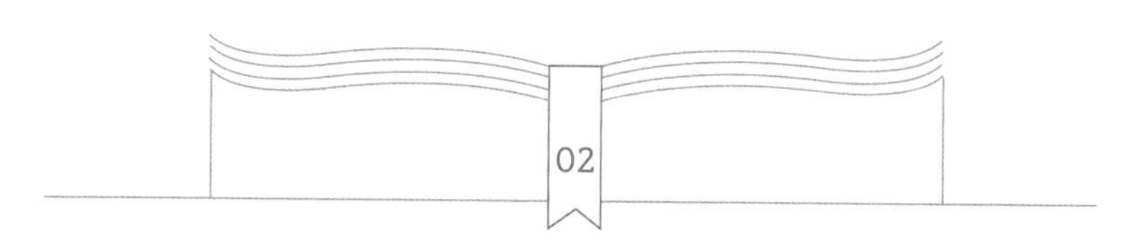

초등 공부, 속도보다 방향입니다

대한민국의 초등교육은 지나치게 진지하고 무겁습니다. 부모는 교육 때문에 지끈거리고 아이는 우울합니다. 차근차근 방향을 잡는 데 공을 들여야 할 시기인데 진도와 속도에 대한 부담이 지나칩니다. 당장 그렇게 달리지 않으면 어떻게 될 것처럼 안달이 나고 불안해집니다. 우리 동네 아이들의 속도에 맞추지 않으면 무능하고 게으르고 관심 없는 부모가 되어버리는 건 순식간입니다. 우리 아이는 제 속도대로 잘 가고 있는데도 경쟁 상대인 또래 아이들은 고속도로를 달리는 것처럼 빠르고 대단해 보입니다. 똑같이 출발해도 뒤처지는 건 금방인데 출발부터 늦어진 것 같아 마음이 급할 겁니다.

그럼, 이 격차를 어떻게 좁혀야 할까요? 지금이라도 무리해서 최고 속력으로 달려야 할까요? 그렇게 하면 과연 좁혀지기는 할까요? 그것 말고 다른 방법은 없을까요? 격차를 좁히지 않으면 어떻게 되는 걸까요? 비교가 일상이고 경쟁은 더욱 치열해지는 분위기에서 부모와 아이는 어떻게 중심을 잡아야 할까요? 부모라면 누구나 한 번은 고민해야 할 중요한 문제입니다. 아이 공부는 이 고민에서 시작해야 합니다.

고속도로 위에서 내 앞을 달리는 무수한 차를 보며 엑셀을 밟는 것보다 중요한 건 목표한 곳을 향해 제대로 된 방향으로 달리고 있느냐입니다. 조금 늦더라도 방향을 제대로 잡고 달려야 목표에 도달할 수 있기 때문입니다. 남이 달린다고 서둘러 따라가다 엉뚱한 곳에 도착하면 되돌아가는 데 너무 많은 시간과 노력이 듭니다. 돌이키기 어려울 수도 있습니다. 내 아이의 공부 목표를 설정했다면 목표에 도달할 수 있는 길을 찾고 방법을 결정한 후에 달려도 늦지 않습니다. 조금 늦은 듯 보여도 가장 빠르고 정확하게 도착하는 방법입니다.

우리 아이 우선순위,
속도인가요? 방향인가요?

초등 공부의 유형을 두 가지로 구분해보겠습니다(단편적인 비교라 세부적인 부분에 이견이 있을 수 있습니다). 가정마다 아이마다 상황은 다르지만 크게 봐서 '빠른 속도'에 치중하여 달려가는 쪽과 '방향 설정'을 위해 노력하는 쪽으로 나눌 수 있습니다. 우리 아이와 부모인 나는 어느 쪽에 가까운지 아래의 비교를 통해 확인해보세요.

	속도 위주	방향 위주
비율	70% 이상	30% 이하
공부 시간	방과 후 대부분의 시간을 학원 수업과 학원 숙제에 할애	매일 독서와 운동 시간 확보, 최소 분량으로 시작하여 점차 공부 시간을 늘려감
공부 방법	학원, 과외, 온라인 등 수업을 통해 레벨 높이기	한글·영어 독서 위주, 교과서 복습 기반, 문제집과 학원은 부분적으로 활용
주요 교재	학원 교재, 인강 등	교과서, 배움공책, 문제집 등
공부 목표	단원평가 점수, 석차, 빠른 선행, 진도	생각하는 힘 키우기, 바른 공부 습관과 독서 습관 만들기
최종 목표	선행 진도, 학원 레벨 높이기	공부 습관 만들기, 자기주도공부 시도
속도	6년 내내 빠른 속도 유지, 중·고등학생 시기에 지칠 수 있음	고학년으로 갈수록 가속, 중·고등학생 시기에 실력 발휘
학생 특징	학원 수업에 적극적인 유형과 무기력한 유형으로 구분됨	학습량이 친구들보다 적다는 사실을 인정하고, 스스로 성취감을 느끼며 주도적으로 공부함

초등학생이라면 방향입니다

중·고등학생 시기라면 뒤돌아보지 말고 달리는 게 맞습니다. 방향보다는 속도에 집중해야 합니다. 그 시기에 여전히 방향을 놓고 고민하면 늦은 감이 있습니다. 반면 초등 시기에는 최고 속도로 달릴지 방향 설정에 공을 들일지 선택할 여지가 있습니다. 선택할 수 있는 유일한 시기가 초등 시기입니다. 현실적으로 아이에게는 선택권이 없습니다. 선택권이 있어도 선택하지 못하지만 선택을 전적으로 맡겨서도 곤란합니다. 그 선택의 결과를 예상하거나 결과에 책임질 수 없는 나이이기 때문입니다.

부모가 제대로 된 방향을 선택한 후, 한동안 길잡이 역할을 해줘야 합니다. 이후 선택권과 주도권을 서서히 아이에게 넘기는 것이 핵심입니다. 이 시기에 부모가 아이를 위해 어떤 선택을 하느냐에 따라 아이의 초등학생 생활, 부모의 노후, 아이의 사교육비, 가족의 주말 일정, 부모의 취업 여부가 달라집니다.

교실에서 만나는 많은 아이가 자신의 수준, 성향, 가정 형편, 흥미, 재능과 무관하게 '속도'에 치중해 달려가고 있습니다. 뚜렷한 목표가 있고 그래서 달리기로 결정했다면 달리는 것 자체는 문제가 아닙니다. 문제는, 우리 아이들이 왜 달리는지 모르고 있다는 겁니다. 어디로 달리는지, 왜 달리는지 모르면서 친구들이 뛰는 방향으로 혹은 부모가 달리라고 한 곳으로 달립니다. 어디에 도착하게 되는지, 방향은 확실한 건지 확인할 틈도 없이 오직 '뒤로 처지지 않기 위해' 달립니다.

신기하고 안타까운 건 숨이 턱까지 차게 달리고, 곧잘 달릴수록 부모도 아이도 불안해한다는 점입니다. 아무리 빨리 달려도 더 빠른 아이가 언제나 앞에서 달리고 있기 때문입니다. 더 빠른 아이가 우리 동네에 없으면 다른 동네에서라도 찾아내고야 맙니다. 부모는 아이가 애쓰는 걸 알면서도 더 빨리 달리는 어떤 아이를 보며 조바심을 냅니다. 더 다그치고 비교하고 속상해합니다. 이렇게 부지런히 달리는 걸 정답으로 알고, 그저 열심히 달리게 하는 것 말고는 방법이 없다고 생각하는 대한민국 초등 부모에게 선택권을 주고 싶습니다. 아이가 늦은 시간까지 학원을 전전하며 못다 한 학원 숙제로 스트레스와 짜증이 늘고 있다면, 그런데도 그 길밖에 없는 줄 알고 이러지도 저러지도 못하고 있다면 용기를 드리겠습니다. 기본을 다지고 방향을 제대로 설정하는 일에 공을 들이되 점차 가속을 내어 결과적으로 추월이 가능한 방법을 알려드리겠습니다.

싫다는 아이를 들들 볶거나 혼내서 더 빨리 가게 만드는 건 부모라면 누구나 할 수 있고 지금 당장 시작하여 매일같이 할 수 있는 일입니다. 이미 해봤을 수도 있습니다. 막상 해보면 생각보다 쉽습니다. 아이 책상 옆에 앉아 적당히 무서운 표정을 하고 힘주어 노려보면서 거칠고 굵은 목소리를 내면 됩니다. 하기 싫다고 징징대던 아이는 로봇처럼 꼿꼿하게 앉아 숨도 크게 쉬지 않고 곧장 공부를 시작합니다. 누워 있던 글씨가 벌떡 일어나고, 한나절 걸리던 공부가 30분이 채 걸리지 않을 겁니다. 저희도 해봐서 잘 알고 있습니다. 고작 한 쪽 풀면서 몇 개씩 실수하던 아이가 정신 바짝 차리고 백 점을 맞기도 합니다. 갑자기 똑똑해졌나 봅니다. 아이 공부시키기, 이토록 쉽습니다.

그런데 정말 이 방법 말고는 없을까요? 이게 최선일까요? 분이 덜 풀린 부모가 식식대며 옆을 지키는 것만큼 효과적인 공부법은 없지만,

그게 정답이라면 얼마든지 매일 그렇게 해줄 수 있지만, 이런 거 말고 좀 우아한 방법은 없는 걸까요?

머리 질끈 동여맨 추노 꼴로 문제집을 두드리며 소리 질러대는 엄마, 간만에 아이 공부방에 들어갔다가 버럭 화만 내고 돌아 나오는 아빠는 그만해야 합니다. 그런 엄마 아빠 눈치를 살피느라 벌벌 떨며 공부하는 아이가 언제까지 순순히 협조할지는 알 수 없습니다. 어제 보고 온 영어 학원의 레벨 테스트는 수능 영어 영역이 아니었습니다. 진짜 게임은 시작되지 않았습니다. 지금은 거친 숨을 고를 때입니다. 속도가 아닌 방향을 정해야 할 시간입니다.

속도를 조절하는 영리한 전략을 찾아야 합니다

올해 6학년인 저희 큰아들은 천재였습니다. 돌이 지나기 무섭게 종알거리며 매일 새로운 단어를 뱉어내기 시작했습니다. 젊은 부모였던 저희 마음은 몽글몽글해졌습니다. 기대하지 않았다면 거짓말입니다. 바람대로 영특하게 자라는 모습을 보고 있자니 당장 뭐라도 된 것 같아 들떴습니다. 물론 2학년이 되도록 알파벳 대문자와 소문자도 구분하지 못하는 걸 보면서 '아, 아니었구나' 하고 기대를 접긴 했지만 말입니다.

저희 같은 순간을 만나는 모든 부모에게 예외 없이 찾아오는 치명적인 독이 있는데 바로 과도한 기대입니다. 또래에 비할 것도 없습니다. 나한테 없거나 혹은 나한테 있었던 영특함을 드러내며 눈을 반짝이는 아이에게 기대를 걸지 않는 부모는 없습니다. 또래보다 빠르게 한글을 떼고 구구단을 외우는 아이를 보며 부푼 꿈을 꾸는 건 부모의 순수한 본능입니다. 당연하고 좋은 일입니다. 문제는 과하다는 점입니다.

부모인 우리는 과한 기대를 품고 '이 아이를 어떻게 키워야 할까?' 더 정확히 말하면 '언제, 얼마나, 어떻게 시켜야 할까?'라는 현실적인 교육 문제와 마주합니다.

초등학교 입학을 준비하는 아이를 위해 문제집을 주문하고 학원 수업을 알아보는 부모에게는 '이 정도를 따라오는 아이라면 좋은 자극이 될 어려운 내용도 소화할 수 있을 거야. 지금부터 속도를 내야 계속 앞서갈 수 있어. 똘똘하게 태어났으니 더 빨리 속도 내면 확실할 거야'라는 다급함이 있습니다. 당연합니다. 아무리 빨라도 더 빨리 가야 한다고 다그치는 사회, 똘똘한 아이인데 공부를 안(덜) 시키면 부모의 직무유기로 여기는 사회가 대한민국이기 때문입니다.

대한민국에서 나고 자라는 아이는 누구나 초등 6년과 중·고등 6년, 꼬박 12년을 공부합니다. 부모인 우리도 그 시간을 지나왔고, 우리 아이들도 그 긴 터널을 지나는 중입니다. 그렇다면 올해 성적이나 이번 단원평가 점수보다 12년 전체를 좀 더 멀리, 좀 더 높은 곳에서 바라볼 수 있게 이끌어야 합니다. 더 빨리 달리는 방법을 알고 있고, 달릴 만한 아이라는 걸 알면서도 일부러 속도를 조절하고 힘을 빼는 영리한 전략이 필요합니다.

속도에 휩쓸려 힘이 빠져버린 아이는 어느 지점에 이르면 한동안 꼼짝할 수 없으니까요. 엉뚱한 일에 아이의 소중한 시간과 에너지, 부모님의 소중한 돈을 쓰지 않길 바랍니다.

에너지를 비축하는 느긋함이 필요합니다

저희는 초등 5학년과 6학년 아들을 키우고 있습니다. 빠르게 달려가는 아이 친구들과 비교하면 한참 늦었습니다. 틈나면 대치동을 기웃거리는 저희는 그곳의 초등 고학년 아이들이 중학교 2·3학년 수학 과정을 끝내기도 한다는 것도 잘 압니다. 알지만 천천히 가고 있습니다. 저희 아이들이 어떻게 느끼는지 몰라도 부모인 저희는 욕심만큼 기대만큼 제대로 시작하지는 않았습니다. 조급한 마음이 하나도 없다면 거짓말이겠지만 그렇다고 본격적으로 달릴 생각은 아직 없습니다.

계속 이렇게 느긋할 거냐고 묻는다면 그건 아닙니다. 제대로 달릴 때를 위해 기초 체력을 기르는 중이라 느긋해 보일 뿐입니다. 아들이라 늦고, 원래 늦은 아이들이라 더 늦고, 아직은 달릴 의지가 생기지 않았기 때문에 굳이 서두르지 않습니다. 벌써 6학년인데 제대로 시작도 안 했다니 뭘 믿고 이러는지 태평해 보이겠지만 마냥 손 놓고 있진 않습니다. 거듭 큰 그림을 그리고 있습니다. 수시로 부족한 부분과 약한 부분을 수정하고 보충하며 그림을 채워가고 있습니다.

중학생이 되면 점점 속도를 내겠지만, 지금은 입시를 결정할 고등학생 시절 3년을 대비해 체력, 운동, 악기, 습관, 근성, 대화, 성교육, 수면, 인내, 연산, 독서, 여행, 체험학습 등을 되도록 깊이 있고 균형 있게 쌓아 올리는 중입니다. 무엇보다 '스스로 목표를 정하고 그에 맞는 계획을 세워보는 일'을 연습하는 것에 가장 많은 시간과 에너지를 들이고 있습니다. 인생을 통틀어 초등 시기에만 할 수 있는 일이기 때문입니다. 지금이 아니면 연습할 수 없는 것들, 지금 해봐야 나중에 훨씬 많은 시간을 절약할 수 있는 것들에 공을 들입니다. 이 시기에 다양한 성공과 실패를 경험한 아이는 그 경험의 힘으로 살아갈 수 있을 거라 믿습니다.

지금껏 살아보니 그렇습니다. 죽을 만큼 힘든 날도 있었지만 어린 시절 차곡차곡 쌓아 올린 이런저런 경험 덕분에 버틸 수 있었습니다. 그렇게 버티다보면 슬그머니 또 좋은 날이 왔습니다. 인생도 자식도 계획대로만 되지 않더군요. 예상치 못한 고통과 행운 앞에서 몸과 마음을 다스리는 어른으로 살아내길 바라는 마음으로 내면의 단단함을 길러주기 위해 공을 들입니다. 그리고 아이가 고등학생이 되어 입시를 준비하며 힘겨운 시간을 겪어낼 때 그렇게 쌓아놓은 내면의 힘 덕분에 용케 버티어낼 거라 기대합니다.

그래서 지금은 그저 다양한 힘을 묵직하게 기르며 땅을 단단하게 다지는 시간을 보내고 있습니다. 이제 됐다 싶어지면 원하는 곳으로 힘차게 달리기 위해서 말입니다.

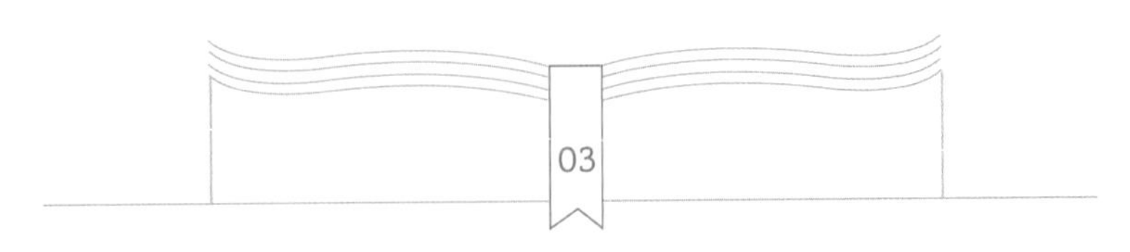

공부 주도권, 누구에게 있나요

초등 공부의 주도권은 부모가 먼저 잡고 천천히 아이에게로 넘겨야 합니다. 동네 공부방에서 잡고 있다가 대형 학원으로 넘기는 게 아닙니다. 아무리 바쁘고 힘들어도 시작은 부모가 해야 합니다. 잘 모르는 부모가 괜히 끼고 가르치다가 뒤처질까 싶어 사교육 전문가에게 맡기고 싶은 마음은 충분히 이해합니다. 저희가 초등교육 전문가이기 때문에 아이 공부를 직접 가르친 게 아닙니다. 아무리 탁월한 도움도 적기가 있기 때문입니다. 적기에 투입해 제대로 효과를 보려면 급한 마음을 누르는 용기와 지혜가 필요합니다.

교육 전문가의 강의·코칭·첨삭이 결정적인 도움으로 작용하는 시기는 빠르면 초등 고학년, 대개는 중학생 이후입니다. 지금이 아닙니다. 그래서 초등 시기에는 부모가 아이 학습 전체를 주도하면서 아이의 공부 성향을 파악하며 최소한의 사교육을 병행하는 것을 원칙으로 삼아야 합니다. 사춘기에 접어든 초등 고학년 아이가 '이제 제가 알아서 할게요'라는 내색을 보이면 못 이기는 척 주도권을 아이에게 넘기는 것으로 자기주도공부를 시작해야 합니다. 그만큼 자란 아이가 학원 수업, 과외 수업, 인터넷 강의의 도움이 필요하다고 하면 흔쾌히 지원해주는 부모가 되자는 겁니다.

부모 vs 학원 vs 아이,
공부 주도권이 누구에게 있나요?

연예인 가족의 일상을 관찰하는 예능 프로그램이 대세입니다. VOD 속 연예인 가족의 모습을 지켜보는 스튜디오 진행자가 자주 던지는 질문이 하나 있습니다. 바로 "가족의 경제권은 누가 쥐고 있나요?"입니다. 답은 뻔합니다. 남편과 아내 둘 중 하나겠지요. 경제권을 쥐고 있다며 자랑스러워하기도 하지만 귀찮고 게을러서 경제권을 갖기 싫다고 말하는 쪽도 있습니다. 주도하는 사람에게는 결정권도 생기지만 책임이라는 부담도 동시에 부여되기 때문입니다.

공부도 마찬가지입니다. 공부를 주도하는 사람에게는 공부 방법과 양 등을 결정할 권리와 자유가 있습니다. 동시에 성적이라는 결과에 대한 책임도 부여되고요. 아이에게 공부 주도권을 주면 어떻게 될까요. 아이가 공부 방법과 공부량 등을 자기 마음대로 결정하는 것까지는 가능합니다. 하지만 결과에 대한 책임은 질 수 없습니다. 그래서 초등 공부는 부모 주도 학습으로 시작합니다. 부모가 주도해서 점차 아이에게로 넘기는 것을 목표로 하되, 초등 시기 내내 다양한 시도를 하면서 완전히 넘기는 것을 목표로 해야 합니다. 하지만 안타깝게도 많은 부모가 맹목적으로 사교육에 의지합니다. 새로 등록하는 학원의 원장님 마인드에 맞춰 부모와 아이가 동시에 널을 뜁니다. 부모도 아이도 공부에 대한 주도권을 잡아본 경험 없이 학원 사이에서 방황하고 있습니다.

어떤 훌륭한 학원 선생님도 내 아이의 초등 전 과목 공부, 성장, 인성, 습관, 진로, 예절, 학교생활을 부모보다 잘 알고 사랑스러운 눈길로 관리해주진 못합니다. 학원 선생님, 방과 후 선생님, 담임선생님에게 전해 들은 정보를 퀼트처럼 조각조각 모아 붙여 간신히 내 아이를 파악하고 더 좋은 학원 찾느라 스마트폰에 빠져 있기보다는 저학년 시기만이라도 부모가 주도하면서 아이의 공부 성향을 알아가길 권합니다.

여기서 짚고 가겠습니다. 지금 우리 집, 아이 공부에 관한 결정권을 누가 쥐고 있나요? 직관적으로 대답해주세요. 아이일 수도, 부모일 수도, 학원 선생님일 수도 있습니다. 지금 누구에게 있어도 괜찮습니다. 누구라도 잡고 있다면 아무도 주도권을 잡지 않고 방치하는 것보다는 훨씬 낫습니다. 하지만 지금 우리 아이의 공부 주도권이 누구에게 있는지는 파악하고 있어야 합니다. 그래야 앞으로 이 주도권을 누가 쥘지 결정할 수 있기 때문입니다.

모든 선택에는 장단점이 공존하기 때문에 그중 최대 장점과 최소

단점을 가진 방식을 선택하여 아이에게 제시하는 것은 공부를 시키려는 모든 부모의 당연한 역할입니다. 이제 공부 주도권이 누구에게 있느냐의 기준에 따른 아이 공부에 대해 생각해보겠습니다.

부모 주도 학습

부모가 아이 공부의 주도권을 갖는 유형입니다. 흔히 엄마표라고 부르기도 합니다. 부모가 아이를 옆에 끼고 직접 가르치는 방식으로 시작하여 점차 코치·매니저 역할로 바뀝니다. 초기에는 부모가 학습 내용을 미리 숙지하고 가르쳐야 해서 부담이 크지만, 아이 맞춤형 1:1 수업을 할 수 있어 미취학·저학년 아이에게 더없이 좋은 방식입니다. 초등 저학년까지는 가르칠 내용이 어렵지도 많지도 않고 아이가 엄마 아빠와 함께하는 시간을 좋아하기 때문에 교수 노하우가 없더라도 욕심만 부리지 않는다면 수월하게 시도해볼 수 있습니다.

아이를 직접 가르치다 사이만 나빠졌다고 이야기하는 분들도 있지만 아이를 직접 가르쳐보니 아이 성향·기질·속도·강점·약점을 알 수 있어서 유익하다고 이야기하는 분들도 많습니다. 함께 공부하는 과정에서 수시로 폭발하는 부모의 욕심과 분노를 어느 정도 조절할 수 있다면 가장 추천하고 싶은 방식입니다. (완벽한 조절은 불가능합니다. 내 자식이니까요.) 놀랍게도 아이 중에는 이 방식을 선호하는 경우가 꽤 많습니다. 부모의 관심을 충분히 받으면서 비교나 경쟁 없이 본인의 속도대로 공부해나갈 수 있기 때문입니다. 물론 부모에게 시간적인 여유와 충분한 에너지가 요구되기 때문에 현실적으로 버거운 경우도 많습니다.

이 방식으로 공부를 시키는 경우, 빠르면 초등 3~4학년 즈음에는 변화가 필요합니다. 1~2학년에 비해 과목 수가 늘고 수준이 올라가기 때문입니다. 과목 수가 많아진 만큼 공부량과 공부 시간이 늘어나니 준비해서 가르쳐야 하는 부모의 역할도 비례하여 커집니다. 3학년을 앞두고는 걱정이 많습니다. 부담스러운 마음에 학원, 공부량, 공부 시간, 문제집, 학습지를 늘립니다. 아쉽게도 이런 식의 갑작스러운 변화는 아이에게 공부에 대한 거부감과 학업 스트레스를 유발할 수밖에 없습니다.

그래서 저학년 때와 같은 방식으로 가르치면 곤란합니다. 3학년이 되면 수학·영어 등 꼭 필요한 과목만 부모가 주도하고 나머지는 아이 스스로 공부하도록 하여 부모 역할이 늘어나지 않아야 합니다. 전체 공부 중 아이 스스로 주도하는 분량을 늘려나가야 합니다. 이렇게 하다가 5학년 정도 되면 공부 계획을 아이가 세우고 전 과목을 아이 주도로 하는 분위기가 되어야 합니다. 이렇게 하면 부모 주도 학습이 아이 주도 학습으로 발전할 가능성이 높아집니다.

학원 주도 학습

사교육 전문가에게 온전히 맡기는 방식입니다. 정보력과 경제력이 뛰어난 부모가 주로 취하는 방식입니다. 지금 공부하는 양이 충분한지, 학습지를 더하거나 뺄 건 없는지, 학원을 옮기거나 더해야 하는지 등을 학원 선생님이나 과외 선생님을 통해 끊임없이 확인하고, 시기에 맞는 제안을 아이에게 들이밉니다. 부지런한 부모덕에 아이들은 장애물 하나 없는 탄탄한 길을 빠르게 뛸 수 있습니다.

학원 주도 학습을 시키는 부모는 학원 선생님이나 원장님에게 아이를 온전히 맡기겠다는 의지가 강합니다. 유명 학원에 상담을 가면, 보는 것만으로도 가슴 설레는 로드맵을 보여줍니다. 요즘에는 레벨 테스트는 기본이고 적성검사까지 더해 아이를 판단해줍니다. 내가 몰랐던 내 아이에 관한 이야기를 듣다보면 이래서 교육 전문가에게 맡기는구나 싶어 만족스럽습니다. 나보다 아이를 더 잘 아는 것 같은 학원에 맡기면 한동안 아이도 편하고 부모도 불안하지 않습니다.

아쉽게도 만족감은 그리 오래 가지 않습니다. 부모는 뒤처진 공부를 따라잡거나(보충), 배운 내용을 더 깊게 파고들거나(심화), 남들보다 더 앞서나가라고(선행) 학원에 보내지만 정작 학원 수업에 익숙해지다 못해 권태로워진 아이는 수업에 대한 의욕, 호기심, 열정, 진지함이 없습니다. 가라니까 가는 겁니다. 안 가면 혼나니까 가는 겁니다. 아이가 비교와 경쟁 한가운데에 고스란히 놓여 스트레스를 받을 거라 걱정하지만 그렇지만도 않습니다. 결과에 대한 부담과 책임감 없이 수업을 듣는 아이들에겐 큰 스트레스가 없습니다.

학원 수업이 익숙해진 경우에 생기는 가장 큰 문제는 아이의 착각입니다. 선생님이 칠판에 풀어주신 문제를 직접 푼 것으로 착각합니다. 풀 줄 모르는데 알고 있다고 생각합니다. 수업을 집중해서 들었기 때문에 잘 알고 있다고 생각합니다. 개념을 자기화하고 자기 손으로 문제를 풀어보면서 제대로 아는지 모르는지 파악해야 하는데 그런 아이들은 몇 없습니다.

수업을 들었고 진도는 나갔지만 내용을 확인하고 같은 문제를 다시 풀어보라고 하면 풀지 못하는 아이가 태반입니다. 아무리 좋은 학원에 보내도, 아무리 훌륭한 과외 수업을 듣게 해도 결국 공부는 아이 스스로 해야 하는 이유입니다.

배운 내용을 스스로 익힐 시간이 필요한데 학원을 오가느라 바쁜 아이에게는 그럴 시간이 부족합니다. 초등 고학년 아이들에게 하루에 학원 수업이 몇 시간이냐고 물어보면 대개 두세 시간이라고 답합니다. 방과 후 쉬는 시간과 학원 오가는 시간을 더하면 귀가 시간이 저녁 8시를 넘는 경우가 흔합니다. 씻고 밥 먹고 숙제하고나면 조금 쉬었다 잠자리에 들기도 바쁩니다. 배운 것을 스스로 익힐 시간이 없습니다. 아이 스스로 공부하는 시간이 없기 때문에 성적이 제자리인 건 당연합니다.

학원에 보내지 말라는 게 아닙니다. 쉴 시간+놀 시간+책 읽을 시간+배운 것을 스스로 익힐 시간이 확보되어야 학원 수업을 듣는 의미가 있습니다. 다시 말하지만, 학원 수업이라는 형태의 공부는 자기주도공부라는 탄탄한 토대 위에 얹어야 합니다.

이 방식으로 공부를 시키는 경우 빠르면 초등 5~6학년, 늦어도 중학생 정도가 되면 갈등이 생길 수 있습니다. 부모 말이라면 무조건 믿고 따르던 아이도 사춘기가 되면 반항하기 시작합니다. 부모가 알던 순둥이는 이제 없습니다. 정해준 학원이 아니라 친구가 다니는 학원에 가겠다며 우기고, 무슨 말만 해도 잔소리 좀 그만하라고 맞받아치고, 부모 몰래 밤새 친구들과 카톡하고 게임하느라 수업 시간에 꾸벅꾸벅 좁니다. 아무리 탄탄대로를 닦아놔도 아이가 달리기는 커녕 걷지도 않으려 합니다. 갈등이 생기기 전에 부모는 한 발짝 물러나는 시도를 해야 합니다.

아이 주도 학습

아이가 앞서고 부모와 학원은 받쳐주는 방식입니다. 아이 스스로 목표를 세우고, 그곳에 도달하기 위한 계획을 세우고 실천하며, 제대로 했는지 점검해야 합니다. 그래서 저학년에게는 어렵습니다. 부모 입장에서는 아직 초등학생인 아이에게 공부를 맡긴다고 생각하면 불안해질 겁니다. 중학생이라면 덜 불안할까요? 고등학생이라면 정말 확실하게 아이를 믿고 맡길 수 있을까요? 글쎄요. 학년이 올라갈수록 믿음이 생기기보다는 더욱 불안해질 겁니다. 점점 더 성적이 중요해지는 시기에 갑작스럽게 공부 주도권을 넘길 수 있을까요? 불가능할 겁니다.

그래서 조금이라도 불안감이 덜한 지금 시작했으면 합니다. 초등 시기를 지나면 스스로 공부 계획을 세워 시도하고 실패했다가 다시 시도하고 연습해서 내 것으로 만들 기회가 없습니다. 내신이 중요한 중·고등학생이 되어 처음으로 자기주도공부를 시도하며 우왕좌왕

하다 시험을 망칠 모험을 할 수는 없는 노릇입니다. 사춘기에 접어들어 부모와 눈도 잘 마주치지 않으려는 아이에게 새로운 공부법을 소개하고 강요하다가 사이가 틀어지기 쉽고요. 혼자서는 교과서 한 장도 제대로 복습해본 적이 없어, 학원에서 나눠준 요점 정리만 달달 외우는 중·고등학생이 되지 않기를 바라기 때문에 지금인 겁니다. 지금이 골든타임입니다.

'누가 끌고 가느냐가 뭐가 그리 중요하냐?'라는 생각이 들 수 있습니다. '누가 끌고 가든 공부만 잘하면 되는 거 아니냐?'라고 생각할 수도 있습니다. 맞습니다. 모로 가도 서울만 가면 되니까요. 하지만 질문을 조금 바꿔보겠습니다. 아이를 언제까지 끌고 갈 수 있을까요? 아이를 언제까지 끌고 가야 할까요? 중학생? 고등학생? 대학생? 우리는 이 질문에 어떤 답을 할 수 있을까요?

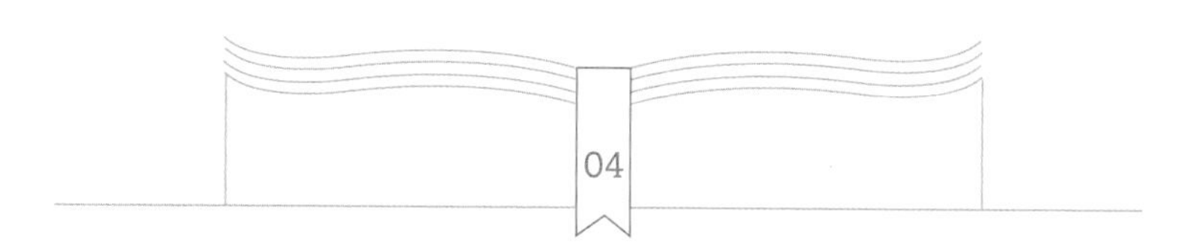

자기주도공부, 초등에서 시작합니다

아이가 초등학교에 입학하기 전에는 학습지를 시키고, 입학하면 예체능 위주로 학원을 보냅니다. 3학년부터는 본격적으로 영어를 시작하고 수학도 챙기다가, 4학년이 되면 수학 선행에 들어갑니다. 5학년이 되면 논술·한국사 수업에 넣어주고, 6학년이 되면 영문법 정리와 함께 중등 수학을 끝냅니다. 요즘 초등학생 아이를 둔 부모들의 흔한 공식입니다. 공식의 근거는 무엇일까요. 과연 이 공식대로 가면 바라던 성적을 얻을 수 있을까요? 목표한 대학 입시에 성공할까요? 혹시 우리는 공식대로 풀리지 않을 걸 알면서도 이대로 가지 않으면 불안한 마음에 일단 공식대로 가보자고 깃발을 들고 아이를 다그치고 있는 건 아닐까요?

핵심은 공부를 집에서 하느냐, 교과서만으로 하느냐, 문제집으로 하느냐, 인강을 듣느냐, 학원을 다니느냐, 학습지 도움을 받느냐가 아닙니다. 공부의 최종 목표를 세우고 오늘 공부, 이번 주 공부에 관한 구체적인 계획을 설계할 때 '누가 주체가 되느냐'입니다. 스스로 계획하고 성취할 수 있는 아이로 성장하느냐, 자기가 주인이 되는 주체적인 성인으로 성장하느냐가 최대 관심사여야 합니다.

바로 지금, 초등 시기가 공부의 기본을 다져야 하는 적기입니다. 그 기본은 내가 제대로 아는지 스스로 집요하게 묻는 것, 어려운 문제를 만나면 해결할 때까지 붙들고 놓지 않는 것, 내가 세운 계획은 힘들어도 지키기 위해 노력하는 것을 의미합니다. 이런 경험과 힘은 사교육으로는 키울 수 없습니다. 직접 세운 계획을 지키기 위해 노력하고 마침내 계획대로 성취해본 경험이 있어야 합니다.

학원에서는 참 다양한 것들을 많이도 가르쳐줍니다. 교과서 속 알아야 할 수많은 내용을 하나씩 끄집어내 알려줍니다. 혼자라면 엄두도 내지 못할 진도까지 끌고 가줍니다. 학원 강의실에 앉아 깊게 생각해보고 잘 이해되지 않는 문제를 스스로 해결하려고 시도해보는 건 사치입니다. 학원이 정해놓은 진도를 따라가기만 해도 바쁩니다. 그곳에서는 뭘 얼마나 정확히 알고 모르느냐보다는 지금 몇 학년까지 선행을 했느냐가 훨씬 중요한 가치입니다.

선행이 심화라고까지 이야기합니다. 지금 어설프게 알아도 선행을 하고나면 쉽게 풀린다고 이야기하기도 합니다. 그놈의 진도와 레벨 때문에 초등 시기에 가장 중요한 '생각하는 힘'을 기를 시간과 기회를 빼앗기고 있습니다.

자기주도 공부법이 뭐길래?

자기주도 공부법. 이름만 들어도 뭔가 멋있어 보입니다. 실제로 교실에서 고학년 아이들을 앞에 두고 일장 연설을 할 때도 '자기주도공부'란 말을 넣어주면 그 말이 그 말인 평범한 잔소리가 품격 있는 훈계로 변신합니다. 아이들 귀에도 뭔가 그럴듯하게 들리고 대접받는 느낌이 드나봅니다. (요즘 초등 고학년은 중학생 수준으로 대우하며 훈계를 해야 간신히 먹힙니다.)

'자기주도공부'는 선생님들이 학교에서 워낙 강조하는 개념이라 아이들에게도 익숙하지만 정확히 무얼 뜻하는지 모르는 경우도 많습니다. 자기주도학습관, 스스로 학습센터, 독학, 혼자 공부처럼 비슷하지만 약간씩 의미가 다른 말이 널리 쓰이면서 오는 혼란 같습니다. 그래서인지 요즘 학부모 상담, 〈슬기로운 초등생활〉 유튜브 댓글 등에서 "자기주도공부가 대세라는데 그게 뭔가요?"부터 "지금 아이가 이렇게 공부를 하고 있는데 이게 자기주도공부가 맞나요?" 같은 자기주도공부와 관련한 질문을 자주 듣습니다.

질문에 답을 드리기 위해 서울대학교 교육연구소에서 펴낸 《교육학 용어사전》에서 '자기주도학습self-directed learning'을 찾아보았습니다. 사전에 따르면 자기주도학습은 "학습자 스스로가 학습의 참여 여부에서부터 목표 설정 및 교육 프로그램의 선정과 교육평가에 이르기까지 교육의 전 과정을 자발적 의사에 따라 선택하고 결정하여 행하게 되는 학습 형태"라고 나옵니다.

정의만 보면 과연 이게 초등학생이 할 수 있는 일인가 싶을 겁니다. 실은 대부분의 중·고등학생조차 못하고 있으니까요. 맞습니다. 우리 아이는 분명 잘하지 못할 겁니다. 실패할 걸 알면서 시도합니다. 우리 목표는 자기주도 공부법을 초등 시기에 완벽하게 익히게 하려는 게 아니기 때문입니다. 중·고등학생이 되면 자기주도공부를 본격적으로 시작할 수 있도록 초등 시기에 시도하고 경험하게 하자는 게 목표입니다. 시작은 부모와 학원 선생님이 쥐고 있던 공부 주도권을 아이에게 넘기는 것입니다. 일종의 '공부 독립'인 셈입니다.

육아에 지친 엄마들의 소원은 아이의 '잠자리 독립'입니다. 잠자리 독립은 아이에 따라 늦어질 순 있지만 언젠가는 해야 할 일이고 기다리기만 하면 어떤 아이든 할 수 있는 일입니다. 중학생이 된 아이를 부부 침대에서 함께 재우는 부모는 없습니다. '공부 독립'도 마찬가지입니다. 공부 독립이 늦어질 순 있지만 아이를 위해 언젠가는 해야 할 일입니다.

중·고등학생이 되도록 부모 주도로 공부하게 할 순 없습니다. 아이에게 주도권이 있어야 진짜 공부입니다. 스스로 시도하면서 이런 저런 시행착오를 겪어내고 실수와 실패를 통해 단단해져야 진짜가 보이는 법입니다. 얼핏 빨리 가는 것처럼 보이는 잘 닦인 길을 보여주고 싶은 부모의 마음은 당연하지만, 이게 정말 아이를 위하는 일인지는 생각해볼 문제입니다.

아이가 잘하지 못해도 괜찮습니다. 스스로 성취감을 느끼며 한 번 더 해보려고 시도하는 과정에서 주도권은 자연스럽게 아이에게 넘어가게 되어 있습니다. 아이의 자발성에 주목해주세요.

초등 자기주도 공부법, 언제 시작해야 할까요?

초등 자기주도공부의 최적 시기는 언제일까요? 정답은 '아이마다 다르다'입니다. 모든 아이에게 해당하는 적정 시기는 없지만 내 아이의 최적 시기는 분명히 있습니다. 그게 언제인지 어떻게 판단해야 할까요? 부모 이상으로 아이를 잘 아는 사람은 없습니다. 아무리 바쁘고 무심한 부모라도 아이에 관해서라면 그 누구보다 훨씬 잘 압니다. 그래서 내 아이의 최적 시기는 부모인 우리가 가장 잘 알고 있을 가능성이 높습니다.

대개 이유식을 시작하는 시기는 생후 6개월이지만 모든 아이에게 적기는 아닙니다. 이른둥이거나 알레르기 반응을 보이거나 아픈 아이라면 시기와 방법을 조정해야 합니다. 자기주도공부도 마찬가지입니다. 이르면 5학년, 늦어도 6학년 2학기에 시도하기를 추천하지만 아이마다 다릅니다. 2학년에 시작해도 충분한 아이가 있는가 하면, 중학생이 되어도 벅찬 아이가 있습니다. 똘똘하고 빠른 아이라면 3~4학년에 시작해도 되지만, 5~6학년이라도 버거운 아이라면 아직은 아닙니다. 또 초등 시기를 지났다 해도 괜찮습니다. 중학생이라도 지금 시작하면 됩니다. 앞으로 우리 아이는 꽤 오랫동안 공부하게 될 것이고, 평생 하게 될 수도 있습니다. 늦어도 제대로 시작하고 다져간다면 한두 해 늦는 것쯤 문제가 아닙니다.

동국대학교에서 2016년에 개발한 자기주도학습 역량 측정 도구인 '자기 주도 학습 역량 테스트' 문항이 MBC 예능 프로그램 〈공부가 머니?〉에 공개된 적이 있었습니다. 테스트 문항은 다음과 같았습니다.

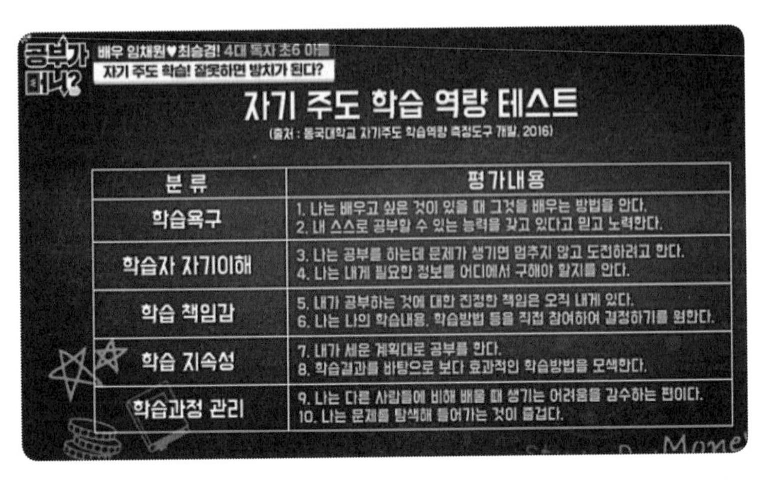

자기 주도 학습 역량 테스트

(출처 : 동국대학교 자기주도 학습역량 측정도구 개발, 2016)

분류	평가내용
학습욕구	1. 나는 배우고 싶은 것이 있을 때 그것을 배우는 방법을 안다. 2. 내 스스로 공부할 수 있는 능력을 갖고 있다고 믿고 노력한다.
학습자 자기이해	3. 나는 공부를 하는데 문제가 생기면 멈추지 않고 도전하려고 한다. 4. 나는 내게 필요한 정보를 어디에서 구해야 할지를 안다.
학습 책임감	5. 내가 공부하는 것에 대한 진정한 책임은 오직 내게 있다. 6. 나는 나의 학습내용, 학습방법 등을 직접 참여하여 결정하기를 원한다.
학습 지속성	7. 내가 세운 계획대로 공부를 한다. 8. 학습결과를 바탕으로 보다 효과적인 학습방법을 모색한다.
학습과정 관리	9. 나는 다른 사람들에 비해 배울 때 생기는 어려움을 감수하는 편이다. 10. 나는 문제를 탐색해 들어가는 것이 즐겁다.

MBC <공부가 머니?> 중에서

해당 프로그램에서는 이 열 가지 문항 중 7개 이상에 해당한다면 자기주도공부를 할 만한 역량이 있다고 판단했습니다. 하지만 초등 시기만 놓고 본다면 저희 생각은 다릅니다. 초등학생 중 7개 이상 '그렇다'로 응답할 수 있는 아이는 거의 없습니다.

초등 교실에서는 지금껏 이런 역량을 가진 아이를 한 번도 보질 못했습니다. 그렇다면 초등학생은 자기주도공부를 할 수 없는 걸까요? 그렇지 않습니다. 이 테스트는 고등학생에게 적합한 평가 도구이며, 초등학생은 학습만큼이나 생활적인 면에서 영향을 크게 받기 때문에 초등학생에게 맞는 평가 항목이 따로 필요합니다.

초등학생인 우리 아이가 자기주도공부를 시작할 준비가 됐는지 점검해볼 만한 기준을 소개합니다. 해당하는 항목이 많을수록 준비가 되어 있다는 뜻입니다. 전체 15개 항목 중 8개 이상에 해당한다면 하나씩 시도해봐도 괜찮을 시기라고 판단해도 무리가 없습니다. 초등학생의 자기주도공부의 목표는 완성이 아니라 시작과 경험이기 때문입니다. 점검 항목에 턱없이 부족하다면 이런 모습을 발견할 수 있도록 하나씩 애써주세요. 대신해주고 하나하나 일러주고 도와주고 간섭하는 부모가 되지 않도록 노력해주세요.

구분	항목	✓
학습 습관	학교/학원 숙제가 있는 날엔 혼자 숙제를 확인하고 해결한다.	
	시키지 않아도 매일 책을 읽는 습관이 잡혀 있다. (주 7일 중 4일 이상)	
	공부할 시간이 부족한 날에는 못 한 분량을 어떻게 할지 고민한다. (다 하지는 않아도 됨)	
	공부하기로 계획한 시간이 되면 말하지 않아도 시작하는 날이 점차 늘고 있다.	
	어떻게 하면 정해진 분량을 최대한 빨리 끝낼지 고민한다. (꾀를 쓴다)	
	공부한 흔적을 보며 매우 뿌듯해하고 부모에게 자랑한다.	
	연산과 일기처럼 오래 해온 과목은 혼자 힘으로 시작하고 끝낸다.	
생활 습관	책상, 침대, 방 등 주변을 정리하는 횟수와 상태가 발전하고 있다.	
	책가방을 혼자 챙길 수 있으며 겉과 속이 제법 정리되어 있다.	
	게임 시간과 독서 시간 등 계획한 시간을 지키려고 노력한다.	
	일이나 놀이를 할 때 순서를 정하거나 계획을 세워서 하려고 한다.	
	할 일의 우선순위를 결정할 수 있다. (부모의 순위와 달라도 됨)	
	일정한 시간에 일어나고 잠자리에 들어야 하는 걸 알고 노력한다.	
	정해진 시간과 양을 어느 정도 유지하는 식습관을 가지고 있다.	
	잔소리를 듣기 싫어하고 이제 혼자 하겠다는 반응을 보인다.	

자기주도 공부법의 시작,
초등 시기가 골든타임입니다

요즘 아이들은 부모 세대보다 훨씬 성숙합니다. 빠른 속도로 성장하고 있습니다. 이 점을 인정해주세요. 느린 아이는 부모가 신경 써서 앞에서 끌어당기고 뒤에서 밀면 어느 정도 효과를 볼 수도 있습니다. 하지만 떠민 적 없는데도 훌쩍 자라는 아이를 늦추기는 어렵습니다. 빠른 성장 속도는 아이가 선택한 것이 아니며, 누구의 잘못도 아닙니다.

어른의 지시에 곧장 이유를 따져 묻고, 지나치게 논리적이고 현실적이며, 어른의 세계에 상당한 관심을 보이고, 늦게 배워도 될 어른의 말과 행동을 이르게 시작하는 아이를 보면 아슬아슬한 기분이 듭니다. 순수하게 자라길 바라는 마음에 유튜브도 못 보게 하고 게임도 차단하고 품 안에 넣어 다니려 해도 마음처럼 되지 않습니다. 빠른 아이일수록 또래 문화, 아이돌 문화, 어른의 문화에 더 일찍, 더 강력하게 영향을 받기 때문입니다.

아이들의 심리적인 성장을 부추기는 2차 성징도 빨라지고 있습니다. 3학년 때 가슴에 몽우리가 잡히고 5학년 때 초경을 경험하는 딸아이를 보며 걱정하는 부모님이 많습니다. 음란물을 처음 접하는 학년이 눈에 띄게 낮아져 초등학생 부모의 걱정거리가 되고 있습니다. 부모 세대에는 아이돌에 푹 빠져 용돈을 쏟아붓고 화장품을 하나둘 사 모았던 때가 중학생 시기였다면, 지금은 이 모든 과정을 초등 시기에 겪습니다. 아이도 어른도 혼란스럽습니다.

아이를 키운다는 건 어떤 상황에서든 밝은 면을 봐야 한다는 것을 의미하기도 합니다. (그렇지 않다면 자녀 교육처럼 끝없는 터널이 없습니다.) 부모가 감당하기 버거운 요즘 아이들의 성장 속도를 어둡고 걱정스럽게 바라보면 끝도 없습니다. 조금이라도 순수함을 지켜주기 위해 노력하되, 요즘 아이들의 속도를 자기주도공부에 적극적으로 활용해보자고 제안합니다.

초등학생인 아이가 언제나 조금 더 성숙한 존재, 어른스러운 존재, 스스로 할 수 있는 존재로 인정받고 대접받길 원한다는 점을 긍정적으로 바라보는 순간, 자기주도공부는 수월해집니다.

벌써 어른인 양 잘난 척할 거면 공부도 어른 방식으로 해보자고 제안해보세요. 아이의 성숙함을 공부를 위한 긍정적인 동력으로 써보세요. "이 방식은 평범한 초등학생이라면 힘들고 어려울 수 있지만, 너는 워낙 성숙하고 탁월하니 한번 시도해보자"라며 아이의 충만한 사춘기 정신을 자극할수록 성공 가능성은 높아집니다.

또 하나, 요즘 초등학생의 공부 시간 역시 눈에 띄게 늘고 있습니다. 부모 세대가 고등학생이 되어 본격적으로 했던 대학 입시 수준의 공부량을 초등학생 때부터 감당하고 있습니다. 웬만한 영어 학원의 하루 숙제량은 한두 시간을 꼬박 들여야 겨우 끝낼 만큼 많습니다. 부모 세대가 빠르면 중학생, 늦으면 고등학생 때 할 수 있었던 자기주도 공부법을 초등에서 시도할 수 있는 이유는 그 정도로 공부량이 늘어나 있고 이미 어느 정도 공부하는 습관이 잡혀 있기 때문입니다.

"자기주도공부, 그까짓 거 나도 한번 해볼까!"라는 아이 반응에

"원래 중학생은 되어야 가능하다던데 너라면 충분히 할 수 있을 거야!"라며 부추겨주세요. 어떻게 시작하고 나아가야 할지 함께 고민해주세요. 부모가 나를 믿고 인정한다고 느끼는 순간, 떠밀지 않아도 아이는 앞장서기 시작합니다. 아이를 진심으로 믿고 응원해주세요.

공부는 마음이 합니다

하버드대 사회심리학과 교수인 로버트 로젠탈Robert Rosenthal은 샌프란시스코의 한 초등학교에 새로운 지능검사를 제안했고, 이 학교 아이들은 모두 지능검사를 받았습니다. 로젠탈 교수는 학생들에게 검사 결과를 알려주지 않았지만, 교사들에게는 'IQ가 높고 발전 가능성이 높은 아이들' 명단을 전달했습니다. 사실, 이 명단에는 검사 결과와 상관없이 무작위로 뽑힌 이름이 적혀 있었습니다. 8개월 후에 앞서 실시한 지능검사와 똑같은 검사를 진행했는데, 명단에 있던 학생들이 다른 학생들보다 높은 점수를 받았습니다. 특히 초등 1·2학년은 더 높은 점수를 받았다고 합니다.

왜 이런 결과가 나온 걸까요? 그 비밀은 교사들이 학생들에게 보인 의식적·무의식적 반응과 행동에 있었습니다. 교사들은 명단에 있는 아이들을 '잘하는 아이, 잘할 수 있는 아이'로 인지했고, 그 아이들을 바라볼 때 지지하고 응원하며 기대했다는 겁니다. 아이들은 교사가 보낸 긍정적인 신호를 본능적으로 알아채고 자기도 모르게 기대에 부응하려 애쓰며 실제로 높은 점수로 보답한다는 겁니다. 그만큼 어른들의 긍정적인 신호가 아이를 성장시키는 데 중요합니다.

겨우 초등학생인 우리 아이들이 벌써부터 긍정적 신호보다 부정적 신호를 더 많이 받고 있습니다. 부모와 교사는 공부 못하는 아이에 대해 노력이 부족한 거라며, 어차피 성공하기 어려울 거라며 쉽게 판단해버립니다. 아이는 주변인들의 평가에 따라 자연스럽게 자신을 낮게 평가해버립니다.

아이의 성공을 바라는 부모라면 아이 스스로 노력할 수 있는 환경 신호에 주목할 필요가 있습니다. 오랜 시간 교실에서 아이들을 지켜보며 가장 안타깝게 느낀 모습은 조금만 어려운 문제를 만나도 절대 풀 수 없다고 생각해버리는 의욕 없는 눈빛이었습니다.

"

나는 공부를 못해요.

어차피 시험 못 볼 것 같아요.

그래 봤자 백 점은 못 맞아요.

엄마는 맨날 뭐라고 그래요.

저는 어려운 문제는 절대 못 풀어요.

공부 못한다고 맨날 혼나요.

저 2학년 때도 공부 못했어요.

못 풀 것 같아요.

틀릴 것 같아요.

"

초등학생을 가르쳐본 공·사교육 교사라면 누구나 익숙하게 듣는 하소연일 겁니다. 공부를 시작한 지 몇 해 지나지도 않은 아이들이 너도나도 잘 못하겠다고 한숨 쉬며 이야기합니다. 겸손과 다른 의미입니다. 해가 갈수록 위축된 아이들이 더 자주 눈에 띕니다. 고학년일수록, 남자아이일수록 하소연의 정도가 깊습니다.

못할 거라 생각하는 아이는 결코 잘할 수 없습니다. 못할 거라는 마음은 포기한 것과 다르지 않습니다. 할 수 있다고, 잘할 수 있다고, 해볼 만하다고 덤벼도 넘기 힘들고 높은 게 입시의 벽입니다. 그 앞에 서서 나는 죽어도 못 넘을 것 같다고 단정 짓는 아이는 절대 넘을 수 없습니다.

실력이 모자라도 할 수 있다는 마음이 있다면 괜찮습니다. 모자란 실력은 어떻게든 꾸역꾸역 채우면 됩니다. 완벽하게 못 채워도 괜찮습니다. 반드시 뭐가 되어야 하느냐고요? 아니요, 특별한 무언가가 되지 않아도 괜찮습니다. 명문고와 명문대에 합격하지 않아도 괜찮습니다. 할 수 있다는 마음이 있고 그 마음으로 노력했고 바라던 결과를 얻지 못해도 목표를 위해 노력해본 경험이 재산입니다. 그 경험으로 나머지 인생을 씩씩하게 살아갈 수 있습니다.

못할 것 같은 두려운 마음, 절대 안될 것 같은 부정적인 마음으로 도전하는 일에는 어김없이 한계가 오고 맙니다. 교실에서 하소연하는 아이들을 보면서 가장 안타까운 건 아이의 실력이 부족해서도 아이의 노력이 못 미쳐서도 아닙니다. '저도 공부 잘하고 싶어요', '저도 백 점 한 번만 맞아보고 싶어요', '저도 공부 잘해서 엄마 아빠한테 칭찬받고 싶어요'라는 아이들의 진짜 속마음이 전해져서입니다.

부모는 속이 탑니다. 왜 아니겠어요. 이렇게 말하는 저희도 속이 타는걸요. 어이없는 점수를 받아와 놓고 태평하게 텔레비전 보며 웃고 있는 아이가 답답하고 속상합니다. 그렇지만 정말 잘하고 싶다고 가장 간절히 바라는 사람은 아이 본인입니다. 아이의 표현이 서툴러 부모인 우리가 그 속을 훤히 알 수 없는 것일 뿐, 아이는 그 누구보다 공부 잘하고 싶고 백 점 맞고 싶습니다.

아이가 매일 가장 오랜 시간을 보내는 학교와 학원은 가르침과 배움의 공간이지만, 매 순간 '비교'가 끊이지 않는 곳입니다. 누가 더 잘했는지, 우리 반에서 누가 제일 잘했는지, 나보다 높은 점수를 받은 아이가 몇 명인지, 나는 몇 등인지, 알려준 적도 없고 물어본 적도 없는 질문을 스스로 던지고 답을 찾는 게 교실 속 아이들입니다.

덤덤하고 무심해 보이는 아이들도 속으로는 친구들과 자신을 비교하며 속상해하고 있다는 걸 저희는 꽤 오랜 시간을 교실에서 보내고나서야 알았습니다. 어쩜 저렇게 태평할까, 욕심 없이 해맑을까 싶은 아이도 똑부러지게 만들어낸 친구의 작품에서 눈을 떼지 못하는 걸 자주 봅니다. 비교 없이 모두가 마냥 행복하면 더 바랄 게 없겠지만 지금 아이의 현실이 이런 모습이라는 건 알아주세요.

의도했든 아니든 기대 가득한 긍정 신호의 손가락은 교실 속 몇몇 아이에게 향할 때가 많고, 거기서 빗겨난 아이는 잘하고 싶은 마음을 숨긴 채 "저는 어차피 못해요"라고 쿨한 척합니다. 속이 훤히 들여다보이는데 아니라고, 정말 아니라고 합니다. 그게 마음 아픕니다. 잘하는 걸 잘한다고 말하면 잘난 척이지만, 잘하지 못해도 잘할 수 있을 것 같다고 하는 건 자신감입니다.

“

할 수 있을 것 같아요.

한번 해볼게요.

잘될 것 같아요.

안돼도 괜찮아요.

지난번보다 잘될 것 같아요.

아빠가 저 잘할 거래요.

엄마가 저 엄청 잘하고 있대요.

”

공부를 시작한 아이에게 가장 필요한 건 요즘 너도나도 등록하려고 줄을 선다는 어느 학원 수업이 아니라 작은 성취에서 시작된 자신감입니다. 할 수 있을 것 같다는 자신감으로 계단을 하나씩 밟아 올라가게 할 수 있는 사람은 아이가 최고로 사랑하는 부모님입니다. 부모의 격려가 아이의 마음을 움직이고, 그 마음으로 공부하는 겁니다.

시작만 하면 잘하는 아이인데 시작이 어렵다면, 아이가 아직 공부에 대한 마음이 열려 있지 않아서일 거예요. 부모님이 시키니 억지로 성실하게만 하고 있다면 초점을 ‘스스로 시작하지 않음’이 아닌 ‘시작만 하면 곧잘 함’에 맞춰야 합니다. 지금 아이는 정말 공부하기 싫고, 왜 해야 하는지 모르겠고, 안 해도 된다면 안 해버리고 싶은 마음이지만 부모와 한 약속을 지키기 위해 최선을 다하고 있는 거예요. 공부하기 싫은 마음을 꾹 누르고 자신과 싸우면서 하루하루 최선을 다하는 아이의 마음을 들여다봐주세요.

단계별 초등 자기주도 공부법

초등 자기주도공부를 시도하기 위한 4단계를 밟아보려고 합니다. 각 단계는 유기적으로 연결되어 있으므로 순서를 지켜야 합니다. 단계를 써서 붙여두고 외워도 좋습니다. 언제, 어떤 공부를 하든 이 과정이 필요합니다. 이 단계를 계단처럼 수없이 오르내리는 과정을 통해 진짜 자기주도공부가 본격적으로 시작됩니다.

4단계
돌아보기

평가하기, 점검하기

3단계
실천하기

과목별 실전 공부

2단계
도전하기

공부 계획 세우기

1단계
마음먹기

목표 설정하기
(동기부여)

1단계 마음먹기

목표 설정하기

중요한 것은 목표를 이루는 것이 아니라,
그 과정에서 무엇을 배우며 얼마나 성장하느냐이다 - 앤드류 매튜스

초등 자기주도공부, 어디서부터 시작할까요? 문제집 사러 서점에 갈까요? 문제집보다 교과서가 좋다고 하니 교과서를 구해볼까요? 부모인 우리는 아이를 위한 무언가를 시작하려고 결심하는 순간, 무엇부터 '결제'해야 할지 고민합니다. 이번 학기 문제집을 주문하기 위해 결제하고, 이번 달 학원비를 결제하고, 온라인 학습 프로그램의 연간 이용권을 결제하고, 눈여겨보던 전집을 큰맘 먹고 결제합니다. 결제 완료를 확인하고는 마음이 편안해집니다. 아이를 위한 부모의 노력을 '결제'라는 행동을 통해 증명했으니까요.

공부 주도권을 아이에게 넘겨주기 위해 우리가 서두를 일은 결제가 아닙니다. 눈에 보이지 않지만 가장 중요한 '목표'라는 것을 정하는 일이 가장 우선입니다. 이후의 그 어느 단계보다도 부모의 관심과 도움이 절실한 단계입니다. 결제는 한참 후의 일입니다.

'동기부여'라는 단어로 대체될 수 있는 이 단계에서는 부모와 아이가 마주 앉아 '공부를 왜 해야 하는지', '공부를 잘하면 뭐가 좋은지', '꿈과 공부는 어떻게 연결되는지'와 같은 공부·꿈·목표에 관해 적극적인 대화를 나누어야 합니다. 공부를 왜 하는지에 관한 큰 그림을 그리고 수정하고 완성해야 비로소 초등 자기주도공부의 걸음마가 시작될 수 있습니다.

자기주도 공부법의 핵심, 목표 설정

초등 교실에서 수업을 설계할 때 전체 수업의 도입이자 반드시 포함하는 중요한 단계는 '동기 유발'입니다. 쉬는 시간에 교실과 복도에 흩어져 놀던 아이들이 수업 시간이 되어 서둘러 자리로 돌아와 앉습니다. 몸은 앉았는데 마음은 여전히 운동장과 복도를 맴도는 아이들, 이번 시간에 뭘 배우는지 안중에 없는 아이들, 수업에 대한 기대는 있지만 이 과목을 질색하는 아이들이 이번 시간의 학습 주제에 관심을 갖도록 유도하는 단계입니다.

공부할 마음이 없었던 아이가 공부하고 싶은 마음을 갖게 돕는 중요한 과정입니다. 이미 평가와 성적이라는 무섭고 강제적인 동기가 부여된 상태인 중·고등학생과 달리, 왜 공부해야 하는지 이해할 수 없어 마냥 하기 싫은 초등학생들을 위한 필수 단계입니다.

그래서 초등교사라면 누구나 이 단계를 위해 섬세한 고민을 하고 자료를 준비합니다. 수업 첫 5분에 해당하는 이 단계가 성공적이었다면 이후의 학습 목표 도달 가능성을 기대해봐도 좋습니다. 이 단계가 성공적이라는 건 '오늘 뭘 배울지 관심 없던 아이가 조금이나마 관심을 보이기 시작했다'라는 의미이고요, 반응이 시원찮다는 건 '공부할 마음이 없는 아이가 40분 내내 수업에 도통 무관심하게 버티며 쉬는 시간을 기다리게 된다'라는 의미입니다.

목표 설정이라는 자기주도 공부법 1단계는 '동기부여'라고 생각하면 쉽습니다. 아이 스스로 공부하고 싶은 마음이 들게 하고, 공부해야 하는 이유를 짚어보게 하는 단계이기 때문입니다. 초등학생들은 공부를 싫어합니다. 싫어하는 게 정상입니다. 공부가 싫은 아이를 붙잡고 하기 싫은 공부를 '무엇 때문에' 해야 하는지 고민해볼 기회를 줘야 합니다. 왜 해야 하는지 이해할 수 없는 아이는 자발성이 없으니 공부의 주도권을 갖고 싶지 않겠죠. 아무리 좋은 걸 주고 싶어도 받을 의지가 없는 사람에게는 넘길 수 없습니다. 마냥 게임하고 싶고 놀고 싶지만 공부해야 하는 이유, 싫어도 하긴 해야겠다고 다짐하게 만드는 이유가 동기이고 목표입니다.

우리 아이에게는 지금, 목표가 반짝이고 있나요? 아이가 궁금해하는 건 이렇게 싫은 공부를 해야 하는 '이유'인데, 어른들은 그런 아이에게 어떻게, 얼마만큼, 언제까지, 어디까지 해야 하는지만 설명합니다. '왜' 해야 하는지를 깨닫고나면 아이들은 떠밀지 않아도 눈을 반짝이며 공부할 방법을 찾아나섭니다. 공부를 잘하고 싶어진 아이는 책이 필요하다고 하고, 문제집을 사달라고 할 겁니다. '결제'가 필요한 시점은 바로 그때입니다.

목표 설정을 돕는 부모의 역할

끼니마다 아이에게 조금 더 영양가 높은 반찬을 챙겨 먹이고, 조금 더 비싸고 좋은 책상과 의자를 준비해주고, 아이가 원하는 최신형 전자 기기를 선물하는 것은 부모인 우리가 기꺼이 할 수 있는 일이지만 가장 중요한 일은 아닙니다. 부모만이 할 수 있는 일도 아니고요. 훨씬 중요하고 가치 있는 부모의 역할은 아이 스스로 꿈을 찾게 돕는 일입니다. 생각도 의지도 동기도 목표도 없는 아이에게 꿈과 목표가 생기게 하는 일 말입니다. 부모이기에 잘할 수 있고, 부모라면 반드시 해야 하는 일입니다.

아주 가끔, 위인전을 읽다가 꿈을 발견하거나 담임선생님의 말씀 한마디에 심장이 쿵쾅거리는 아이도 있지만, 그보다 훨씬 많은 아이가 부모의 생각과 말 한마디에 영향을 받고 꿈을 키우기 시작합니다. 아이가 꿈을 갖게 하는 일, 또렷한 목표가 생겨 자발적으로 공부를 시작하게 하는 일, 공부 열심히 해서 꿈을 이루고 싶다고 반짝이게 하는 일은 부모의 지지와 격려에서 시작됩니다. 이 과정이 우선되지 않으면 그 어떤 교재와 학원도 의미가 없습니다.

맨날 잔소리하고 꾸중하던 부모가 태도를 바꾸어 나를 기대해주고, 격려해주고, 칭찬해주는 모습에 아이들은 '달라지고' 싶어 합니다. 더 잘해보고 싶고, 잘해서 부모님을 기쁘게 해드리고 싶고, 꿈을 이루어 효도하고 싶고, 열심히 하는 모습을 보여드리고 싶고, 백 점 시험지를 보여주고 싶어 합니다. 그게 순수하고 예쁜 우리 아이들의 마음입니다. 아이가 지금 공부할 마음이 없고 게으름 피우는 건 꿈을 찾지 못했기 때문이에요. 공부를 열심히 해서 이루어보고 싶은 목표가 아직 없기 때문이에요. 그것만 찾으면 우리 아이들은 뭐든 열정적으로 해볼 준비가 되어 있습니다.

목표를 그리도록 이끄는 대화

아이가 목표를 세울 수 있도록, 꿈을 가질 수 있도록 본격적인 대화를 시작하세요. 규칙적인 학습 습관과 생활 습관을 만드는 것이 목표인 미취학·저학년 시기에는 목표에 관한 구체적이고 진지한 대화가 필요하지 않을 수 있습니다. 시도해도 좋지만 기대했던 결과는 얻기 어려울 거예요. 아직 어리기 때문에 자신의 원대한 꿈과 현실의 공부를 연결 짓기는 어렵습니다. 물론, 이 시기에도 자신의 꿈과 목표를 바라보며 공부에 몰두하는 아이가 가끔 있지만 드물지요.

아이의 목표를 궁금해하며 이에 대한 대화를 시작하는 시기는 3학년 정도면 적당합니다. 아기 같기만 하던 아이가 사춘기 조짐을 보이기 시작하는 시기와 일치합니다. 3학년 즈음의 아이들은 어른을 부러워하며 어른의 세계에 높은 관심을 보입니다. 어른이 된 것처럼 말하고 행동하면서 더 이상 예전의 꼬맹이가 아님을 강조합니다. 어른 세계에 관심 보이는 아이를 나무라고 걱정하기보다는 진로 교육의 좋은 기회로 삼아보세요.

꿈이라는 소재가 '짜장면 먹을래, 짬뽕 먹을래?'처럼 툭 던질 대화 주제는 아닙니다. 하지만 이 시기 아이들의 정서적 특성을 잘만 이용하면 의외로 대화가 수월하게 시작되고 풀릴 가능성도 높습니다. 어른이 되고 싶어 하는 아이에게 '어떤' 어른이 되고 싶은지 물어봐주세요. '뭐가 되고 싶은지'가 아니라 '무엇을 하고 싶은지', '어떻게 살고 싶은지', '어떤 모습의 어른이 되고 싶은지' 물어봐야 합니다. 어른이 되면 어떤 삶을 살아보고 싶은지, 아이 안의 로망과 욕망이 한껏 표현될 수 있도록 제한 없는 대화가 열려야 합니다. 아무 생각 없이 살던 아이가 질문을 받고 자신의 꿈과 인생에 대한 생각을 시작하게 해야 합니다.

프랑스 파리에 가서 성악을 공부하고 싶다는 아이에게 여자 직업으로는 교사만 한 게 없으니 교대 가려면 공부 열심히 하라고 툭 잘라버리거나, 로봇을 만드는 사람이 되고 싶다는 아이에게 공대 갈 실력으로 조금만 더 하면 의대에 갈 수 있을 거라고 설교해서는 안 됩니다. 아이가 하고 싶은 일이 생겼다며 눈을 반짝일 때 그 꿈이 얼마나 멋진지 호응해주고, 그 꿈을 이루려면 성실하게 노력하고 주도적으로 공부해보려는 시도가 있어야 한다고 차근차근 설명해주세요.

목표를 구체화하는 책과 영상물

평소 별다른 대화 없이 지내던 가정에서 아이의 자기주도공부를 위해 작정하고 목표, 꿈, 진로에 관한 대화를 꺼내기는 쉽지 않습니다. 그렇다고 대화가 자연스러워질 때까지 마냥 기다릴 수만도 없으니 이럴 땐 목표를 구체화하는 도구로 책과 영상을 활용해보세요.

10대를 위한 진로 관련 도서가 다양하게 출간되고 있습니다. 그만큼 꿈이나 진로에 대해 아이와 부모의 관심이 높다는 증거이기도 하고요, 마땅한 꿈과 목표 없이 기계처럼 앉아 공부하는 10대들도 많다는 의미입니다. '사춘기에 가장 효도하는 자식은 꿈이 있는 아이'라고 할 만큼 많은 아이들이 꿈과 목표 없는 권태로운 중학 시절을 보내고 있습니다.

아이와 부모가 함께 보면 좋을 진로 관련 도서를 추천합니다. 부모와 아이가 번갈아 읽어보세요. 책 내용을 소재로 꿈에 관한 대화를 풀어가기가 훨씬 수월해질 겁니다.

진로 탐색을 위해 부모와 아이가 함께 읽으면 좋은 책

영상을 활용하는 것도 즐거운 방법입니다. 뚜렷한 목표를 향해 노력하고 성취한 인물에 관한 다큐멘터리를 함께 보며 어떤 점이 남다르다고 느꼈는지, 꿈을 이루기 위해 어떤 노력을 해야 하는지, 꿈을 이룬 사람들의 공통점이 뭐라고 생각하는지 등에 관한 대화를 시도해보세요. 또 주변에서 접하기 어려운 직업 세계를 다룬 영상물도 유익한 대화 소재가 됩니다.

성공한 사람을 조명하는 다큐멘터리
(이미지 출처: 유튜브)

목표가 가까워지는 롤 모델 찾기

꿈이 없는 아이에게도 관심이 가는 유명인, 선수, 연예인은 있습니다. 아이가 관심을 보이는 분야가 있다면 그 분야에서 활약하는 한국인을 찾아볼 수 있어요. 유명인이 아니어도 괜찮습니다. 그 직업에 대한 경험을 담은 책을 집필했거나 유튜브 채널을 운영하고 있다면 책과 영상으로 접할 수 있거든요. 내가 원하는 직종에서 실제

일하고 있는 한국인 선배가 생기는 거죠. 배우고 싶고 닮고 싶은 롤 모델이 자연스럽게 생겨나는 겁니다. 아이가 관심을 보이는 직종이지만 마땅한 롤 모델이 떠오르지 않는다면 관련 키워드를 온라인 서점에서 검색하여 책으로 접할 수 있게 해주세요.

담임을 맡은 6학년 아이 중에 구글 본사에서 일하는 것이 꿈이라고 하는 아이가 있었어요. 말로만 그런 게 아니더군요. 지역 도서관에서 구글과 관련된 책을 대출해서 읽는 열정이 있었고요, 유튜브에서 구글에 취업하는 방법에 관한 영상을 찾았다고 자랑을 하더라고요. 이 아이가 읽고 있던 구글 관련 도서를 예로 보여드릴게요.

6학년 아이가 읽던 구글 관련 도서

요즘은 궁금한 직업을 유튜브에서 검색하면 직업 세계를 엿볼 수 있는 생생한 영상들을 볼 수 있습니다. 저도 유튜브에서 '구글에서 일하려면'을 검색어로 넣어 검색해보았습니다. 실제로 취업에 성공한 직장인들의 후기가 다양한 주제의 영상으로 제공되고 있었습니다. 이런 영상 몇 개만 함께 보아도 꿈에 관한 대화를 당장 시작해볼 수 있습니다.

구글 취업 관련 영상
(이미지 출처: 유튜브)

아이를 움직이게 하는 부모의 말

공부하는 방법이나 나에게 잘 맞는 방법은 모를 수 있지만 '공부해야 한다'는 사실만큼은 아이들도 잘 알고 있습니다. 공부할 책, 문제집, 강의, 학원이 없어서 공부를 못 하는 아이도 없습니다. 정보가 없어서, 해야 한다는 걸 몰라서 안 하는 게 아닙니다. 하기 싫어서, 왜 해야 하는지 이해할 수 없어서, 아는 것을 실천으로 옮기기 힘들어서 못 하는 겁니다. 스스로 해보려고 부지런해지는 시기의 아이를 놓치지 마세요. 이때다 싶어 더 많이 시키라는 말이 아닙니다. 혼자 해보고나서 뿌듯한 기분을 느끼는 아이의 마음을 놓치지 말자는 겁니다. 자연스레 나오는 지금의 모습이 예쁜 습관으로 정착되도록 도와주는 것이 부모의 일입니다.

아이들은 내용이 쉽고, 과목이 새롭고, 부모의 관심이 충만할 때는 열심히 하는 모습을 보이다가도, 내용이 점점 많아지고 어려워지면서 부모의 관심까지 줄어들면 쉽게 식어버립니다. 유치원 때부터 구구단을 외우던 아이가 점차 공부에 흥미를 잃고 4학년이 되면 본인이 '수포자'라고 서슴없이 말합니다. 수학이 재미있다며 앉은 자리에서 몇 장씩 거뜬히 풀어내던 아이를 떠올리며 부모는 속이 답답합니다.

학부모와 상담할 때 안타까운 순간들이 있습니다. 아이가 열심히 해보려고 마음을 먹었는데 부모가 기다리지 못하고 무리하게 선행학습으로 몰아 아이의 의욕을 꺾는 경우입니다. 처음에는 아이도 공부가 정말 재미있었을 겁니다. 내 수준보다 살짝 높으니 으쓱한 마음이 들고, 칭찬을 받기 시작하니 그렇게 재미있는 일이 또 없습니다. 그 지점에서 무리하지 않게 속도를 조절해야 하는데 그게 쉽지 않습니다.

부모는 '양을 조금만 더 늘리면 좋을 텐데', '영어 레벨을 약간만 더 올리면 좋을 텐데'라는 생각으로 조금 어려워져도 금방 따라잡을 것 같은 아이의 모습을 상상하며 질주하기 시작합니다. 그날의 공부를 마치고 뿌듯해하는 아이를 보아도 탐탁지 않은 이유입니다. 더 많이, 더 잘하는 아이들도 많다고 비교하기 시작하고, 아이는 그 소리가 듣기 싫어 점점 더 입과 마음을 굳게 닫습니다. 아이는 분명 작년보다 훨씬 성장했고 어제보다 오늘 더 잘하고 있습니다. 그 사실을 알고 있으면서 더 빨리 가는 아이 친구 생각에 부모는 우울해지고 급해집니다. 잘하고 있는데 더 잘하라고 하고, 더 잘할 것 같은데 노력이 적다고 합니다. 한창 공부가 재미있고 이것저것 해보고 싶은 아이에게 너무 많은 것을 강요하면서 질리게 합니다.

그렇다면 우리는 어떤 말과 눈빛으로 아이가 스스로 공부할 마음을 먹게 할 수 있을까요? 아이가 스스로 하게 하는 부모의 말을 공유해드립니다.

"너 혼자 충분히 할 수 있을 것 같은데?"

아이가 공부 자립심을 키울 수 있도록 돕는 일은 섬세하지만 어렵지 않습니다. 그런데도 선뜻 실천하지 못합니다. 스스로 하게 내버려뒀다가는 이도저도 안될 게 뻔하다는 불안 때문입니다. 안될 게 뻔해도 일단은 해봐야 늡니다. 평생 대신해줄 생각이 아니라면 지금 시작해야 합니다.

공부는 스스로 해야 하는 일로 인식하도록 경험을 쌓게 해줘야 합니다. 공부 계획을 스스로 짜볼 기회를 주세요. 무엇을 먼저 하고 무엇을 뒤에 할지, 무엇을 하고 하지 않을지 선택권을 주세요. 읽고 싶은 책과 풀어야 할 문제집을 스스로 고르게 해주세요. 학원에 다녀야 할 상황이라면 어느 학원에 등록할지 함께 의논하고 고민하되 선택은 아이에게 맡겨주세요.

어떤 선택은 이보다 좋을 수 있나 싶고, 어떤 선택은 이보다 나쁠 수 없겠다 싶지만 크게 보면 대체로 다 거기서 거기입니다. 어차피 선택의 순간에는 누구도 정답을 모릅니다. 직접 해봐야 나에게 맞는지 알 수 있습니다. 자신에게 맞는 방법을 찾아가는 데 의미를 두면 '스스로 선택한 공부를 하는 습관'이 정답입니다. 문제 하나를 풀 때도 마찬가지입니다. 아무리 해도 풀리지 않는 문제를 붙잡고 끙끙거리며 씨름을 해봐야 합니다. 그래도 안되면 어떤 방법으로 도움을 구해야 할지 스스로 고민하고 선택해보는 습관을 들여야 합니다.

부모에게 도와달라고 조르는 아이에게 슬쩍 던져보세요. "너 혼자 충분히 할 수 있을 것 같은데?"라고요. 혼자서는 못할 것 같아 당연히 시키는 대로만 하던 아이의 눈빛이 달라질 겁니다.

"한번 해볼래?"

공부도 밀당입니다. 공부가 재미있어서 해보려는 아이에게 더 하라고 떠밀 필요가 없습니다. 그 모습이 얼마나 사랑스럽고 기대되는지 표현해주면 충분합니다. 혼자 해내고 충분한 성취감과 만족감을 느낀 아이는 학년이나 성향과 상관없이 공부에 관한 새로운 시도를 하려고 할 겁니다. 그때마다 아이의 성장에 큰 박수를 보내는 것이 부모 역할입니다.

그래서 스스로 하겠다는 (더 정확히는 갑자기 이것저것 해보겠다고 호들갑을 떨어대는) 아이에게 건넬 말은 "한번 해볼래?" 정도면 충분합니다. 쿨한 척 제안해보세요. 대체로 "한번 해볼게요!"라는 반응이 나옵니다. 살짝 던진 미끼에 걸려든 겁니다. 아이가 미끼를 물었다고 들뜨지 마세요. 오히려 '네가 원해서 하는 거니까 한번 해봐'

라는 배짱 두둑한 마음으로 아이의 호들갑을 응원하며 기다려야 합니다.

부모는 윽박질러서라도 아이를 학원에 가게 할 수 있고, 울리면서라도 문제집을 끝까지 풀게 할 수 있습니다. 하지만 임시방편일 뿐 오래 가지 못한다는 것 또한 잘 알고 있습니다. 결국 공부는 아이 스스로 마음먹어야 시작됩니다.

"자, 시작하자!"

가족이 한데 모여 텔레비전을 보다가 아이만 방으로 들어가 못다 한 공부를 해야 하는, 살짝 미안하고 난감한 상황을 겪어봤을 겁니다. "왜 나만 공부해야 해!" 하며 입이 쑥 나온 아이에게 "나도 너만 할 땐 다 했거든!"이라고 소리 지르면 그만이지만 뭔가 개운치 않습니다.

억울한 마음을 누르고 혼자 방에 들어간 아이는 책이 눈에 들어오지 않습니다. 짜증나고 공부하기 싫은 마음을 누르며 문제집을 푸는데, 집중이 안 되니 절반은 틀립니다. 그래도 열심히 했는데, 많이 틀렸다고 또 혼이 납니다. 공부가 너무 싫어집니다.

이 정도는 시작이었을지 모릅니다. 한창 사춘기를 겪는 아이들은 더합니다. 말도 안 되는 이유를 갖다 붙이며 안 하려고, 미루려고, 대충 하려고 애를 씁니다. 초등학생 때는 하는 척이라도 하던 아이가 이제 대놓고 안 하려고 합니다. 그래서 시작을 함께 해야 합니다.

부모가 함께 시작하면 그 뒤로는 크게 어렵지 않습니다. 함께 시작하면 아이는 억울할 일 없고 나쁜 기분을 꾹꾹 누를 필요도 없으니 쉽게 집중합니다. 그러니 시작만이라도 함께해주세요. 가족이 다 함께 시작하면 제일 좋지만 힘들 땐 엄마 아빠 중 한 분이라도 아이와 함께 시작해주세요. 매일 정해진 시간이 되면 "시작하자"라고 외치며 먼저 뭐든 시작해보세요.

읽던 책을 펴거나 읽던 책의 문장을 공책에 따라 써도 좋고, 노트북에 글을 적거나 하다못해 가계부라도 좋으니 공부처럼 보이는 활동을 시작해보세요. 시작하는 부모를 따라 아이도 일단 시작한다면 성공입니다.

부모는 공부, 독서 말고도 할 일이 많습니다. 저녁 준비도 해야 하고, 다 돌아간 빨래도 널어야 합니다. 그러니 시작만 함께 해보세요. 아이가 공부의 흐름을 타기 시작하면 잔소리와 간섭은 더 이상 필요하지 않습니다. 부모는 계획한 대로 오늘 공부를 잘 끝냈는지 확인하고 기분 좋게 마무리하면 됩니다.

"오늘 공부, 어떻게 할 거야?"

이 말은 공부의 주도권이 전적으로 아이에게 있다는 뉘앙스가 강합니다. 뭔가 두루뭉술하지만 훌륭합니다. 아이는 언제 시작할 건지 답해도 좋고, 공부할 과목의 순서를 말해도 좋고, 할 건지 말 건지를 말해도 괜찮습니다. 질문의 핵심은 아이에게 결정권이 있다는 걸 인식시키는 것입니다. 이 공부의 주체는 부모가 아니고 '나'라는 사실, 그래서 '내 공부'를 '내가' 결정해서 시작해야 한다는 점을 떠올리게 하는 말입니다.

아이 대답이 흡족하지 않을 수 있습니다. 하지만 어떤 대답이든 아이가 공부에 대한 계획을 내놓으면 '좋다', '괜찮다', '멋지다'라는 반응을 보이는 게 중요합니다. 세부적인 내용을 조율하고 보충하는 건 긍정적인 피드백을 한 이후에 천천히 해결하면 됩니다. 방과 후에 간식을 먹이면서, 방학이라면 아침을 함께 먹으면서 가볍게 툭 던져보세요. "오늘 공부, 어떻게 할 거야?"

학년별로 아이 공부 습관에 관한 최소한의 목표가 있습니다. 초등 1학년 때는 스스로 책 읽는 습관을, 초등 2학년 때부터는 과제를 정해서 공부하는 습관을 들이기 시작하면 좋습니다.

학년별 공부 습관과 범위

학년	습관 만들기	자기주도공부의 영역
1	읽기 독립, 독서 습관, 생활 습관	연산
2	영역별 공부 습관	연산, 일기
3	공부 분량·시간 늘리기	연산, 일기, 영어 영상 시청
4	한글 책·영어 책 글밥 늘리기	연산, 일기, 영어 영상 시청, 영어 책 읽기
5	공부 습관 유지, 분량 늘리기	공부 계획 전체 스스로 세워보기
6	공부 습관 유지, 분량 늘리기	목표·계획·공부·피드백 전 과정 시도하기

시작했다고 해서 바로 습관으로 자리 잡는 건 아닙니다. 하나씩 습관이 들게 잡아주다가, 4학년 정도 되면 매일 공부해야 한다는 사실과 오늘 공부하기로 한 과목이 무엇인지를 알고 정해놓은 시간에 시작하는 것까지를 목표로 하면 됩니다. 우리 아이 공부 습관이 학년보다 빠른 편이라면 바로 위 학년을 적용하면 되고, 늦은 편이라면 바로 아래 학년을 적용해도 많이 늦은 건 아닙니다.

"오늘 계획 좀 공유해보자!"

'공부'라는 단어만 들어도 거부 반응을 보이는 아이에게는 다른 표현으로 접근해야 합니다. '계획'은 당연히 '공부 계획'을 뜻합니다. 아이도 알고 부모도 압니다. 모를 리 없지만 '공부'라는 단어가 빠지니 말하기도 듣기도 훨씬 편합니다. 핵심은 '오늘 계획 말해봐'가 아니고, 각자의 계획을 공유한다는 겁니다.

엄마도 아빠도, 누나도 동생도 각자 오늘 하고 싶은 공부, 해야 할 공부, 마쳐야 할 과제를 돌아가며 이야기합니다. 엄마와 아빠는 그럴듯해 보이는 과제를 준비해두면 좋습니다. 독서, 글쓰기, 자격증·시험 공부, 필사, 채점 등 공부와 관련 있는 것이면 더욱 좋습니다. 냉장고 정리나 재활용 분리수거 등 집안일과 관련된 과제도 괜찮습니다. 계획이 있고, 계획을 실천하려는 의지를 보이고, 실천에 옮기는 모습을 보여주는 것이야말로 진짜 교육입니다.

“몇 분 정도 더 걸릴 것 같아?”

아이가 한참 동안 문제집을 풀거나 책을 읽고 있을 수 있습니다. 엄마나 아빠가 보기에 이 정도면 충분히 풀거나 읽었다 싶을 때 질문을 던집니다. 반대로 한참 공부하다 말고 아이가 잡담을 시작하려 할 때 공부를 이어가게 할 수 있는 말이기도 합니다. **지금까지 공부를 얼마나 했고, 앞으로 얼마나 더 해야 하는지(남았는지)를 확인하는 질문입니다.** 뇌는 질문을 받으면 답을 찾기 위해 생각을 시작합니다. 질문을 받은 아이는 끝낸 공부와 남은 공부를 따져보며 어느 정도 했고, 얼마나 더 해야 하는지 계산합니다. 그러면서 ‘내가 끝낸 공부가 이만큼 되네’라며 스스로 기특해합니다. 그러고는 남은 공부를 얼른 끝내야겠다는 결심을 하고 집중합니다.

이 문장들을 써 붙여두고 실천해보세요. 처음에는 당연히 어색할 거예요. 평소 하지 않던 말들이니까요. 예민한 아이라면 평소와 다른 부모의 말투에 ‘엄마(아빠)가 갑자기 왜 이러는 거지’ 하며 의아해할 수 있습니다. 하지만 곧 적응합니다. 질문 자체에 담긴 긍정적인 의도를 금세 알아채고 기분 좋게 받아들일 겁니다. 이 문장들을 아이에게 건넬 땐 무심한 듯 툭 던지면 좋습니다. (혼자 미리 연습해 보는 것도 좋습니다.) 억지로 미소를 지으려 하거나 정색하고 진지하게 물어보다가는 부모의 어색한 속마음을 들켜버리니까요.

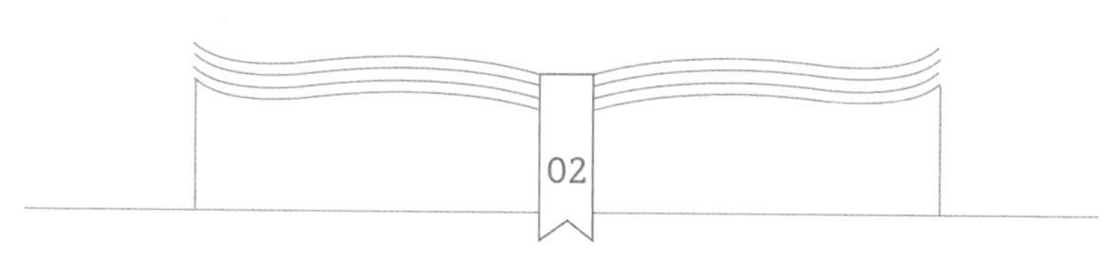

2단계 도전하기

공부 계획 세우기

계획을 세우지 않는 것은 실패를 계획하는 것이다 - 브라이언 트레이시

지금까지는 대개 부모가 공부 계획을 짜주었을 겁니다. 맞습니다, 처음부터 아이가 혼자 할 수는 없지요. 뭘 해야 하는지, 얼마나 해야 하는지 도통 감이 오지 않지요. 그래서 부모가 주도권을 가지고 있었던 것이고요.

꼭 이루고 싶은 꿈과 목표가 생긴 아이는 이제 구체적인 공부 계획도 세워봐야 합니다. 이제까지는 부모가 짜준 계획을 지켰느냐 안 지켰느냐에 집중했다면, 앞으로는 '공부 계획을 누가 어떻게 세웠느냐'를 궁금해해야 합니다. 계획 세우기는 부모가 시작하지만 결국 아이에게 넘겨야 하는 중요한 과제입니다.

간혹 교실에서 보면 공부 계획을 세우지 않아도 성적이 잘 나오는 아이들이 있습니다. 부모와 학원 선생님이 세워준 완벽한 계획대로 공부하는 아이들입니다.

이 아이들은 매끄럽게 갈 때는 아무 문제가 없습니다. 계획 세울 시간에 한 자라도 더 공부해서 더 빠르게 가고 더 쉽게 결과를 얻을 수 있습니다. 위기는 매일 하던 공부가 새삼 버겁게 느껴지고, 부모와의 사이가 점점 삐걱거리고, 노력에 비해 초라한 결과를 얻고 실망했을 때 닥칩니다.

누구나, 언제든, 아무리 노력해도, 마음을 다잡아도 슬럼프를 겪게 됩니다. 이런 위기의 순간을 만나면 스스로 세운 계획의 힘으로 한 번 더 도전해보고 싶은 의지를 불러일으킬 수 있습니다.

학부모 상담을 하면 고학년 학부모도 대부분 내 아이가 또래보다 어리고 부족해 보인다고 말씀하시는데요, 교실에서 지켜보면 마냥 그렇지도 않습니다. 교실 속 아이들은 공부, 생활, 놀이, 친구 관계 등 모든 면에서 부모님이 생각하시는 것, 집에서 보는 모습 이상으로 훨씬 의젓하게 혼자 힘으로 잘 해냅니다.

한번 맡겨보세요. 시도는 하지만 아직은 잘 안될 거라고 기대치를 낮춰놓으면 혼자 고민하며 계획을 짜는 아이가 더없이 의젓해 보일 거고요, 아이는 경험한 횟수만큼 노련해집니다. 그때까지 참고 기다려주는 것, 그것만 하면 됩니다.

아이 스스로 세우는 공부 계획

알아서 공부하라고 해놓곤 계획 짜는 건 양보하지 않고 내 일인 것처럼 적극적으로 개입하는 부모가 여전히 많습니다. 아이가 세운 계획이 못 미더운 거죠. 공부량을 확 줄여놓고 팽팽 놀까봐 불안합니다. 부모가 아이 공부의 목표를 정해주고, 그 목표에 닿을 만한 공부 계획표 만들기는 쉬운 일입니다. 매일 영어 책 다섯 권 읽기, 연산 두 장 풀기, 수학 문제집 세 장 풀기, 일기 열 줄 쓰고 독서록 두 편 쓰기 같은 계획 짜기는 어렵지 않지만, 그렇게 강제로 세워준 계획이 버거워 종일 몸을 비트는 아이와 기싸움하는 것도 결국 부모의 몫이 됩니다.

아이가 직접 세운 계획은 공부 자발성을 끌어낼 수 있습니다. 자기가 세운 계획대로 하겠다며 한동안은 평소보다 덜 하고, 부실하게 하는 것처럼 보이겠지만 언제든 한 번은 겪어야 할 과정입니다. 계획을 세우고 계획대로 실천하는 과정을 직접 경험하게 하는 것보다 확실한 방법은 없습니다. 공부는 어차피 아이의 일이기 때문입니다. 당연히 처음부터 잘할 수 없습니다. 시행착오는 필수입니다. 그렇기 때문에 지금, 초등 시기에 시도해야 합니다.

이를 위해서는 아쉽고 불안하겠지만 더 빠른 진도와 더 많은 양이 목표였던 부모의 계획을 한동안 내려놓아야 합니다. 계획 세우는 시간이 실제 공부하는 시간보다 오래 걸리고, 기껏 세워 온 계획은 부모의 맘에 차지 않기 때문에 굳은 결심이 필요합니다. 아이가 세운 계획을 바꿔보려고 끊임없이 주입하고 설득하다보면 기대하고 예상한 대로 조종할 수는 있겠지만 잠깐입니다. 오래가지 못합니다.

더 치명적인 건, 그렇게 간섭해서 조정한 계획이 부모와 아이 사이를 멀어지게 한다는 사실입니다. 아이 스스로 건강한 욕심과 성취감을 바탕으로 자기주도공부의 과정 전체를 이끌어 가도록 부모는 조금씩 뒤로 물러서야 합니다. 아이는 계획을 세우고, 달성하고, 실패하고, 실패한 이유를 고민하고, 다시 계획하는 과정의 무한 반복을 통해 공부 주도권을 잡게 됩니다.

그렇게 바라던 자기주도공부가 시작되는 겁니다. 부모가 세워준 계획대로 성실하게 공부 습관이 자리 잡힌 아이라면 5학년 이후에 짧으면 6개월, 길게는 한 해 정도 스스로 계획을 세우고 수정하고 다시 세우는 과정을 경험하게 해주세요. '부모 혼자 ⇨ 아이와 함께 ⇨ 아이 혼자'의 과정을 밟는 겁니다.

아이가 스스로 공부 계획을 세우기 시작했더라도 초등 시기엔 지속적인 점검이 필요합니다. 일주일에 한 번 정도는 아이가 세운 계획의 공부 과목·시간·교재·방법 등에 관한 대화가 필요합니다. 같은 수학이라도 연산 비중을 줄이고 사고력 수학의 비중을 늘린다거나, 영어 독서의 레벨을 올리는 시도를 한다거나, 한자 공부 시간을 늘리거나 줄일 수도 있습니다. 대화 중에 수학의 새로운 개념이 이해되지 않는다고 도움을 청한다면 아이 혼자 계속 진행하도록 할지, 인강을 들어볼지, 학원에 등록할지, 과외를 시작할지 등을 의논해서 정하는 것도 부모의 일입니다.

공부 계획은 장기와 단기로 구분되며, 두 가지가 얼마나 적절히 제 역할을 해내느냐에 따라 자기주도공부의 성패가 결정됩니다. 공부 계획을 세울 때 부모의 개입을 최소로 하려면 장·단기 계획에 대한 개념을 잡고 시작해야 합니다.

장기 계획

초등 공부의 장기 계획 단위는 일 년을 추천합니다. 연간 계획인 셈이죠. (새해가 너무 먼 시점이라면 학기 단위의 계획도 괜찮습니다.) 새해가 시작되고 새로운 학년으로 진급할 때 '올해 나의 꿈' 같은 결심을 적는 느낌과 유사합니다. 해가 갈수록 자신만의 결심과 다짐을 야무지게 새겨보는 아이들을 찾기는 점점 어려워지는 반면 '올해는 작년보다 공부량을 늘리고, 작년에 못 했던 과목을 몇 가지 더해야겠다'라는 부모의 결심은 두둑해지는 분위기입니다. 부모의 의지가 강할수록 아이는 자기의 계획에 대한 관심이 희미해집니다. 아무리 공들여 세워놔도 부모 마음대로 뜯어고칠 걸 알기 때문입니다. 아이가 세운 계획에 부모의 개입을 최소로 해야 하는 이유입니다.

과목별로 일 년 동안 달성하고자 하는 구체적인 계획을 세우는 것에서 시작합니다. 초등학생이 된 후로 지금까지 부모·학습지·학원의 도움을 받아 공부해온 모든 과목의 목록을 적어보게 하세요. 그중 학년이 올라가면서 그만해도 괜찮을 과목은 없는지, 추가해야 할 과목은 없는지를 바탕으로 올 한 해 공부할 과목의 종류를 결정합니다.

이때 과목은 '수학'과 '영어'가 아니라 '연산', '영어 책 읽기', '영어 일기 쓰기' 같은 구체적인 영역입니다. 현재 수준과 진도를 기록하고 정확히 일 년 후에 얼마만큼 성장하는 걸 목표로 할지 스스로 가늠해볼 기회를 주세요. 꾸준히 영어 책을 읽어온 아이라면 현재의 독서 단계를 기록하고, 일 년 후에 읽고 싶은 책의 단계를 기록하는 식입니다. 영어 리더스북을 읽는 아이라면 일 년 후에는 챕터북 수준으로 올려보겠다는 것이 장기 계획이 되겠지요.

일 년의 장기 계획이 정해지면 그 계획을 일 년 동안 이루어가기 위한 시기별·분기별 큰 그림도 그릴 수 있습니다. 장기 계획은 되도록 큼직하게, 일 년 동안 꾸준히 계속해야 할 영역을 정하는 일이라고 생각하면 쉽습니다. 이 장기 계획을 이루기 위해 '매일 영어 책 30분 읽기'라는 월별, 주별, 일별 구체적인 단기 계획이 세워집니다. 저학년에게는 1년이라는 기간이 길고 추상적으로 느껴질 수 있기 때문에 1학기, 2학기처럼 학기 단위로 계획하는 것도 효과적입니다.

연초가 되면 새해의 달력을 앞에 두고 마주 앉아보세요. 올 한 해 동안의 연휴, 명절, 단기 방학, 여름방학, 겨울방학 같은 특별한 기간을 살펴보는 것이 새해맞이 가족 행사가 되게 하세요. 다만 장기 계획을 세울 때 세세한 예외까지 고려하면 복잡해지고 끝이 없습니다. 그러다간 계획만 세우다 끝납니다.

가족 행사, 주말여행, 단기 방학 등 예외적인 기간은 월 단위·주 단위의 단기 계획에 반영하면 됩니다. 일주일 동안의 여행으로 공부를 못 하게 된다면 못 한 분량은 여행을 전후하여 조금씩 더 하고, 주말에 보충하는 방식으로 그달 안에 해결하면 됩니다. 여행 중에도 충분히 할 수 있는 일기 쓰기나 독서 등은 기록과 휴식의 느낌으로 이어가는 것도 좋습니다.

스스로 계획 세우기를 좋아해 적극적으로 나서서 하는 아이도 있지만, 못하겠다며 힘들어하는 아이도 있습니다. 이럴 때는 처음 한두 과목 정도를 예시로 함께 해주면 좋습니다. 아이가 막연하게 느낀다면 영역별로 몇 가지 예시를 주고 골라보게 하는 방법도 있습니다. 국어와 수학을 부모님과 함께 계획했다면 다른 과목은 아이가 혼자 해보게 하세요. 아무리 어렵고 처음이어도 혼자 고민해볼 기회는 필요합니다.

올 한 해 집중적으로 연습해야 할 연산 영역은 무엇인지(분수, 소수, 나눗셈 등), 글쓰기 성장의 목표는 어디인지(연간 몇 편 혹은 매일 분량의 목표), 읽고 싶은 영어 책의 종류·두께·시간·분량은 어느 정도인지 아이가 그려보고 결정하게 해야 합니다. 부모의 머릿속에 가득한 계획과 기대를 뒤로하고 아이의 계획을 존중하는 시간입니다.

단기 계획

초등 혼자 공부의 단기 계획은 주 단위로 생각합니다. 일 년이라는 장기 목표를 이루기 위해 이번 달만의 목표를 정하고 이 목표를 이루기 위해 매일 몇 시간(또는 어느 만큼의 분량) 공부해나갈지 계획하는 단계입니다.

연간 장기 계획 예시

활동 / 교과	3학년 장기 계획 예시
영어	• 자막 없이 영어 영상 보기
독서	• 독서 100권 도전하기 / 읽은 책 한 줄 기록하기 / 매일 30분 독서하기
수학	• 곱셈과 나눗셈 연산 매일 100점 도전하기
국어	• 매일 일기 쓰기 / 일주일에 독서록 두 편 쓰기

활동 / 교과	5학년 장기 계획 예시
영어	• 매일 영어 일기 쓰기 / 챕터북 도전하기 / 하루 한 챕터 읽기
독서	• 세계 명작 시리즈 도전하기 / 읽은 책에 관한 서평 쓰기
수학	• 6학년 1학기 기본 문제집 풀기 / 분수와 소수 영역 연산 연습하기
국어	• 5학년 어휘 문제집 끝내기 / 매일 글쓰기 도전하기

활동 / 교과	장기 계획 예시
국어 (독서)	**고전 독서 도전하기** • 100권 독서 도전, 읽은 책 목록 작성하기 • 독서록 매주 1편씩 쓰기 • 매일 일기 쓰기 도전하기 (○○줄) • 블로그에 독서 기록, 주제 글쓰기 기록하기 • 1년간 쓴 글로 책 만들기
수학	**매일 연산 훈련 도전 (영역 정하기)** • 학교 진도 스스로 복습·보충하기 (교과서, 문제집 활용) • 사고력, 심화 과정 문제집 도전하기 • 다음 학기 문제집 혼자 진도 나가보기
영어	**영어 책 매일 읽기** • 매일 영어 책 소리 내서 읽기 (시간 정하기) • 영어 단어 매일 외우기 (개수 정하기) • 영어 일기 도전하기 (주당 횟수 정하기) • 영어 독해 문제집 풀기 (권수 정하기) • 자막 없이 영화 감상, 영어 방송 듣기 도전하기 • 전화, 화상 영어 꾸준히 하기 (주당 횟수 정하기)

장기 계획을 달성하려면 이번 주에 어느 정도의 양을 달성해야 하는지를 아이에게 묻고, 아이 스스로 단기 계획에 관해 감을 잡도록 하면서 시작하면 됩니다. 이게 바탕이 되면 매주, 매일의 공부 계획은 자연스럽게 이어집니다.

매주, 매일의 계획은 굳이 가족이 모여서 짤 필요가 없습니다. 아이가 도움을 청할 때 조언하는 것으로 충분합니다. 꼭 도움을 주고 싶다면 "계획 잘 세워서 하고 있지?" 정도로 가볍게 질문하면 됩니다. 제대로 하는지 궁금하고 제대로 안 하고 있을까 싶어 걱정되겠지만 지금은 믿고 기회를 줘야 합니다. 그래야 아이가 자랍니다.

턱없이 모자란 양을 목표로 잡고 계획대로 다 끝났다고 놀고 있는 아이를 보면 자기주도공부고 뭐고 다 그만두고 싶겠지만 참아야 발전합니다. '네 목표와 계획을 기대하고 있고, 계획대로 이루기 위해 노력하는 모습이 참 보기 좋다. 이렇게 1년을 보내면 네가 세웠던 장기 계획도 이룰 수 있을 것 같아'라는 긍정의 메시지를 계속해 보내주세요. (허벅지를 찌르며 견뎌야 할 겁니다.)

처음에는 충분히 달성할 수 있는 양으로 시작해 성취감을 자주 맛보게 해야 합니다. 나름대로 의지를 불태우며 자기만의 계획으로 공부를 시작했는데 목표한 성과를 번번이 달성하지 못하면 불탔던 의지가 쉽게 사그라듭니다. 아무리 야무지게 짜놓은 계획도 흐지부지되고 부담만 더해져 도망치고 싶어집니다. 어른들도 그런데 아이들은 오죽할까요.

아이 스스로 계획을 짜보는 초기에는 '적지만 꾸준히'를 목표로 삼아야 합니다. 시간과 양을 늘리는 건 계획 세우는 과정이 완전히 내 것이 된 다음부터라고 알려주세요. 많이 하기보다는 꾸준히 하기, 거창한 계획보다는 달성할 수 있는 계획을 세우고 반드시 지키기를 목표로 삼는 습관이 필요합니다.

"이제 뭐 해?", "몇 장 해?", "몇 분까지 해?", "몇 줄 써?"를 입에 달고 살던 아이가 모든 공부 계획을 혼자 결정하고 스스로 점검하는 일을 시작했습니다. 처음 얼마간은 계획과 현실이 맞지 않아 허둥댈 거예요. 당연합니다. 하지만 아이는 그 모습만으로도 충분히 격려받아야 합니다. 어제 계획했던 공부량이 턱없이 많거나 적다는 걸 스스로 깨닫고 오늘 계획에 반영하도록 해야 합니다.

주 단위의 단기 계획은 각종 방학, 명절, 여행 기간처럼 특별한 날이 있는 달에 더욱 위력을 발휘합니다. 이럴 때 못하게 된 공부를 주말, 연휴 전후에 보충하도록 미리 계획을 세워두는 거죠. (못 지킬 가능성이 높지만 시도는 의미가 있습니다.)

또 아이의 거부감이 크지 않다면 방식을 제안해볼 수도 있어요. 주말이나 휴일에는 공부를 중단하기보다 아이가 좋아하는 쉬운 과목의 공부를 한두 가지만이라도 이어가는 거죠. 성취 의욕이 높은 아이들은 계획을 세우고 달성해나가는 것 자체를 즐기기 때문에 휴일 공부나 보충 공부가 미션을 달성하는 특별한 과정이라 여겨 즐기기도 합니다.

주말, 휴일 공부에 대한 아이의 마음이 준비되지 않았다면 강행하기보다는 양보해주세요. 초등 시기에는 주말에 조금 더 하거나 덜 한다고 해서 유의미한 결과 차이가 나지 않기 때문입니다.

주 단위 계획표 양식

날짜	요일	오늘 공부	확인
/	월		
/	화		
/	수		
/	목		
/	금		
/	토		
/	일		

학습용 플래너 활용

저희는 가끔 MBC에서 방영하는 〈공부가 머니?〉라는 프로그램을 시청합니다. 저희 눈길을 끄는 건 전문가의 솔루션보다는 출연한 아이의 모습인데요. 미취학 아동부터 고등학생까지 다양한 연령의 사례를 보면서 공감하고 배우고 안타까워합니다. 그중 2020년도 수능 만점자인 청심국제고 3학년 학생이 자기만의 공부법 중 플래너 활용을 소개한 부분이 인상적이었습니다. 주 단위 계획을 세운 플래너를 알뜰하게 활용하여 공부를 주도적으로 해나갔고, 이것이 성공의 비결이라고 소개했습니다.

스스로 계획 세우기를 낯설어하는 아이에게는 플래너 활용을 강력히 권합니다. 기본 틀이 있는 공부 전용 플래너의 빈칸을 하나씩 채워가는 연습이죠. 빈칸을 한 줄씩 채울 때마다 멈춰서 고민하게 될 거예요. 부모님의 간섭·잔소리·수정·개입 없이 내가 생각한 대로 계획해보고 실천에 옮겨보는 연습이 필요합니다.

플래너에는 한 달 단위, 일주일 단위의 틀이 짜여져 있어 이 틀에 맞게 채워 넣기만 해도 계획 세우기가 재미있고 만만해집니다. 플래너를 펼쳐 과목을 하나씩 떠올리고 고민하면서 분량을 결정하는 과정이 자기주도공부의 시작입니다. 틀려도 되고, 다시 써도 되니 이리저리 고민하면서 머릿속 목표와 계획을 자유롭게 적어보게 하세요. 최종적으로 정리되고 나면 새 종이에 예쁘게 적어 완성하면 되거든요.

이 단계에서는 부모가 가이드를 해주면 좋습니다. 조금 더 공부할 수 있는 시간적 여유가 보인다면 분량을 조금 늘려보자고 제안하기('안 되면 말고'라는 쿨함이 필요합니다), 학원 일정 등을 고려하여 요일별 공부 과목을 조금씩 조정하기, 조정이 필요하다면 일방적으로 지시하지 말고 아이와 충분히 대화하면서 아이의 생각을 들어보기 같은 거죠.

따로 사용하는 계획표 양식이 없다면 초등학생용 플래너 양식을 활용해보세요. 네이버 카페 〈슬기로운 초등생활〉에서 '초등플래너 파일'을 검색해 다운로드할 수 있습니다. 인쇄해서 쓰는 게 번거롭다면 《초등 매일 공부의 힘 실천법》을 구입하여 활용할 수도 있습니다.

네이버 카페 〈슬기로운 초등생활〉

《초등 매일 공부의 힘 실천법》

단기 분량과 눈에 보이는 보상

작심삼일이라는 말을 아이 공부에 유리하게 해석하면 적어도 3일까지는 기대해봐도 좋다는 의미입니다. 4일째가 올 때마다 다시 계획을 세우는 한이 있더라도 3일을 기대하며 가는 겁니다. 어른도 툭하면 작심삼일인데, 아이에게 너무 큰 걸 바라지 마세요. (다이어트, 운동, 독서 등 수시로 무너지는 어른들의 결심을 봅니다.)

공부 분량은 단기적으로, 매우 달성하기 쉽게, 끝이 훤히 보이도록 계획하는 습관을 들이게 해주세요. 문제집 한 권 끝내기, 30일 동안 매일 한 시간 독서하기, 50권 독서 완성하기, 10일 동안 매일 일기 쓰기 등 조금 신경 써서 노력하면 이룰 수 있을 만한 과제에 도전해야 합니다. 이런 이유로 요즘 문제집 중에는 분량 계획표가 부록으로 첨부된 경우도 있습니다.

단기 분량을 달성한 아이를 위해 눈에 보이는 소소하고 즉각적인 보상이 필요합니다. 어른인 저희도 집필하던 원고를 마감하면 맛있는 커피를 함께 마시고 보고 싶었던 책을 구입하여 읽습니다. 그게 아니어도 마감은 했겠지만 이렇듯 소소하고 즐거운 보상을 경험하고나면 도전하는 것 자체에 대한 기대감과 만족감이 커집니다. 아이도 이런 식의 즐거움, 성취감, 뿌듯함, 행복한 감정을 경험해야 합니다.

아이가 기뻐하는 보상은 예상 외로 소박하고 천진합니다. 문제집 한 권 끝낸 날엔 과자 파티, 일기를 매일 쓴 주말엔 좋아하는 아이스크림 먹방, 30일 독서를 달성하면 원하는 책 사기 같은 것들 말이죠. 아이가 제 노력으로 이뤄낸 결실로 일상의 소소한 이벤트를 주도하게 해주세요.

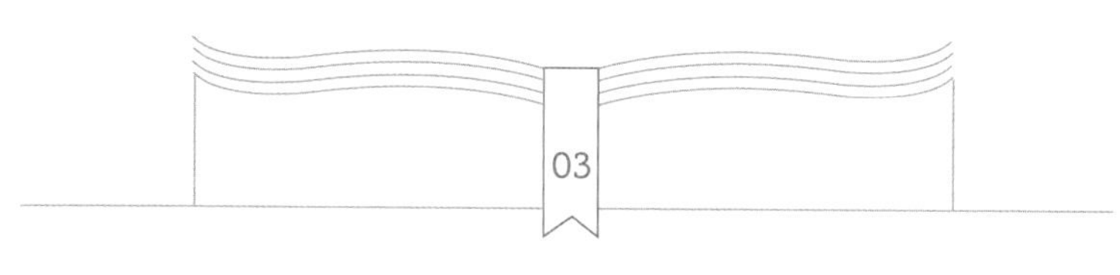

3단계 실천하기
실전 공부법 4단계

계획을 세워놓는 일만으로 끌어낼 수 있는 일은 없다 - 르 위킹

계획을 빛나게 해주는 건 실천입니다. 아이가 주도하기로 했다면 구체적인 방법을 알려줘야 합니다. 혼자 해야 한다는 건 알지만 어떻게 공부해야 하는지 구체적인 방법을 몰라 헤매는 아이들이 많습니다. 자발적으로 하고 싶은 마음이 들게 하고, 혼자 할 수 있게 방법을 일러주는 것이 자기주도공부에서 부모의 역할입니다.

초등학생부터 고등학생까지, 교과서를 기반으로 한 공부의 단계는 다음에 제시한 큰 틀을 벗어나지 않습니다.

먼저 교과서에 등장한 낯선 개념의 의미를 이해하고(1단계), 개념을 내 것으로 다듬어 숙지합니다(2단계). 제대로 이해하고 암기했는지를 확인·평가하는 단계(문제 풀이)가 필요하며(3단계), 채점 과정

실전 공부법 4단계

단계	공부법	활용 자료
1	개념 이해	교과서
2	(나만의 개념으로) 개념 다듬기	배움공책
3	평가	교과서, 문제집
4	채점, 오답 확인, 개념 재확인	오답공책, 교과서

을 통해 어떤 내용을 잘 모르는지 스스로 확인합니다(4단계). 부족한 부분을 확인했다면 다시 1단계로 돌아가 과정을 반복합니다.

결국 1~4단계를 반복하는 것이 공부의 과정입니다. 전 학년, 전 과목에 적용할 수 있습니다. 과목별 구체적인 공부법은 이후에 짚어보기로 하고, 여기서는 각 단계에서 짚어야 할 핵심 내용을 살펴보겠습니다.

1단계 : 교과서 개념 이해하기

학교 공부의 기본은 교과서 속 주요 개념을 이해하는 것입니다. 이 과정에서 문제집이나 전과를 활용하기도 하는데 추천하지 않습니다. 시중에 나온 문제집과 전과에는 굳이 기억하지 않아도 될 부수적인 정보와 상식이 지나치게 많이 담겨 있어 집중력을 떨어트립니다. 문제집 분량은 점점 많아지고, 전과 본문은 점점 화려해져서 해당 차시에서 가장 중요한 핵심이 무엇인지 구분하기 어려울 정도입니다. 배운 내용들 중에서 가장 중요한 내용을 찾아내는 것으로 공부를 시작해야 합니다. 그래서 교과서가 중요합니다. 교과서는 필수 내용을 효율적으로 배치하여 담은 기본서이기 때문입니다.

먼저 교과서 속 핵심 내용을 차근차근 충분히 곱씹으며 이해하고 숙지해야 합니다. 주요 개념을 충분히 이해한 경우라면 응용 또한 자연스럽게 이루어집니다. 그 후 문제집이나 보조 도서를 활용하는 것은 좋은 방법입니다.

교과서 공부의 기본은 반복해서 정독하기입니다. 이미 수업 중 배운 내용이지만 핵심 내용의 의미를 곱씹으며 혼자 읽는 시간이 필요합니다. 물론 아무리 교과서를 반복해 읽어도 이해되지 않는 내용이 있을 수 있습니다. 개념 설명에 사용된 어휘의 의미를 정확히 모를 때 생기는 일이지요. 초등 교과서에 나오는 어휘는 이후의 학습에서는 물론 사회생활의 필수 어휘입니다. 지나치지 말고 사전을 찾아보며 제대로 알고 넘어가야 합니다. (어휘 공부법은 3장의 '국어' 편에서 소개합니다.)

2단계
: 배움공책으로 개념 다듬기

무엇을 알고 무엇을 모르는지 아는 것을 '메타인지'라고 합니다.

잘 모르는 것을 구별해내어 그것을 집중적으로 공부하는 데 도움이 되는 개념입니다.

> 자신이 잘 안다고 착각해 공부를 너무 일찍 끝내버리는 경우가 있는가 하면 그와 반대되는 경우도 많다. 평소 암기력이 좋지 않거나, 자신감을 잃어버린 아이들은 지나치게 오랜 시간 동안 공부하는 경향을 보인다. 이럴 경우의 문제는 아이가 집중하는 시간보다 멍때리는 시간이 많다는 것이다.
>
> – 리사 손, 《메타인지 학습법》 중에서

최상위권 학생들의 공부 비결이 바로 이 메타인지에 있다는 이야기를 들어봤을 겁니다. 잘 안다고 착각하거나 잘 모른다고 생각하는 것 모두 스스로 '무엇을 알고, 무엇을 모르는지' 정확히 모르는 상태입니다. 두 경우 모두 '아는 것 같기도 하고 모르는 것 같기도 한' 애매한 상태로 공부했을 때 나타나는 현상입니다.

이 중 특히 문제가 되는 지점은 교과서를 읽을 때, 영상 학습 자료를 시청할 때, 학교와 학원에서 수업을 들을 때입니다. 설명을 읽거나 보거나 들으면서 알고 있다고 착각하는 경우가 많습니다. 그래서 배우고 들은 내용을 직접 말과 글로 정리하며 아는 것과 모르는 것을 구별해내는 과정이 필요합니다.

배우고 익힌 내용을 잊어버리지 않고 머릿속에 기억하는 것은 새로운 지식을 계속 습득하는 것보다 중요합니다. 배운 것을 잊어버리지 않기 위한 가장 효과적인 방법은 배운 직후에 복습하는 것입니다. 수업이 끝나고 쉬는 시간에 2~3분 정도 핵심적인 내용을 머릿속으로 되뇌는 습관, 배운 내용을 다시 한 번 훑어보는 습관만으로도 기억력을 월등히 올릴 수 있습니다. 짧은 반복이지만 효과는 뛰어납니다.

그래서 방과 후에 그날 공부한 내용을 떠올려보고 말과 글로 정리하는 것이 효과적입니다. 오늘 배운 내용 중 주요 개념을 내가 이해하고 기억하기 쉬운 용어와 형태로 정리하는 과정이 배움공책 활용의 정수입니다. 교과서 속 개념을 나만의 언어로 다듬는 과정이 필요합니다. 반복은 의식적인 생각과 동작을 무의식적인 반사 동작으로 바꿔줍니다. 여유를 가지고 이 과정을 반복하다보면 보이지 않지만 아이는 성장합니다. 작지만 중요한, 반복과 습관의 가치를 기억하세요.

배움공책 활용 3단계

배움공책을 활용할 때 중요한 포인트는 '내 아이의 속도를 존중하는 것'입니다. 이런 식의 공부를 한 번도 해보지 않았다면 고학년에게도 힘든 과제가 될 수 있습니다. 공부한 내용을 공책에 정리해본 적이 없는 아이라면 고학년이라 해도 1단계부터 시작하여 하나씩 올라가는 게 더 빨리 가는 길입니다. 단계는 다음과 같습니다.

배움공책 활용 방법

단계	권장 학년	방법
1	1·2	• 집에 오면 오늘 배운 내용이 담긴 **교과서를 낭독**하게 합니다. • 기억나는 내용이나 느낌을 한 줄로 적어보게 합니다.
2	3·4	• 교과서를 읽고나서 배운 내용을 **가족에게 말로 설명**하게 합니다. • 기억나는 **내용이나 느낌을 두세 줄로** 적어보게 합니다.
3	4·6	• 오늘 배운 교과서 내용을 기억하여 **공책에 적어보게** 합니다. (핵심 개념과 용어가 빠지지 않게 자신의 글, 그림, 도표 등으로 정리)

1단계는 오늘 배운 교과서를 낭독·정독하는 것이 전부입니다. 배움공책을 정리한다는 것은 '떠올리기'와 '요약하기'의 두 가지 활동이 차례로 이루어짐을 의미합니다. 먼저, 배운 내용을 머릿속에서 꺼내야 합니다. 교과서를 낭독하거나 정독하면서 배운 내용을 떠올립니다. 떠올리기는 아는 것을 반복해서 새기는 과정입니다. 더불어 몰랐거나 헷갈렸던 내용을 바로 잡는 과정이기도 합니다. 소리 내어 읽으면서 천천히 그 뜻을 음미하고 자연스러운 암기를 유도할 수 있습니다. 읽은 내용에 관해 질문하거나 외웠는지 확인할 필요는 없습니다. 그러고 싶지만 참아야 합니다. 제대로 아는 건지 불안하다면 한 번 더 반복하여 낭독하게 하는 정도로 만족해주세요.

2단계에서는 머릿속에 있는 개념을 말로 설명하게 합니다. 교과서를 읽고나서 덮은 후에 방금 읽은 내용을 떠올리며 말해보게 하는 겁니다. 처음에는 온갖 이야기를 다 합니다. 핵심 내용이 무엇인지 고민하지 않고 생각나는 대로 자유롭게 이야기합니다. 정리되지 않은 내용을 쏟아내는 중요한 과정입니다. 이럴 때는 한 번씩 아이가 놓친 부분을 짚어주거나 핵심 내용을 정리해서 되물어주는 정도의 도움을 주는 것도 좋습니다. 이 과정이 반복되면 자연스럽게 중요한 내용을 발췌해서 이야기하고 시간의 순서, 장소의 이동, 개념 간 비교 등 기준에 따라 조리 있게 설명하게 됩니다. 선생님 놀이 등으로 유도하여 아이가 흔쾌히 설명하고 싶은 마음이 드는 분위기를 만들어주는 전략이 필요합니다.

교과서 내용을 정리해서 말하는 데 익숙해졌다면 배움공책이라는 정해진 틀에 글, 표, 그림 형태로 정리하기에 도전합니다. 이것이 3단계입니다. 말로 했던 설명을 글로 정리하는 과정입니다. 떠올린 내용을 공책 형식에 맞게 글로 요약하는 과정까지가 배움공책입니다. 머릿속에 담긴 많은 내용 중 핵심 내용만 추리는 연습을 합니다. 추린 내용을 쓰면서 또 한 번 되새기게 됩니다. 그래서 배움공책 쓰기는 그 자체로 서술형 평가를 대비하는 연습이 됩니다. 초등학생 때 배움공책을 정리한 경험이 있으면 중학교에 가서 수행평가와 각종 시험을 준비하기가 수월해집니다.

배움공책 정리하기

배움공책의 목적은 핵심 내용을 잘 기억하고 효과적으로 정리하는 것입니다. 중요한 건 '기억'입니다. 정리는 이해하고 기억하는 개념을 배움공책이라는 정해진 양식에 맞추어 글로 표현하는 것일 뿐입니다. 그런데 안타깝게도 배움공책을 정리하라고 하면 배운 내용을 떠올리고 머릿속으로 정리하기보다는 더 예쁜 글씨와 더 다양한 색으로 공책을 채우는 데 열중하는 아이들이 있습니다. 공부 잘하는 아이들이 공책 정리도 잘하는 경우는 많지만, 공책 정리를 잘하는 아이가 모두 공부를 잘하는 것은 아닙니다.

배움공책 쓰기를 시작하면 수업 집중력은 자연스레 올라갑니다. 집중해서 들어야 더 쉽고 빠르게 쓸 수 있다는 사실을 알기 때문입니다. 정말 똑똑한 아이들이 쉬는 시간에 배움공책을 뚝딱 써내는 것도 이런 이유입니다. 더 똑똑한 아이들은 수업을 들으면서 중요한 부분이나 헷갈리는 부분 등을 교과서에 표시하기도 합니다.

처음엔 엉망일 거예요. 잘 쓴 예시를 보여주고 비슷하게 써보라고 해도 한동안 헤맬 겁니다. 이 고비를 한 번은 넘겨야 성장합니다. 배움공책 쓰기는 지적하고 고쳐 쓴다고 쉽고 빠르게 발전하지 않습니다. 빨간 펜으로 교정해주고, 교정된 문장을 불러주며 따라 쓰라고 하고, 끊임없이 고쳐대면 아이는 힘들고 주눅 들고 도망치고 싶어집니다. 배움공책을 꾸준히 쓰면서 발전하게 하려면 그중 조금이라도 잘 쓴 부분을 칭찬해서 내일은 조금 더 잘 쓰고 싶게 해야 합니다. 그래야 웃으며 공부하고 성장합니다.

온라인 수업이든 등교 수업이든 수업을 마치면 바로 배움공책부터 쓰게 하고 나머지 공부를 하게 했으면 합니다. 조금이라도 더 정확한 기억이 있을 때 정리하면 시간도 덜 걸리고 힘도 덜 들거든요. 게다가 잘 정리한 공책을 보며 성취감을 느낄 수도 있습니다. 매일,

모든 과목을 쓰기 어렵다면 일주일에 세 번 혹은 사회·과학처럼 개념 이해와 암기가 필수인 과목으로 시작하는 것도 좋습니다.

배움공책에 반드시 담겨야 하는 내용은 날짜, 과목, 주요 개념의 의미입니다. 사회 교과서에서 '민주주의'라는 개념을 배운 날이라면 '민주주의'라는 단어의 개념을 정리해야 합니다.

간혹, 배움공책을 기록장 용도로 오해하여 사회 칸에 "오늘은 민주주의를 배웠다. 정말 재미있었다"라고 쓰는 경우가 있습니다. 이렇게 쓰기 시작하면 전 과목의 내용이 거의 같아집니다. 국어라면 "오늘은 표준어와 사투리의 차이를 배웠다. 어렵지만 재미있었다"라고 쓰게 되겠지요. 배움공책 쓰는 법을 제대로 배우지 못한 탓입니다. 표준어와 사투리에 관해 배운 날이라면 표준어의 개념과 사투리의 개념, 이 두 가지의 차이점을 정리해서 적어야 합니다.

배움공책의 기본 양식은 다음과 같습니다. 담임선생님이 양식을 인쇄해주거나 공책으로 나눠주기도 하고, 문구점에서 따로 구입할 수도 있습니다. 인터넷에 올라온 양식을 파일로 받아 인쇄해서 써도 됩니다. 무언가를 쓰고, 정리하고, 꾸미기를 좋아하는 아이라면 기본 공책을 변형해서 자기만의 양식으로 만들어 쓰는 경험도 공부 자발성을 기르는 데에 도움이 될 수 있답니다. (네이버 카페 〈슬기로운 초등생활〉에서 다음 양식을 다운로드할 수 있습니다.)

배움공책 양식

날짜	______년 ____월 ____일 ____요일

_1_ 교시 ______	
궁금한 점 새로운 생각	
___교시 ______	
궁금한 점 새로운 생각	
___교시 ______	
궁금한 점 새로운 생각	
___교시 ______	
궁금한 점 새로운 생각	

배움공책은 다음 순서로 씁니다. 언뜻 단계가 많아 보이지만 몇 번 해보면 각 단계가 유기적으로 연결되어 있음을 알게 됩니다. 교실에서도 학년 초인 3월에 잘 설명하고 연습하게 하면 한 해가 편합니다. 과목별 배움공책 작성 요령과 잘된 예, 잘못된 예는 3장에서 소개하겠습니다.

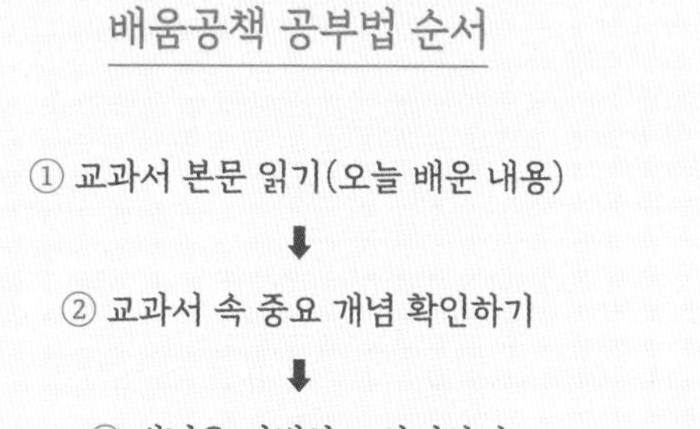

배움공책 공부법 순서

① 교과서 본문 읽기(오늘 배운 내용)

⬇

② 교과서 속 중요 개념 확인하기

⬇

③ 개념을 이해하고 암기하기

⬇

④ 정리 유형 정하기

⬇

⑤ 중요 개념을 말로 설명하기

⬇

⑥ 중요 개념을 공책에 정리하기

배움공책을 쓰기에 적정한 과목과 분량

배움공책이 아무리 유익해도 매일 전 과목을 쓰는 건 어렵고 그럴 필요도 없습니다. 개념을 익히는 과목 위주로 최소한의 시간을 들여 기억하며 정리하는 것이 핵심입니다. 국어, 수학, 사회, 과학, 영어 교과의 경우 조금 더 시간을 들여 핵심 개념을 정리하고(특히, 사회와 과학) 음악, 체육, 미술, 실과 등의 교과는 기억할 만한 용어나 개념이 나올 때(예: 수채화, 단조, 장조, 유연성) 간략하게 한두 줄 정도로 정리하면 충분합니다.

배움공책 초기에는 분량을 정하지 마세요. 언제나 시작은 '쓸 수 있는 만큼'입니다. 점점 '쓰고 싶은 만큼'으로 자연스럽게 발전할 겁니다. 조금 더 체계적으로 잘 쓰고 싶어질 겁니다. 성장은 그 과정에서 자연스럽게 일어납니다. 학년별로 분량을 살펴보면, 처음 쓰기 시작하는 저학년~중학년은 한 과목에 한두 줄도 충분하고요, 숙달된 6학년 정도라면 과목별로 세 줄 이상이 적절합니다.

배움공책 업그레이드하기

배움공책 활용은 배운 내용 중 핵심 개념을 떠올려 적는 것으로 시작합니다. 이 과정이 어느 정도 익숙해지면 배운 내용 정리에 더해 궁금한 점, 학습한 내용과 관련한 새로운 생각을 적습니다.

배운 내용을 정리하는 공간만 있었던 기존 양식에 '궁금한 점'과 '새로운 생각'을 추가한 이유가 여기 있습니다. 배움공책에 쓰는 것만으로도 유익한 공부법이지만 여기서 한 단계 올라가야 합니다. 내용을 정리해서 외우는 것에 그치지 않고 그 내용에서 궁금한 점을 찾아야 합니다. 그 물음에 대한 답을 스스로 찾기 위해 노력하는 게 진짜 공부이기 때문입니다. 또 공부하면서 떠오른 새로운 생각을 기록하는 것으로 적극적인 공부를 유도해야 합니다.

플래너를 공부 계획으로 채울 때처럼 배움공책을 채우기 위해 '궁금한 점'과 '새로운 생각'을 떠올리는 것 자체는 의미 있는 자기주도공부가 됩니다. 이는 이후의 중·고등 학습으로 확장되어 배운 내용에서 궁금한 점을 찾고 새로운 생각을 더하는 생각 근육을 만들어줄 것입니다.

3단계
: 문제 풀이를 통한 평가

배움공책에 머릿속에 담긴 내용을 온전히 정리하고나면 그 개념의 이해 정도를 확인하고 응용한 문제를 풀어봐야 합니다. 문제 풀이를 통해 인지 상태를 다시 한 번 확인하는 과정을 거치는 셈입니다. 문제 풀이엔 교과서와 문제집을 활용할 수 있는데요, 각각의 특징과 장단점을 비교해보겠습니다. 아이의 수준, 학년, 성향, 공부 시간 등에 따라 과목별로 선택하여 문제 풀이에 활용하기 바랍니다.
(과목별 교과서 활용법과 추천 문제집은 3장에서 자세히 소개합니다.)

구분	교과서	문제집
특징	개념 설명 위주로 이루어져 있다(수학, 사회, 과학). 문제가 주를 이루는 책도 있어 문제 풀이용으로 활용할 수 있다(수학 익힘책, 실험 관찰).	교과서 내용을 핵심 위주로 정리해놓았다. 한눈에 보기 쉬운 점은 있지만 개념을 이해하지 않은 상태에서 핵심 내용 암기에 그칠 수 있다.
수준	개념을 확인하는 기초, 기본 수준의 문제가 주를 이룬다.	기초부터 응용, 심화, 사고력, 서술형 등 다양한 수준과 형태의 문제집 중에서 선택할 수 있다.
분량	개념 위주의 구성으로 차시당 한 쪽 정도 분량만 문제로 제공하고 있다. 거의 모든 과목에서 문제 수가 부족한 편이다.	각 차시당 적게는 30개부터 많게는 50개 이상 문제를 제공하고 있다. 다양한 문제를 제출하기 위해 중요하지 않은 내용을 문제로 만들어둔 경우도 종종 있다.
활용	핵심 개념의 이해도를 확인하는 필수 과정이다.	개념 이해에서 나아가 개념을 응용한 다양한 문제를 접할 수 있다. 교과서에 없는 보충 설명과 관련 상식 같은 읽을 거리가 풍부하게 제공된다.

4단계
: 채점, 오답 확인, 개념 재확인

자기주도 공부법에서는 채점과 오답 확인도 공부의 중요한 과정입니다. 문제 풀이까지만 공부로 여겨 채점은 부모가 해주고 틀린 문제는 적당히 넘기는 경우가 있는데요, 공부 습관이 자리 잡아간다면 채점도 확인도 오답공책 정리도 아이 몫입니다. 모든 과목을 한 번에 다 넘기기보다는 한 과목씩 연습해보면서 서서히 아이에게 기회를 주세요. 정답에 이견이 있을 가능성이 매우 낮고 단답형 답안 위주인 수학 연산부터 아이에게 채점권을 넘겨주세요.

이렇게 채점권을 넘겨주면 간혹 성의 없이 대충 채점하거나 답지를 보고 베끼거나 틀린 문제를 맞았다고 채점하며 자신과 부모를 속이는 경우도 생깁니다. 속이는 모습도 내 아이가 맞습니다. 채점 과정에서 아이의 잘못된 습관이나 아이가 놓치는 부분을 발견하고 때로 거짓말하는 아이를 보며 당황스럽고 속상하겠지만 아이에게 있는 부족한 면을 유년기에 발견한 것은 감사할 일입니다.

채점 과정을 통해 아이는 스스로 부족한 부분을 체감할 수 있고 부모는 아이의 성숙도를 확인하며 자기주도공부의 속도를 조정할 수 있습니다. 문제를 푸는 과정보다 채점을 하고 오답을 확인하며 개념을 재확인하는 과정이야말로 더욱 핵심적인 과정이라 생각하고 더 많은 시간과 공을 들여야 합니다.

오답공책이 필요한 이유

문제집을 풀고나서 가장 중요한 문제는 '내가 틀린 문제'입니다. 아무리 중요한 내용이라도 내가 확실하게 알고 있다면 별일은 아닙니다. 내가 잘 모르는 부분이 어디인지를 확인하기 위해 평가 단계를 밟는 것임을 기억하고 제대로 알고 넘어가기 위해 노력해야 합니다. 제대로 알고 기억하는 법의 정수, 오답공책을 소개합니다.

오답공책이 효과를 발휘하는 과목은 문제 풀이 위주로 공부하는 수학입니다. 개념을 이해하고 암기하는 것이 공부의 핵심인 사회와 과학은 틀린 문제에 해당하는 개념을 교과서에서 찾아 읽고 이해하고 암기하는 과정을 반복하는 정도면 충분합니다. 한 번에 외워지지 않거나 다시 봐야겠다고 여겨지는 내용은 배움공책을 펼쳐 해당 개념에 형광펜이나 별표로 표시해두면 됩니다. 이들 과목은 틀린 문제를 다시 풀 시간에 교과서 복습을 한 번 더 하는 게 의미 있습니다.

수학은 오답공책이 필수입니다. 여러 문제 중 유난히 이해하는데 시간이 오래 걸리거나 자주 틀리는 유형이 있습니다. 이런 건 두고두고 속을 썩입니다.

예를 들면, 쌓기 나무를 다양한 방향에서 보고 머릿속으로 그려서 푸는 문제를 유난히 어려워하고 반복해서 틀리는 아이들이 있습니다. 그래서 한 번 푼 문제를 지나치지 말고 관련된 개념과 연결하여 오답공책에 정리해둔 다음 주기적으로 다시 풀면서 기억을 짚어주는 과정이 필요합니다. 약했던 부분이지만 틀리고나서 제대로 공부했기 때문에 강점이 될 수 있습니다. 오답공책에 공들여 정리해둔 개념과 문제는 쉽게 잊히지 않습니다.

아이들은 지금부터 대학 입시까지 셀 수 없이 많은 수학 문제를 풀게 됩니다. 그 모든 문제를 하나하나 반복하면서 기억하고 시험을 준비하는 건 불가능합니다. 여러 문제 중 특별히 까다롭게 느낀 문제가 나에게는 가장 중요합니다. 이미 훤히 알고 있는 문제들을 의미 없이 풀며 시간을 낭비할 게 아니라 헷갈리고 어려워 자주 틀린 문제들을 반복해서 풀고 익혀 내 것으로 만들어야 합니다. 부담스러워서 피하고 싶은 문제였지만 오답공책 정리를 통해 확실히 자신 있는 문제로 만들면 됩니다.

오답을 바로 풀게 하는 게 나은지, 며칠 지나서 풀게 하는 게 나은지 궁금할 거예요. 채점하고 바로 다시 풀면 곧잘 푸는데 며칠 지나면 풀이 과정을 잊어버리는 경우가 워낙 많아서 그렇겠죠.

일단, '문제 풀이 → 채점 → 오답공책 정리'의 과정이 하루에 이루어지도록 하세요. 복습은 빠른 시간 안에 해야 가장 효과적입니다. 어려워하는 문제나 개념일수록 더욱 그렇습니다. 이렇게 매일 조금씩 정리해둔 문제를 일주일 단위로 모아서 다시 풀면 분량이 부담스럽지 않고 기억하기도 좋습니다.

오답공책이 필요한 문제 vs 불필요한 문제

모든 과목, 모든 문제를 오답공책에 정리할 필요는 없습니다. 오답공책을 작성하는 데만도 너무 많은 에너지와 시간이 들거든요. 오답공책에 다시 풀고 정리하는 문제에 관한 기준은 몰라서 틀린 것이냐, 실수로 틀린 것이냐입니다.

실수로 틀린 것을 맞힌 것으로 간주하라는 의미는 아닙니다. 오답공책에 정리하면서까지 반복해서 기억하고 봐야 할 문제는 제대로 몰라서 틀린 문제라는 겁니다. 이번에 제대로 공부하지 않고 넘어가면 나중에 비슷한 유형의 문제가 나왔을 때 역시나 틀릴 가능성이 매우 높은 문제를 말합니다. 이 문제를 잡아야 합니다.

틀린 게 분명하지만 오답공책에 작성할 필요가 없는 문제도 있습니다. 연산 실수, 단위를 빼먹은 실수, 풀이 과정은 맞았으나 답을 옮겨 적는 과정에서 글자를 틀린 실수 등은 오답공책에 정리하고 반복해 다시 본다고 해서 개선되지 않습니다. 이런 경우 틀린 원인을 분석해야 합니다.

틀리는 이유는 다양합니다. 사소한 연산 실수 때문에 오답률이 높다면 연산 연습이 필요합니다. 오답률이 계속해 30%를 넘으면 아이 수준에 비해 지나치게 어려운 문제집일 수 있으므로 문제집의 수준을 낮추어 정답률을 높이는 것이 전략입니다. 수준이 되지 않는데 어려운 단계를 고집하는 것은 실패 경험만 늘리는 일입니다.

문제를 습관적으로 잘못 읽거나 문제 자체를 이해하지 못해 생기는 오답이라면 정독하는 독서 습관, 문제를 천천히 낭독한 후 푸는 습관, 문제의 조건에 표시를 하며 읽는 습관이 필요합니다.

아이에게 공부 주도권을 주었다고 해서 그 결과까지 온전히 아이 몫으로 넘길 수 없습니다. 아직 아닙니다. 스스로 세운 계획에 따라 공부를 마쳤고 채점까지 끝냈다면 반복적으로 틀리는 문제의 유형을 파악하고, 왜 틀렸는지에 관해서는 부모와 함께 고민해야 합니다.

초등학생이기 때문에, 공부법을 배워가는 중이기 때문입니다. 두발자전거를 타려고 연습하는 건 아이지만 타다 넘어져 다쳤거나 아파트 화단을 들이받았다면 뒤처리를 위해 부모의 도움이 필요한 것과 같습니다.

오답공책 작성법

풀었던 문제 중 틀린 문제만 공책에 옮겨 적고 다시 풀어, 풀이 과정을 정리하는 것이 오답공책의 기본 작성법입니다. 쓰는 속도는 읽는 속도에 비해 느릴 수밖에 없어 문제를 옮겨 적는 동안 천천히 다시 확인할 수 있다는 장점이 있습니다. 실제로 대충 읽고 풀다가 틀렸던 문제를 천천히 옮겨 적으면서 자연스럽게 해결하는 아이도 있습니다. 문제를 꼼꼼히 읽었다면 틀리지 않았을 문제라는 사실을 스스로 깨달은 것만 해도 큰 수확이겠지요.

아쉽게도 이 경우, 문제 옮겨 적느라 힘을 다 빼고 너무 많은 시간을 써야 한다는 현실적인 어려움이 있습니다. 글씨 쓰는 걸 유난히 힘들어하는 아이도 있습니다. 특히, 저학년은 옮겨 적는 데 시간이 너무 많이 듭니다. 이럴 때 활용할 만한 방법이 몇 가지 있습니다.

틀린 문제 중 풀이 과정이 가장 까다롭다고 생각되는 문제를 하루에 한 문제 정도만 오답공책에 정리해보는 방법, 풀었던 문제집에서 틀린 문항의 문제 부분만 오려 오답공책에 붙여서 정리하는 방법, 문제를 사진으로 찍어 바로 인쇄한 후 오답공책에 붙여 문제 옮겨 적는 시간을 줄이는 방법 등입니다.

몇 가지 방법을 상황에 맞게 선택하여 활용하길 권합니다. 틀린 문제가 많지 않다면 직접 문제를 적으면서 문제를 한 번 더 분석하고 이해하며 푸는 방법이 가장 효과적입니다.

다음은 일반적인 오답공책의 형식입니다. 오답공책도 배움공책처럼 다양한 버전이 있지만 문제를 쓰고 풀이 과정을 적는 기본 형식은 같습니다. 오답공책 양식은 네이버 카페 〈슬기로운 초등생활〉에서 다운로드할 수 있습니다.

오답공책 양식과 예시

날짜	______ 년 _____ 월 _____ 일 _____ 요일

문제	오답	정답	오답의 이유
(oo문제집 15p, 5번) 0.8×0.7을 계산하시오.	0.8 × 0.7 ――― 5.6	0.8 × 0.7 ――― 5.6 0 0 ――― 0.56	소수점 이하 자리가 2개인데 1개로 생각해서 풀이함. ⇨계산 결과에 소수점 이하 2자리를 반영하여 표시함.

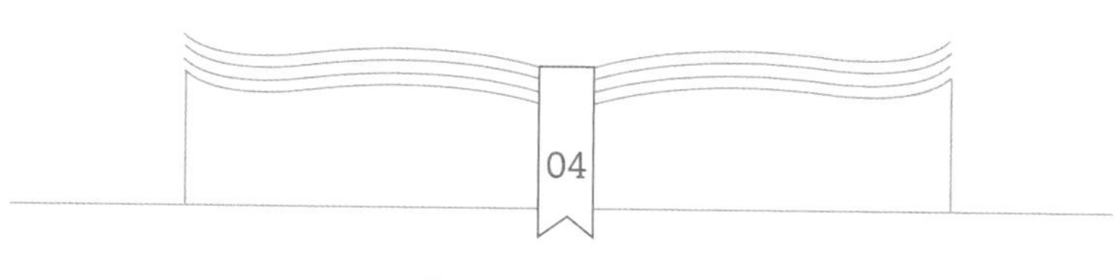

4단계 돌아보기

평가하고 적용하기

자기반성은 지혜를 배우는 학교이다 - 그라시안

마지막 단계인 평가하고 적용하기는 단순히 문제집을 채점하는 평가와는 다릅니다. 스스로 세운 계획이 현실적이었는지, 얼마나 계획대로 달성했는지, 계획을 실천하는 과정에서 어떤 어려움이 있었는지, 다음 계획에 반영해야 할 점은 없는지 등 아이가 주도해서 진행한 공부 전반에 대한 평가와 점검입니다.

서툴지만 아이가 혼자 힘으로 3단계까지의 실전 공부를 해냈다면 이번 단계에서도 부모의 역할은 크지 않습니다. 계획대로 제대로 했는지, 제대로 하기 위해 노력했는지는 부모가 일일이 지적하지 않아도 아이가 더 잘 압니다.

부모 눈에는 어떻게 하면 더 빨리 끝낼 수 있는지, 백 점을 맞을 수 있는지, 더 효과적으로 공부할 수 있는지 훤히 보입니다. 그렇지만 그 길을 하나하나 일러주고 그대로 따르라고 강요하는 건 아이의 의욕을 꺾는 일입니다.

학년이 올라갈수록 부모의 도움과 제안이 아이에게는 점점 간섭과 잔소리로 느껴집니다. 사춘기에 접어들었다면 그게 자연스러운 모습입니다. 그래서 자기주도공부를 해야 합니다.

혼자 하고 싶은 게 꿈인 아이가 혼자 할 수 있게 도와주는 일을 하고 있음을 기억해주세요. 계획을 세우고 뭐라도 해보겠다고 시작한 아이에게 지나친 간섭과 점검은 도움이 되지 않습니다. 적든 많든, 제대로든 서툴든 계획대로 매일 공부를 하고 있다면 자기주도공부가 시작된 겁니다. 적게라도 괜찮으니 계획한 것을 실천으로 옮기는 시도를 하고 있다면 일단은 성공한 겁니다.

초등학교 입학 즈음에는 바로 옆에 붙어 앉아 한 문제를 풀 때마다 혹은 한 글자를 쓸 때마다 맞았고 틀렸음을 확인하는 게 부모의 역할이었다면, 이제는 점검하는 횟수를 줄이고 스스로 점검할 기회와 여지를 주면서 성장을 도와야 합니다. 하나하나 점검하면 간섭, 잔소리, 구속이고 알아서 하겠거니 내버려두면 방임입니다. 적절한 거리와 조절이 필요합니다.

보완하고 수정할 부분이 있다면 계획을 수정하여 진행하는 과정을 반복해나가야 하는데, 이 과정 역시 아이가 주도하도록 하는 것이 목표입니다.

단계별 공부 점검법

자기주도공부의 완성과 부모의 개입 정도는 정확하게 반비례합니다. 자기주도공부가 시작되었는지 확인하려면 지금, 부모가, 얼마만큼, 적극적으로 점검하고 있는지가 기준이 됩니다.

부모가 굉장히 성실하고 적극적인 점검자였다가 점차 거리를 벌리며 소극적인 방관자로 바뀌고 있다면 제대로입니다. 이 틈을 놓치지 말고 아이에게 보다 많은 주도권을 주는 기회로 만들어야 합니다. 이미 아이는 충분히 준비가 되었는데, 그런 줄 모르고 있거나 혹은 못 미더운 마음에 할 수 있는 것도 계속 도와주고 대신해준 건 아닌지 생각해보세요.

스스로 할 수 있을 것 같은 낌새가 조금이라도 보이면 서둘러 점검 횟수를 줄이고 점검 방법을 느슨하게 바꿔 아이가 주도권을 잡게 합니다. 친절하고 섬세한 간섭이 마음과 달리 내 아이의 더 높은 도약을 막고 있지는 않은지 돌아봐야 합니다.

다음 표는 매일의 공부에서 주도권이 어느 정도 아이에게 넘어갔는지를 진단해볼 만한 목록입니다. 지금 우리 아이는 어느 단계일까요?

단계	내용
1	• 아이가 공부하는 내내 부모가 옆에서 함께 있어준다. • 문제집을 풀면 부모가 채점해준다. • 부모와 아이가 식탁이나 거실 책상 등에서 함께 앉아 공부한다.
2	• 혼자 해보겠다고 하는 공부가 생겨난다. • 일기 쓰기나 연산과 같이 매일 하는 간단한 과제는 혼자 힘으로 해결한다. • 혼자 해결한 과제를 들고 와서 검사를 맡는다. • 그날 기분이나 상황에 따라 거실과 공부방을 오가며 공부한다.
3	• 부모가 바쁘거나 아픈 날, 동생 때문에 바쁜 날에는 알아서 해놓으라고 한마디 하면 혼자 힘으로 공부를 마친다. • 공부방에 혼자 들어가서 공부나 과제를 마치고 나오는 횟수가 늘어난다. • 매일 점검은 하지만 어쩌다 점검하지 못하는 날에도 알아서 해놓는다.
4	• 해야 할 공부를 순서대로 알아서 진행하고, 혼자 힘으로 해결하려 노력하고 (해결되지 않으면 질문하고) 마무리 짓는다. • 공부를 마치면 그날 공부한 걸 모아 한꺼번에 점검받는다. • 점검 간격이 매일에서 이틀이나 사흘로 벌어져도 이상 없이 잘한다. • 풀었던 문제집은 스스로 채점하고 틀린 문제를 점검하는 것까지 할 수 있다.
5	• 과목별로 점검하지 않고 '오늘 할 공부'를 다 했는지 묻는 것만으로 점검이 끝난다. 주말에 한 번 정도 점검하는 것으로도 충분하다. • 공부는 공부방에서 온전히 하고, 다 마치고 나와 "공부가 끝났다"라고 말한다. • 계획한 분량을 마치고나서 뿌듯해하며 내일, 다음 주 등의 공부 계획을 말과 글로 세우는 시도가 자연스럽다.

공부를 점검하는 부모의 말

과목별로 점검해야 할 최소한의 것을 알려드리겠습니다. 앞에서도 말했듯이 너무 많이 점검하려고 힘들이지 마세요. 공부 점검은 매일 20분이면 충분합니다. 20분을 넘기지 마세요. 길고 장황하게 점검하다보면 부모도 아이도 지칩니다. 20분으로 시작한 점검 시간이 갈수록 짧아져야 합니다. 5분으로도 충분해질 때가 곧 올 겁니다.

과목	영역	말	점검 내용
국어	독서	'재미있었어?'	• 약속한 독서 시간을 채웠는지 확인하기 • 시간을 채웠다면 책 종류나 자세 등은 넘어가기
	일기	'다 썼지?'	• 약속한 분량(줄 수)을 채웠는지 확인하기 • 글에서 가장 잘 쓴 문장이나 글씨를 찾아 형광펜으로 표시하며 칭찬하기
	어휘	'무슨 뜻일까?'	• 새로 나온 어휘의 뜻을 설명하도록 유도하기 • 완벽하지 않아도 의미를 알고 있다면 완료하기
수학	연산	'다 맞았구나'	• 풀고나서 스스로 채점하기 • 다 맞았는지 확인하기(주로 다 맞음) • 다 맞았다면 몇 분 걸리는지 시간 정해 도전하기 • 틀린 문제 함께 다시 풀어보기/해결 방법 확인하기
	문제집	'다 풀었구나'	• 문제집을 풀고 스스로 채점해 온 것 중 틀린 문제를 다시 확인하도록 하기 혹은 채점해주기
영어	독서	'이해하겠어?' '재미있어?'	• 의미를 대략이라도 이해하는지 확인하기 • 약속한 분량과 시간을 채웠다면 책 내용을 정확하게 이해했는지 묻지 않기
	문제집	'다 풀었구나'	• 다 맞은 경우 → 모르는 어휘 점검하기 • 틀린 경우 → 지문의 내용을 이해하는지 물어보기
	쓰기	'어떻게 썼어?'	• 문법 오류나 단어 스펠링은 지적하지 않기 • 약속한 대로 공책을 채웠다면 잘 쓴 문장과 어려운 어휘를 찾아서 형광펜으로 표시하고 칭찬하기
	단어	'자, 써보자'	• 오늘 외운 단어를 영어와 한글 순서로 기억해서 써보기(단어 불러주지 않기) • 빠진 단어나 틀린 단어를 스스로 점검하게 하기
한자	한자	'자, 읽어보자'	• 공부한 모든 글자를 한자어만 보고 음과 뜻 낭독하기 • 빠진 글자만 다시 공부하고 점검하기

조급하면 실패합니다

엄마표로 시작한 초등 공부를 자기주도공부로 자연스럽게 이어지게 하는 최고의 비책을 알려드릴까요? 힘 빼세요. 힘을 빼면 됩니다. 힘만 빼면 성공할 수 있었을 아이도 옆에서 힘 잔뜩 주고 들들 볶으면 포기하고 실패합니다. 성적만 뚝뚝 떨어지는 게 아니라 부모와 아이 사이도 한없이 멀어집니다. 너무 예뻐 품에서 내려놓지 못했던 그 귀한 아이가 점점 미워 보이고, 괴로워질 거예요. 아이는 그런 엄마 아빠가 부담스러워 집 안에서도 눈을 안 맞추고 슬슬 피해 다닐 거고요. 이런 관계는 부모가 바랐던 미래가 아닙니다.

초등 시기는 그 무엇도 완성되지 않은 과정일 뿐이에요. 그런데 부모는 조급한 마음에 자꾸 눈에 보이는 결과를 기대합니다. 기대만큼 결과를 내보이지 않는 아이를 보며 안타까운 마음을 여과 없이 드러내죠. 아이의 자신감을 짓밟아놓고는 "너는 매사 그렇게 자신감이 없어서 뭐가 되겠냐"라고 비난하기도 해요.

어린 시절에 부모님에게 들은 말 한마디에 상처를 받아서 지금 내가 이 꼴로 산다고 한탄하면서도, 그 날카로운 말의 칼을 아이에게 그대로 들이대는 실수를 반복하는 부모가 있습니다. 아이를 향한 성급한 기대는 씨앗을 심어놓고 다음 날 싹이 트고 그 다음 날 꽃이 피길 기대하는 것과 다르지 않습니다.

초등학생인 아이는 씨앗입니다. 기름진 흙에 씨앗을 심고, 햇빛과 바람이 잘 드는 곳에 두고, 적당히 물을 주며 돌봐야 합니다. 흙 속의 양분이 적당해야 하고요, 햇빛과 바람도 적당해야 해요. 많지도 적지도 않은 양의 물도 필요합니다. 이런 환경을 제공했다면 이제 할 일은 기다리기입니다. 언제 어떤 모습으로 싹을 틔울지 지금 알 수 없기 때문이에요.

부모가 서두른다고 해서 그 마음을 헤아린 아이가 열심히 따라가지 않습니다. 정확히 말하면 따라갈 수가 없습니다. 부모에게 부모의 시간과 보폭이 있듯 아이에게는 아이만의 시간과 보폭이 있습니다. 그걸 알면서도 마음이 급하다는 이유로 서둘러봐야 속만 타지 방법은 없습니다.

이렇게 말씀드리지만, 아이의 때를 기다리는 일이 얼마나 어려운지 잘 압니다. 그래도 조금씩 연습했으면 합니다. 조급함을 내려놓고 마음을 편안하게 다스리는 법, 오늘부터 두 가지만이라도 실천해 보면 어떨까요?

비교하지 마세요

아이를 아이 친구들과 비교하지 마세요. 아이를 공부시킬 때 비교를 당연한 권리로 생각하는 부모가 많습니다. 아이들도 눈이 있습니다. 공개수업에서 교실 뒤편에 서 있는 엄마들을 보곤 한눈에도 어떤 엄마가 제일 예쁜지 바로 압니다. 참고로 저(이은경)는 저희 아이 1학년 때 반에서 엄마들 미모 순위로 3등을 했습니다. 묻지 않았는데 아이가 순위를 매겨서 알려주더라고요. 저 정말 1등 하고 싶었고, 1등인 줄 알았는데 서운했습니다.

친구를 사귀어 그 집에 놀러 갔던 아이가 대뜸 친구네 집 떡볶이가 얼마나 맛있었는지 몹시 길게 설명한 날이 있었습니다. 그날 이후, 한동안 떡볶이를 사다 먹었습니다. 만들기가 싫었습니다. 해봤자 비교당할 게 뻔하기 때문에 하고 싶지 않았습니다. 냉동실에는 얼려놓은 가래떡이 수북했지만 모른 척했습니다.

비교를 당하고나면 어른인 저도 기분이 상하는데 아이들은 어떨까요? 그 마음을 헤아려주세요. 말하는 사람도 유쾌하지 않고, 당하는 사람은 두고두고 마음 상하는 게 비교입니다. 행복하게 단란하게 잘 지내오던 가정을 단번에 우울하고 불행하게 만드는 것 역시 비교입니다. 비교 지옥에서 그만 빠져나와야 합니다.

자, 오늘부터 똘똘한 아이 친구는 모르는 아이라고 생각하세요. 내 아이만 봐주세요. 내 아이만 보기에도 모자란 시간입니다. 아이의 초등학생 시절, 생각보다 훨씬 빨리 지나가버립니다.

점들을 연결해서 바라보세요

지금 눈에 보이는 아이의 모습, 성적, 결과는 모두 점(순간)입니다. 학교에서는 단원평가 점수를 엑셀 창에 입력해놓고 내림차순으로 정렬하면 1초 만에 우열을 가려줍니다. 그건 아이들 성적으로 내년 반 편성을 해야 하는 담임교사의 일이지 부모의 일이 아닙니다.

반드시 점이 모여야만 선이 되고, 어떤 점도 잇기만 하면 선이 될 수 있습니다. 오늘의 쪽지시험, 이번 주 수행평가, 이번 달 단원평가, 정기 레벨 테스트, 학기 말 성적표는 점일 뿐입니다. 이 점을 어떻게 이어가야 원하는 모양의 선을 그려낼 수 있을지 수시로 고민해보세요.

인생 전체까지는 어렵습니다. 그래도 최소한 아이가 대학 입시를 마치는 시기까지의 선은 그려봐야 합니다. 선의 모양, 방향, 두께, 경사, 촘촘함 정도를 그리다보면 서두르고 조급할 필요가 없다는 걸 느끼게 되고, 아이 공부를 바라볼 때 여유가 생깁니다.

기대하고 예상했던 선의 방향대로 가고 있다면, 선이 조금 더디게 그어지더라도 마음을 놓으세요. 방향만 바르다면 속도는 언제고 따라잡을 수 있고, 따라잡지 못해도 언젠가는 결국 목표한 곳에 도착합니다. 늘, 언제나 속도보다 방향입니다.

과목별 초등 자기주도 공부법

목표가 생겨 스스로 공부하겠다는 의지가 생긴 아이가 계획을 짜고 계획대로 실천하고 점검하고 보충하는 자기주도 공부법의 과정을 초등 과목에 적용해보겠습니다. 초등 교육과정의 과목별로 아이가 직접 찾아보고 공부해보면 좋은 방법, 관련 도서와 영상 정보 등을 담았습니다. 열심히 공부하려는 아이를 어떻게 더 도와주면 좋을지 고민스러웠다면 이곳에 담긴 정보에 큰 도움을 받게 될 거라 기대합니다.

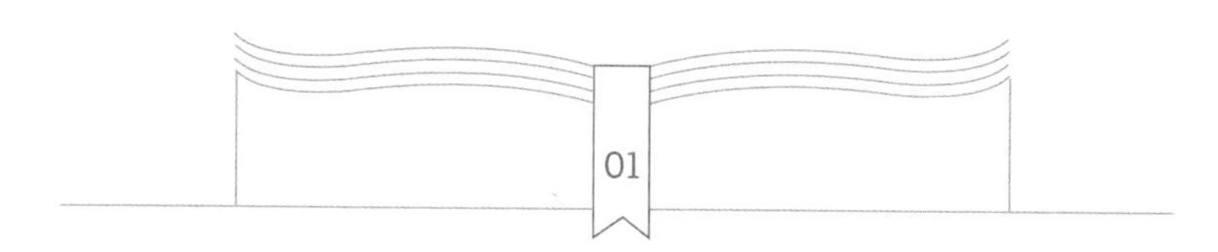

01

모든 공부는
듣기/말하기/읽기/쓰기다

초등 시기의 모든 공부는 듣기, 말하기, 읽기, 쓰기입니다. 이 네 가지 영역에서 골고루 자라는 과정이 초등 공부이며 이 영역들의 균형을 잡아주는 역할을 하는 것이 초등 교과서입니다. 학교 수업에 충실히 참여하고 과제를 성실히 수행하는 아이들이 공백 없는 수준을 유지하는 이유가 여기에 있습니다. 얼핏 국어 교육과정의 영역으로 보이는 이 네 가지가 실은 초등 전 과목의 기본이자 필수라는 점을 기억하며 한 영역씩 짚어보겠습니다.

듣기

듣기, 말하기, 읽기, 쓰기 중 기본은 듣기입니다. 태어나서 가장 먼저 시작하는 활동이 듣기인데요. 아이는 주변 소리와 엄마 아빠의 말을 들으며 모방을 시작하고 호기심을 가지며, 사실과 감정을 깨닫고 이해하기 시작합니다. 한 명의 교사와 서른 명 정도의 학생으로 구성된 초등 교실에서 대부분의 수업이 듣기 활동을 기본으로 진행되는 것은 당연합니다. **일단 들어야 합니다. 듣고 알게 된 내용을 토대로 말할 수 있고 읽을 수 있고 쓰게 됩니다.** 그만큼 중요도가 높은 기본 영역이기 때문에 아이가 평소 잘 듣는 습관을 갖게 돕는 일은 매우 중요합니다.

공부의 시작이 듣기인 이유

현실적으로 초등 교실에서의 바람직한 수업 태도는 말을 얼마나 잘하느냐가 아니라 얼마나 잘 듣느냐로 결정될 때가 많습니다. 듣기 위주의 수동적인 학습 형태에 대한 불만의 목소리도 높지만, 잘 들어야 내용을 잘 이해할 수 있고, 이해한 내용을 더하고 빼고 정리해서 내 것으로 만들 수 있습니다. 특히 새로운 개념이 등장할 때는 수업을 대충 들어선 이해할 수가 없습니다. 그래서 똑같이 공부해도 집중해서 듣는 아이의 성적이 훨씬 우수합니다.

초등 시기의 성적을 결정짓는 차이는 수업 태도입니다. 같은 수업이라도 아이마다 '듣는 정도'가 다릅니다. 듣는 정도에 따라, 같은 수업을 듣지만 결과가 달라집니다. 집중해서 듣는 아이는 같은 시간과 공간에서 더 많은 것을 입력하는 중입니다.

수업 시간에 눈을 반짝이고 귀를 쫑긋 세워 듣는 아이들이 있습니다. 잘 듣는 아이들은 신기하게 발표도 잘하고 수업에 적극적입니다. 그런 아이가 교실에 몇 명만 있어도 수업이 활기차집니다. 이런 아이들은 성적도 잘 나옵니다.

습관은 쉽게 변하지 않습니다. **공부를 열심히 하고 있는데도 여전히 성적이 낮다면 더 실력 있는 학원과 과외 선생님을 찾기보다 학교 수업을 잘 듣고 수업에 적극적으로 참여하고 있는지 확인하는 게 우선입니다.** 교실에는 같은 학원에 다니며 공부량도 비슷한 아이들이 여럿 있습니다. 똑같은 선생님, 똑같은 교과서와 문제집, 똑같은 시간표, 똑같은 공부량이지만 성적은 같지 않습니다. 아이의 성적이 낮게 나오는 경우, 부모는 '머리(지능) 탓'이라고 단정 짓는 경우가 많은데, 실은 그렇지 않습니다. 특출난 경우가 아니라면 지능으로 인한 차이보다 수업 태도로 인한 차이가 훨씬 큽니다.

학교 수업보다 중요한 수업은 없습니다

바른 듣기 습관은 중·고등학교에서도 그대로 이어집니다. 중·고등학교에서는 초등학교 때보다 훨씬 자주, 다양한 평가를 합니다. 평가 결과가 모여 고입과 대입의 성패를 결정합니다. 이런 다양한 평가에 대비하기 위해 초등학생 때부터 중등 수학 선행 과정을 배우고, 고등 영단어를 미리 외우는 노력이 필요해 보이지만 사실 더 중요한 것은 수업입니다.

아이가 풀어야 할 시험 문제를 출제하고 답안을 채점하는 건 그 수업을 맡아 진행하는 학교 선생님이기 때문입니다. 학교 선생님보다 학교 평가를 잘 아는 사람은 없습니다. 실력의 문제가 아니라 얼마나 더 깊이 관여하고 있느냐의 문제입니다. 수업 시간을 통해 평가 문항에 관한 열쇠와 힌트를 끊임없이 제공하고 있는 담당 선생님의 수업에 집중하는 것이 최고의 평가 준비인 이유입니다.

15년 넘게 교실 현장에서 아이들을 보고 있지만, 수업을 대충 듣고도 공부를 잘하는 아이는 본 적이 없습니다. 당연합니다. 초등 고학년이라면 매일 다섯 시간 정도를 학교 수업으로 보냅니다. 다섯 시간이라는 적지 않은 시간을 매일 집중해서 듣는 아이와 대충 듣는 아이가 경쟁이 될 수 있을까요? 하루 중 가장 많은 시간을 보내면서 핵심적인 내용을 입력하는 동시에 교사별 평가의 방향을 읽는 시간, 그게 바로 아이가 매일 듣는 학교 수업입니다. '듣는 습관'을 바르게 길러야 하는 이유가 너무도 명백합니다.

아이는 부모의 말 한마디에 큰 영향을 받습니다. 아이가 학교에서 돌아왔을 때 수업에서 무엇을 듣고 배웠는지 관심을 보이고, 잘 듣고 열심히 참여한 것을 칭찬하면 아이는 좀 더 수업에 집중합니다. 점수를 몇 점 받았는지, 학원 레벨이 올라갔는지보다 수업 중에 무엇을 배웠는지, 무엇이 어려운지, 무엇이 즐거운지 궁금해한다는 걸 알면 아이는 그 기대에 부응하려 노력합니다.

바른 듣기 습관은 가정에서 자랍니다

바른 '듣기 습관'과 좋은 '수업 태도'는 부모가 가정에서 가르칠 수 있는 영역입니다. 부부가 대화할 때면 유심히 듣고 있다가 중간에 불쑥 끼어드는 아이가 있습니다. 그럴 땐 친절하지만 단호한 어투로 말해야 합니다. "지금 엄마와 아빠가 말하는 중이야. 엄마 말이 끝날 때까지 기다려줄래? 그다음에 네 얘기를 들려줘"라고 말이죠. 내가 말하고 싶을 땐 언제든 불쑥 말할 수 있는 게 아니라 말할 차례가 올 때까지 기다려야 한다는 것, 먼저 다른 사람의 말을 충분히 들어야 한다는 것을 일깨워주세요.

때로 어떤 주제를 놓고 아이와 이야기를 나누는데, 아이가 자꾸만 다른 이야기를 할 때가 있습니다. 흥미롭지 않은 주제거나 말하고 싶지 않은 주제일 때 딴 데로 화제를 돌리는 겁니다. 그럴 때도 아이에게 솔직하게 말해야 합니다. "엄마는 ○○에 대해 너와 이야기를 하고 싶어. 네가 자꾸 △△ 이야기를 하면 엄마가 하는 말을 네가 듣고 있지 않는 것 같아서 속상해. ○○ 이야기를 더 나누고 마무리를 지은 다음에 △△에 관해 이야기하면 어떨까?"라고 말이죠.

저희 집에서도 그렇지만 요즘 아이들, 참 귀하게 자랍니다. 그래서인지 가족의 대화가 아이 위주로 진행되고 아이가 원하는 대로 결정되는 분위기가 흔합니다. 내 위주로 대화와 일정이 결정되는 것에 익숙해진 아이들은 친구의 의견을 존중하는 게 익숙하지 않습니다. 주도적인 게 아니라 독단적인 겁니다. 평소에 가족의 대화가 지나치게 아이 위주로 이뤄지고 있지 않은지, 모든 결정의 주도권을 아이가 갖고 있지 않은지 점검해봤으면 합니다.

사람 사이에서 결정의 과정은 일방이 아닌 양방향 소통을 바탕으로 이루어져야 합니다. 충분한 대화를 통해서 말이죠. 의견이 다를 때 조율하는 가장 효과적인 방법은 상대의 입장에서 생각하는 겁니다. 상대의 마음은 눈빛이나 표정으로도 읽을 수 있지만 더 정확한 방법은 상대의 말을 들어보는 겁니다. 잘 들어야 상대의 마음을 읽을 수 있고 소통과 조율이 가능해집니다. 그러한 과정을 가정에서 배우고 경험해야 합니다. 언제나 아이의 의견부터 우선으로 고려하는 가족 분위기는 정작 아이에게 해가 될 수도 있습니다.

교실에서는 하루에도 몇 번씩 모둠 활동을 합니다. 모둠 활동의 목적은 훌륭한 결과물을 내는 게 아닙니다. 중요한 건 따로 있습니다. 다른 사람의 의견을 듣고 내 의견을 말하며 서로의 의견을 수용하고 조율한 후 역할을 나누어 결과를 만들어나가는 과정을 경험하게 하는 것입니다. 느리고 서툴러도 괜찮습니다. 그 과정 자체로 가치가 있습니다.

말하기

모든 부모는 아이가 교실 수업, 선생님과의 대화, 친구들과의 놀이에서 야무지게 자기 생각을 표현하길 바랍니다. 하지만 누구나 처음부터 정확하고 논리적으로 말하기는 어렵습니다. 아이가 자기 생각과 의견을 얘기하는데 무슨 말인지 이해하기 어려운 아무 말 대잔치일 때가 많습니다. 그래도 귀 기울여 들어주고 맞장구도 쳐주세요. 좀 더 길게 이야기하고 더 자세히 이야기하도록 긍정적인 반응을 보여주세요.

그래도 들어주기가 너무 힘들다면 아이가 옹알이하던 시절을 떠올려보세요. 도대체 무슨 말인지 몰라도 나름대로 해석하며 반응을 보이고 칭찬했던 그때를요. 아이의 뜻 모를 언어에 반응해주면 그 어린아이도 신나서 더 시끄럽게 옹알이를 뱉어냈을 거예요. 그러다 결국 모국어를 완성하는 거죠. 말하기는 가능하지만 '잘 말하기'에 도전하는 초등학생들도 옹알이가 언어가 되는 과정을 밟고 있음을 기억해주세요. 물론, 옹알이 할 나이가 아닌데 여전히 옹알이 수준의 말을 조잘대는 아이를 보는 건 대단한 인내심이 필요합니다만.

말하기, 가정에서 시작합니다

초등 교실에서는 아이들에게 말할 기회를 되도록 충분히 주기 위해 노력하지만 다인수 학급의 한계는 분명합니다. 그래도 선생님들은 모든 아이에게 골고루 발표할 기회를 주기 위해 애를 쓰고 배려합니다. 문제는 코로나19처럼 갑작스러운 변수 때문에 등교하기 어려운 상황입니다.

아이들은 수업 중에 발표할 기회도 잃었지만 다른 아이들의 말을 들으며 모델링할 기회까지 잃었습니다. 말하기 연습을 위한 학원을 알아봐야 하나 싶은 불안감이 들기도 합니다. 이해는 하지만, 아이의 부족함을 알게 되었을 때, 사교육을 먼저 찾는 것이 당연한 순서는 아니었으면 합니다. 부모인 우리는 가정에서 해줄 수 있는 일을 먼저 고민해야 합니다. 누구보다 부모가 최고의 스승입니다.

아이는 경험으로 성장합니다. 말하기도 그렇습니다. 말하기는 평소 가족들과 대화하면서 내 생각을 말로 표현해본 경험이 학원 수업보다 훨씬 더 유용합니다. 식사 때면 말 한마디 없이 밥만 먹는 딱딱한 분위기, 아이가 말을 꺼내면 면박부터 주는 권위적인 분위기, 자기 표현이나 감정 표현에 인색한 건조한 분위기에서 자란 아이가 토론 학원에 가서 수업을 듣는다고 갑자기 자기 생각을 유창하게 표현하기란 어렵습니다.

아이가 말하는 것 자체를 어려워한다면 아이의 말을 적극 지지하고 수용하고 긍정적인 반응을 보여야 합니다. 이상한 말, 틀린 말, 재미없는 말, 유치한 말, 확실하지 않은 말을 해도 괜찮은 분위기라야 더 많은 이야기를 꺼낼 수 있습니다.

말하기를 좋아하지 않는 내성적인 성향의 아이, 자기를 표현하는 것이 서툰 아이, 상대방의 질문에 예/아니요 혹은 단답형으로만 답하는 아이일수록 가정에서 하는 대화가 더 절실합니다. 부모는 이런 성향의 아이를 토론 수업에 떠밀어 보내는 경우가 많은데 아이는 그곳에서도 한동안 고생합니다. 말을 해본 경험이 적어 다른 사람 앞에서 말하는 것이 어색하고 부끄럽기 때문입니다.

반대로 체계적인 토론 수업의 효과를 보는 아이들도 분명히 있습니다. 고학년이 되었는데도 여전히 말만 많고 횡설수설하는 아이, 친구들이 말하는 걸 따라 하고 흉내 내는 걸 좋아하는 아이, 어느 정도 경쟁심이 있는 아이들의 경우입니다. 네다섯 명 정도씩 그룹을 지어 주제를 정해 토론하는 수업이 있다면 이런 유형의 아이에게는 유익한 경험이 될 수 있습니다. 그래서 내 아이를 잘 아는 것이 공부의 시작입니다.

말하기의 모든 경험은 어휘력이 됩니다

아이의 부족한 어휘를 걱정하고 있다면 말하기 경험을 늘리는 데 집중해보세요. 사람은 보거나 들은 어휘보다 직접 말해본 적 있는 어휘를 훨씬 오래 기억하고 다른 문장에 다시 사용할 확률이 높습니다. 틈틈이 끝말잇기를 하거나 말놀이를 하면서 어휘를 넓혀주는 방식을 추천합니다.

일상 어휘는 독서보다 말하기로 늘리는 게 효과적입니다. 아이들은 지식을 뽐내는 순간을 기다립니다. 어려워 보이는 단어를 기억해 뒀다가 써먹는 아이들의 심리가 그렇습니다. 그래서 아이가 평소와 달리 조금 어려운 단어를 사용했을 때는 지나치지 말고 반응해주세요. "와! 그런 말도 알아? 대단하다!", "지금 상황에 딱 맞는 말을 어떻게 찾아낸 거야? 굉장하다!" 이런 반응 한마디면 아이는 더 자주 어렵고 새로운 어휘를 사용하려고 노력합니다.

얼토당토않은 단어를 끼워 넣을 때도 종종 있을 겁니다. 새로운 어휘의 의미를 제대로 익히고 정확하게 활용하는 것은 칭찬받아 마땅하지만, 새로 배운 단어를 이렇게 저렇게 끼워 넣으며 문장을 완성해보려는 노력도 대단한 칭찬 거리입니다.

새로 알게 된 어휘가 있다면 그것을 활용해 문장을 만들어보게 하세요. 시간을 따로 내기 어렵다면 저녁 식사 시간이 괜찮습니다. 처음엔 만든 문장이 어색하고 어설프기도 하겠지만 그래도 상관없어요. 지속할 수만 있다면 좋은 문장은 언젠가 찾아지고 만들어질 테니까요. '어휘력이 길러지면 좋고, 아니라도 웃을 수 있어서 좋다'는 마음으로 가볍게 시작해주세요.

바쁠 땐 국어사전의 아무 쪽이나 펴서 나오는 어휘를 사용해도 됩니다. 큰 의미를 두지 말고 재미로 한다고 생각할수록 오래 할 수 있어요. 언어는 활용한 만큼 풍부해집니다.

읽기

〈EBS 교육 대기획, 학교란 무엇인가〉의 '7부 책 읽기, 생각을 열다' 편을 보면 독서가 왜 모든 공부의 핵심인지 보여줍니다. 체계적인 독서 수업으로 유명한 미국의 세인트 제임스 초등학교의 모습이 처음으로 등장하는데, 이 학교는 선생님이 책을 읽어주는 활동이 정규 수업 과정에 포함되어 있습니다. 우리나라도 담임선생님과 학부모가 아침 시간에 책을 읽어주는 학교가 늘면서 함께 책을 읽고, 책에 등장하는 활동을 따라 하고, 책에서 찾을 수 있는 이야깃거리를 자신의 경험에 비추어 말하는 활동들을 진행합니다.

또 다른 사례로 미국대학입학시험인 SAT에서 1위 성적을 낸 토

머스 제퍼슨 고등학교가 소개됩니다. 전국 1위라는 성적의 비결로 '매일 양서를 읽고 분석하고 감성을 정리해야 하는 작문 숙제'를 꼽습니다. 버클리대학교 교육대학원 학장인 데이비드 피어슨은 독서와 작문을 배우면 여러 조합의 전략을 얻게 된다고 이야기합니다.

또 책 읽기 능력이 국어는 물론 사회, 과학, 수학 등의 성적에도 어떠한 영향을 끼치는지에 관한 해석도 등장합니다. 초보 독서가의 뇌와 숙련된 독서가의 뇌를 비교하여 설명하고 있습니다.

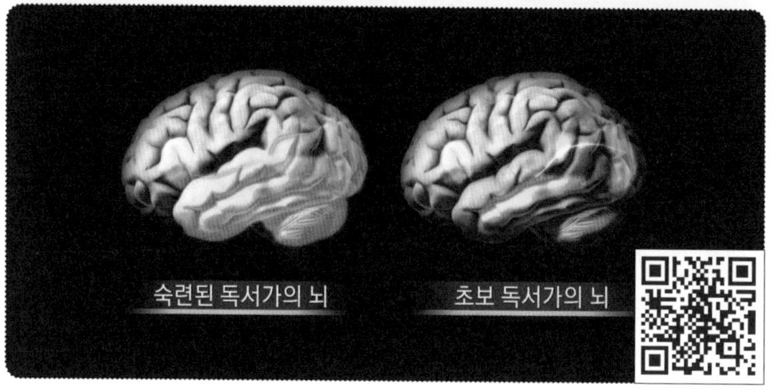

〈EBS 교육 대기획, 학교란 무엇인가〉 '7부 책 읽기, 생각을 열다' 중에서

책 읽기가 서툰 초보 독서가의 뇌는 많은 시간과 노력을 통해 정보를 받아들이는 데에 반해, 책 읽기가 능숙한 숙련된 독서가의 뇌는 스스로 다양한 프로세스를 활용하여 정보를 쉽고 빠르게 이해하며 복잡한 추론도 빠르게 해낼 수 있다고 합니다.

읽는 책을 더 잘 이해하기 위한 고민과 노력이 아이의 이해력, 추론 능력과 더불어 스스로 전략을 수립하는 능력까지도 높일 수 있다는 이야기입니다. 초등 시기에 어떤 영역보다 '읽기'에 가장 힘써야 하는 이유입니다.

초등학생인데도 이미 숙련된 독서가의 뇌를 가진 아이도 가끔 있습니다. 책을 많이 읽어서가 아니라 공부머리를 타고난 아이입니다. 이런 아이는 공부가 쉽고 조금만 노력해도 앞서갑니다. 매우 드물게 볼 수 있는 아이인데, 이런 아이를 보면 부모들은 헷갈립니다. 책은 한 줄도 안 읽는다는데 1등하는 아이를 보면서 책 읽기와 공부는 무관하다고 단정 짓기도 합니다. 하지만 전혀 그렇지 않습니다.

이렇게 숙련된 독서가의 뇌를 타고난 복 받은 아이는 매우 드뭅니다. 대다수 초등학생은 공평하게도 초보 독서가의 뇌를 가지고 있습니다. 아이를 지금의 수준 그대로 초보 독서가의 뇌로 머무르게 할지, 숙련된 독서가의 뇌로 성장시킬지는 부모의 의지와 태도에 달려 있습니다. 아이가 책을 좋아하지 않아서, 책 읽을 시간이 부족해서, 어떤 책을 읽혀야 할지 모르겠다는 이유로 독서를 게을리하고 있다면 아이는 '초보 독서가의 뇌' 수준에 머무르겠지요. 문제는 이 아이가 중학생이 되면 그동안의 독서 경험을 바탕으로 '숙련된 독서가의 뇌'를 가진 친구와 경쟁해야 한다는 점입니다.

숙련된 독서가의 뇌를 가진 아이는 초등학교를 졸업할 즈음이 되면 그 격차를 벌리기 시작합니다. 초등학교 때는 과목이 적고, 범위가 좁고, 깊이가 얕아 뇌의 상태에 따른 격차가 두드러지지 않습니다. 그러다 중학교에 입학하면 상황이 달라집니다.

중학교는 과목과 학습량이 많아지고 수준이 눈에 띄게 높아집니다. 학습 내용을 따라가지 못하고 성적이 뚝뚝 떨어지는 아이와 빠르게 향상되는 아이로 구분되기 시작합니다. 격차는 순식간에 벌어지고, 그 격차는 학년이 오를수록 더욱 커집니다. 초등 시기에 아이의 뇌를 숙련된 독서가의 뇌로 만드는 걸 목표로 해야 하는 이유입니다.

시작은 이야기책입니다

책에 푹 빠지는 경험을 쌓아야 하므로 초등 독서의 시작은 이야기책입니다. 이야기책만 읽던 아이가 비문학 영역의 책을 못 읽을까봐 걱정하지 않아도 됩니다. 이야기책에 빠지지 못하는 아이는 문제가 될 수 있지만, 이야기책을 즐겁게 읽어본 아이라면 비문학 영역에도 거부감이 적습니다.

이야기책을 읽으면 책 속 주인공이 되어 전혀 다른 세상을 간접 경험하면서 상상력, 공감력, 표현력이 좋아집니다. 여기에 사고력, 논리력, 이해력이 더해집니다. 글 속 인물의 머릿속에서 펼쳐지는 생각이 아이의 머릿속에서도 동시에 펼쳐지니까요.

이야기책을 즐겨 읽는 아이들은 글에서 재미를 느끼기 때문에 글

자체를 친숙하게 받아들입니다. 재미있어서 읽었고, 다음 내용이 궁금해서 계속 읽기 때문에 책을 가까이 하는 습관이 금방 자리 잡힙니다. 글을 많이 읽다보니 문장 구조도 빠르게 익힙니다.

여기에 새로운 용어에 대한 지식이 더해지면 사회, 과학, 경제, 지리, 역사 등의 비문학 영역도 수월하게 읽고 이해하게 됩니다. 들어본 적 없는 내용이 담긴 글을 읽어도 당황하지 않고, 내용을 빠르게 읽어 핵심을 파악합니다. 이것이 우리가 원했던 독해력의 성장을 확인하는 순간입니다.

학습만화, 이렇게 바라봅니다

독서에는 왕도가 없습니다. 양적 팽창이 질적 전이를 가져옵니다. 아이의 뇌가 독서로 숙련되려면 어떤 종류의 책이든 가리지 말고 일단 충분히 읽어야 합니다. 재미가 있든 없든, 내용이 쉽든 어렵든 양적인 팽창을 의도해야 합니다. 매일 독서를 당연하게 여기도록 해야 합니다. 말하지 않아도 매일 스스로 책을 찾아 읽는 것에서 자기주도적인 공부가 시작됩니다.

물론 시간이 갈수록 재미가 덜하고 어려운 수준의 책도 읽어야 하지만 처음부터 쉽진 않습니다. 그 시기를 견뎌야 합니다. 가장 힘든 시기는 그림책에서 글 책으로 넘어가는 시기입니다. 그림책 한 권에 걸친 글 분량이 글 책에서는 한두 쪽에 다 담깁니다. 하루에 열 권도 가볍게 읽었던 그림책인데 글 책은 한 권도 겨우 읽습니다. 글

책이 힘겨운 아이들은 학습만화로 눈을 돌립니다.

학습만화는 그림책처럼 빠르게 읽을 수 있습니다. 그림만 보고도 이해할 수 있는 만화의 특성 때문입니다. 앞 장의 내용을 몰라도 뒷장을 읽는 데 무리가 없는 구성이라 부담도 없습니다. 아무 쪽이나 펼쳐서 읽어도 될 정도입니다.

부모가 봐도 좋아 보이는 만화책이 많습니다. 나왔다 하면 베스트셀러가 되는《설민석의 한국사 대모험》·《놓지 마, 과학》·《그리스 로마신화》 시리즈, 어려운 과학 지식과 멀게만 느껴졌던 인물을 재미있지만 제법 깊이 있게 다루고 있는《Why?》·《Who?》 시리즈, 대한민국 초등학생들을 한자의 세계로 인도했다는 찬사를 듣는《마법천자문》 시리즈가 대표적입니다. 책 한 권 한 권 따져보면 못 보게 할 이유가 없어 보입니다. 그런데도 거의 모든 독서 전문가들이 학습만화라면 고개를 젓습니다.

이유가 있습니다. 그림책에서 글 책으로 넘어갈 때 학습만화를 징검다리 삼는 것 정도는 괜찮습니다. 하지만 이 과정에서 많은 아이가 징검다리에 주저앉아 영영 글 책으로 넘어가질 못합니다.

그래서 학습만화를 읽게 하되, 학습만화를 읽는 시간은 독서 시간으로 간주하지 않기를 권합니다. 학습만화 보는 것을 즐거운 놀이이자 취미로 여기게 하는 겁니다. 유익한 유튜브 영상·TV 프로그램·게임과 학습만화는 비슷합니다. 역사에 관한 유익한 영상을 보고 역사 상식이 늘었지만 독서를 했다고 하지는 않습니다.

본 것과 읽은 것은 다릅니다. **학습만화를 본 시간은 독서 시간이라기보다 스크린 타임**(인터넷 검색, 유튜브 영상 시청, 게임, 타자 연습

등 스크린 앞에서 영상물이나 그래픽 화면을 보며 보내는 시간)에 가깝습니다. 학습만화를 스크린 타임용으로 규정하면 아이와 부모가 실랑이를 벌일 필요가 없습니다. 아이가 독서 시간이 아닌 놀 시간에 학습만화 보는 것을 말릴 부모는 없으니까요.

내 아이는 잘 읽고 있나요?

학습만화를 보건 보지 않건 글 책을 잘 읽는 아이도 꽤 있습니다. 하지만 부모님 눈에는 아이가 잘 읽는 건지 아닌지 알 길이 없습니다. 아이마다 독서 편차가 있어서이기도 하지만 비교할 데도 물어볼 데도 없기 때문입니다. 이럴 때 기준이 될 세 가지를 알려드립니다.

첫째, 아이가 책을 좋아하는가?

아이가 책을 좋아하려면 한 권이라도 좋으니 재미있게 끝까지 읽어봐야 합니다. 책을 즐겁게 읽은 경험이 있다면 다음 책으로 빠르게 넘어갑니다. 그 한 권을 찾고 경험하는 것이 먼저입니다. 또래 아이들이 많이 읽는 책은 대체로 우리 아이도 잘 읽습니다.

《엽기 과학자 프래니》 시리즈는 남녀 가리지 않고 저학년부터 고학년까지 모두 좋아합니다. 글 책이라면 한 권도 겨우 읽던 아이들이 8권이나 되는 시리즈를 가볍게 읽고 특별판 4권까지 더해 읽습니다. 이렇게 전권을 읽고난 아이들은 세상에 내가 못 읽을 책은 없다는 자신감이 불타오릅니다. 그렇게 책에 재미를 붙인 아이들이 단숨에 《해리포터》 시리즈로 넘어가 전권을 읽어내기도 합니다.

《해리포터》는 그림이 거의 없고 글자가 빼곡한 데다 시리즈 전체가 23권입니다. 아무리 아이들 책이지만 초반부는 서사가 길어서 지루할 수 있는데도 잘 읽습니다. 다른 아이들이 읽기 때문입니다. 함께 이야기를 나눌 수 있는 책, 재미있는 책이기 때문에 가능한 일입니다.

함께 이야기 나눌 수 있는 책을 모르는 분을 위해 아이들이 학교 도서관에서 서로 대출하겠다고 욕심내는 인기 도서를 소개합니다. 내용이 재미있어서 깔깔거리며 보는 책입니다.

글 책에 처음 도전할 때 읽기 좋은 재미있는 동화책

둘째, 글밥이 늘고 있는가?

글밥은 천천히 늘려야 합니다. 빠르게 늘리고 싶은 건 부모들의 공통된 바람이지만 욕심낸다고 될 일은 아닙니다. 여전히 그림책에 머물고 있거나 글밥이 적은 동화책만 읽고, 아직 혼자 한 권을 다 읽어낸 경험이 없는 아이라면 챕터북이 유용합니다.

챕터북은 공통된 배경과 캐릭터가 등장하지만 회별로 이야기가 시작되고 마무리되는 옴니버스 형식의 책을 말합니다. 이야기 하나가 한 회씩 담기므로 전개는 빠르지만 구성이 복잡하지 않아 단숨에 읽을 수 있습니다. 초등학생에게 인기 많은 챕터북을 소개합니다.

글밥 늘리기에 유용한 챕터북

5~6학년이라면 조금 깊이 있는 책으로 들어가도 좋습니다. 책을 잘 읽는 아이라면 청소년 소설이나 고전 등으로 점프를 시도해봐도 좋습니다. 어린아이가 아니라 청소년 대접을 해준다고 여겨서인지 읽는 내내 꽤 뿌듯해합니다. 단, 청소년 소설은 부모님이 먼저 읽어보길 추천합니다. 초등학생이 아닌 청소년을 대상으로 쓴 책이다보니 다소 폭력적이거나 자극적인 내용이 있을 수 있기 때문입니다.

초등 시기에 읽으면 좋은 초등 고학년용&청소년 소설

세계 명작 고전은 완역부터 축약본까지 성인용, 청소년용, 초등학생용으로 다양하게 나와 있습니다. 여러 번역서 중 아이 수준에 맞는 책으로 추천해주면 좋습니다. 잘 모르겠다면 서점에 가서 아이에게 직접 고르라고 하는 것도 괜찮습니다. 아이가 직접 고르면 같은 책이라도 더 열심히 읽습니다. 그렇게 완독해본 경험으로 조금 더 글밥 많은 책에 도전하게 됩니다.

책을 고를 때는 책의 수준보다 내 아이의 취향이 중요합니다. 또래보다 수준 낮은 책이라도 읽기 시작했다면 성공입니다. 매일 읽기만 하면 수준이 느리든 빠르든 금세 올라갑니다.

초등 시기에 읽으면 좋은 세계 명작 고전

빠른 아이들은 수준이 올라갈수록 흥미도가 높아지지만 느린 아이는 때로 수준이 올라가면 버거워서 흥미를 잃기도 합니다. 느린 아이는 느린 아이대로 빠른 아이는 빠른 아이대로 맞춰서 이끌어주면 됩니다. 이렇게 일 년만 끌어주고 스스로 하도록 밀어주면 아이가 알아서 책을 고르고 읽기를 시작하게 됩니다.

셋째, 책 읽는 시간이 늘고 있는가?

핵심은 매일 읽기입니다. 처음에는 하루 10분 정도로 시작합니다. 매일 읽기가 한 달 이상 지속된다면 꾸준히 책 읽는 시간을 늘려야 합니다. 고학년이라면 하루 최대 1시간을 책 읽는 시간으로 확보해주세요. 하루 공부 계획을 짤 때 밥 먹는 시간과 잠자는 시간이 가장 중요합니다. 그다음은 운동 시간과 독서 시간입니다. 이 시간을 확보한 후에 다른 일정을 추가해야 합니다.

수학, 영어, 피아노/미술, 독서토론논술, 과학, 코딩까지 이것저것 다 넣고나면 운동과 독서가 들어갈 틈이 없습니다. 운동과 독서가 먼저입니다. 세상 어떤 공부도 밥과 잠보다 중한 공부는 없고 책과 운동보다 나은 공부는 없습니다. 초등이니까 그렇습니다.

비문학 영역도 시도해보세요

아이가 비문학 영역에 관심을 가질 수 있도록 관련 도서나 자료에 대한 노출을 늘려주세요. 중학교에 입학하기 전에 비문학 영역도 어느 정도는 맛보게 해야 합니다. 중학생이 되면 경제, 사회, 과학, 역사 등 관련 전문 지식이 담긴 지문을 읽고 이해할 수 있어야 하기 때문입니다. 적어도 교과서의 지문을 읽고 이해할 수 있을 정도는 되어야 합니다. 그러려면 초등 고학년부터는 비문학이 낯설지 않도록 해당 분야의 책을 조금씩 접해보아야 합니다.

비문학 영역의 경우 사회·과학 등을 다룬 전집 형태의 책보다는 다양하고 흥미로운 분야를 접해볼 수 있는 어린이 잡지를 구독해서 보는 것도 좋은 경험이 됩니다. 물론 이야기책의 독서가 무리 없이 진행되고 있다는 전제에서요.

초등 비문학 영역 노출을 위한 잡지

독서 경험을 반드시 책으로 한정할 필요는 없습니다. TV 뉴스, 다큐멘터리, 신문도 훌륭한 독서 수단이 됩니다. 저희는 경제 신문을 받아 보는데요, 큰아이가 계속 궁금해합니다. 신문을 잠깐 놓아 두었더니 아이가 한참을 읽고 있었던 적도 있습니다. 아이 수준에서 이해할 수 있는 기사는 한두 가지지만 읽기만 한다면 어린이 책이나 애니메이션에서 접하지 못했던 어휘를 보고 들으며 호기심을 가질 수 있어 긍정적인 영향을 받게 되지요.

잘못된 독서 습관은 지금 교정하세요

우리 아이가 독서를 잘하고 있는지 살펴봤다면 잘못된 습관이 없는지도 점검해봐야 합니다. 습관은 하루 이틀 만에 만들거나 고치기 어렵습니다. 인내심이 필요합니다. 잘못된 점을 발견했더라도 서두르지 말고 여유 있게 접근해주세요.

하나, 종일 책만 읽는 아이

해야 할 공부·숙제·집안일을 다 미루고 종일 책만 들여다보는 아이가 있습니다. 독서가 아무리 좋아도 책만 읽는 건 곤란합니다. 실제로 이런 아이는 책 내용에 푹 빠져서일 수도 있지만 해야 할 일에서 도망치기 위해 책을 보기도 합니다.

저학년 때는 독서와 공부 시간이 1:1 정도면 좋습니다. 독서 시간이 공부 시간보다 많아도 괜찮습니다. 고학년이 되면 독서와 공부 시간이 1:8 정도 되어야 합니다. 그래야 학교 공부를 어느 정도 따라갈 수 있습니다. 중학년이라면 30분 독서하고 2~3시간 공부합니다.

6학년인데 종일 책만 보고 있는 아이는 공부 습관이 안 잡힌 아이입니다. 이런 아이라면 1~2학년 때처럼 하루 공부 총 1시간, 하루 연산 한 쪽, 영어 독서 한 쪽 등의 형태로 습관 만들기를 시작해야 합니다. 습관이 자리 잡혀야 자기주도공부를 시도할 수 있습니다.

오늘 할 공부를 1시간으로 시작해서 점차 늘려나가야 합니다. 공부를 전혀 안 하던 아이라 힘들어할 겁니다. 게다가 사춘기가 시작되는 시기라 쉽지 않습니다. 책을 좋아하는 아이이기 때문에 계획대로 공부한 것에 대한 보상으로 독서를 하게 하세요. 정해진 공부량을 마치면 원하는 만큼 독서를 하도록 허락하는 거죠. 이렇게라도 공부와 독서의 균형을 빠르게 잡아야 할 시기입니다.

둘, 만화책만 보는 아이

3학년까지는 만화책 독서가 크게 문제되지 않습니다. 앞서 말한 것처럼 만화책이 그림책에서 글 책으로 넘어가는 징검다리 역할을 잘만 해주면 이보다 좋은 게 없습니다. 하지만 징검다리에 주저앉고 글 책으로 못 넘어가는 아이들이 많습니다. 만화책을 본다고 야단치면 서로 마음만 상합니다. 앞서 말한 것처럼 만화책 보기는 스크린 타임에 속하는 취미 생활로 사전에 협의해야 합니다.

처음에는 부모님이 글 책을 읽어주세요. 4학년이 되어서도 여전히 만화책만 읽고 있다면 협상이 필요합니다. 글 책을 읽고나면 만화책 읽을 시간을 주는 거죠. 이때 글 책은 마지못해 읽지만 읽다보니 꽤 재밌다고 느낄 만한 책으로 골라주세요. 이런 책을 한두 권씩 읽다보면 독서 자신감도 붙고 글 책에 흥미도 붙습니다. 학습 지식으로 가득한 전집, 어려운 고전은 이 수준의 아이를 책과 영영 멀어지게 하니 피해주세요.

하고 싶은 것만 하는 게 행복이 아닙니다. 하기 싫지만 해야 할 일을 끝내고난 다음 진짜 하고 싶은 걸 하게 하면 성취감과 행복이 더해집니다. 성취감은 또 다른 형태의 행복입니다. 아이가 이제껏 느껴보지 못했던 다양한 행복을 찾아주는 것도 부모의 일입니다.

셋, 책을 읽지 않고 듣는 아이

우리가 책을 읽는 이유는 책을 쓴 사람 입장이 되어 적극적으로 생각하기 위해서입니다. 이런 관점에서 보면 별 생각 없이 흘려들을 수 있는 오디오북은 독서 효과가 크지 않습니다. 스스로 깊이 생각할 필요도 기회도 없기 때문입니다. 듣는 것만으로도 내용은 파악하겠지만 적극적으로 생각하는 과정은 빠지게 됩니다. 처음에는 귀를 쫑긋 세워 듣던 오디오북도 익숙해지면 흘려듣습니다. 이야기가 내 안으로 들어오지 못하고 빠져나가버립니다.

오디오북 듣기를 좋아하는 아이라면 동일한 종이책을 구해 낭독하면서 읽게 해보세요. 그 후에 오디오북을 듣게 하는 겁니다. 능동적 독서를 하고난 후 수동적 독서를 하게 하는 구조입니다. 저학년은 소리를 내서 읽게 하면 천천히 읽는 습관도 생깁니다. 자신이 읽을 수 있는 정도로만 속도를 낼 수 있기 때문입니다. 입과 뇌가 동시에 움직이면 더 적극적인 사고 활동이 이루어집니다. 만화만 보는 아이와 마찬가지로 싫지만 해야 하는 것을 먼저 하고, 하고 싶은 것은 뒤에 하도록 순서를 정해주는 겁니다. 고작 순서만 바꿨을 뿐인데 결과는 전혀 다릅니다.

저희 아이들은 공부가 끝나면 한글 독서를 시작합니다. 한글 독서가 보상이고 휴식입니다. 물론 처음부터 가능했던 건 아닙니다. 공부 습관을 잡아간 지 5~6년 차가 되어서야 비로소 자리 잡은 평화롭고 아름다운 습관입니다.

5년은 해야 습관이 되고, 습관이 되고나니 공부하고나면 좋아하는 책을 골라볼 수 있다는 기대가 생깁니다. 빠르게 자리 잡을 거라 절대 기대하지 마세요. 저희 집도 따지고 싸우고 울고불고 별별 소란 다 겪고, 잘하나 싶다가 이게 뭔가 싶다가, 뒤로 갔다가 앞으로 갔다가 넘어졌다가 별별 시행착오 다 겪으며 이제 겨우 한숨 돌리는 중입니다.

쓰기

국어에서 가장 어렵고 힘든 영역을 꼽아보라고 하면 아이와 부모 모두 '쓰기'를 꼽습니다. 어른도 힘든 게 쓰기입니다. 아직 경험이 적고 습관이 되어 있지 않은 저학년 아이들은 더 힘들어합니다. 연필로 글자를 적는 것도 서툰 시기입니다.

글을 쓰려면 보고 듣고 읽은 것도 많아야 하지만, 생각을 끌어낼 수 있어야 합니다. 글쓰기는 쓰기를 통해서만 연습할 수 있습니다. 훌륭한 요리사가 되기 위해서는 수없이 칼을 다루고 간을 보며 음식을 만들어봐야 하듯, 글을 잘 쓰기 위해서는 직접 글을 반복해서 많이 써보는 것만큼 좋은 방법이 없습니다.

하지만 쓰기라는 활동의 어려움과 부담스러움을 고려한다면 본격적인 글쓰기보다 말하기를 먼저 시도한 후에 자연스럽게 글쓰기로 넘어가는 방법을 추천합니다.

쓰기의 기초는 생각입니다. 생각이 능숙해지면 말이 되고, 말이 정리되면 글로 표현하기 시작합니다. 일기 쓰기도 말하기로 시작하면 편합니다. 간식을 먹을 때 말하기를 좋아하는 아이는 학교에서 재미있었거나 힘들었거나 새로웠던 이야기를 합니다. 그때 이야기를 확장할 수 있도록 도와주세요.

한 가지 주제에 관해 길게 이야기할 수 있으면 좋습니다. 좋은 표현이 있다면 "어떻게 그런 생각을 했어?"라고 칭찬하고 기록해두면 좋아합니다. 말하기를 씨앗 삼아 글로 꽃 피울 수 있게 해주세요.

필사로 시작하세요

생각을 글로 표현하기 힘들어한다면 생각하지 않고 따라 쓰기만 하면 되는 필사로 시작하는 것도 좋은 방법입니다. 필사(따라 쓰기)는 장점이 많습니다. 악필을 교정하고 맞춤법을 익히는 데 도움을 줍니다. 어휘력과 문장력도 기를 수 있습니다. 책을 대충 휘휘 읽고 마는 습관이 있는 아이에겐 정독 습관을 들이는 방법이기도 합니다.

처음부터 필사를 해보겠다며 반기는 아이는 드뭅니다. 글쓰기가 힘든 건 머릿속 생각을 짜내기 힘들어서이기도 하지만, 어깨·손목·손가락이 힘들어서이기도 합니다. 게다가 시간이 오래 걸립니다. 연필로 글자를 쓰는 건 아무리 대충 써도 어느 정도의 시간이 필요하고, 그렇게 대충 흘려 썼다간 부모님과 선생님이 '다시'라고 할게 뻔하기 때문입니다.

그래서 필사 초기에는 한두 줄이면 충분합니다. 아이가 그날 읽은 책의 본문 중 한 문장만 골라서 따라 쓰게 하는 겁니다. 이렇게 골라놓은 좋은 문장은 독서록을 쓸 때도 응용할 수 있어 좋습니다. 필사를 글쓰기 비법으로 바라보기보다는 새로운 독서 형태(세상에서 가장 느린 독서)라 생각하고 접근해야 느긋하고 괜찮은 경험이 될 수 있답니다.

교과서 따라 쓰기로 맞춤법 교정을 유도하기도 합니다. 교과서에 제시된 지문 정도만 가볍게 써보라고 하면 좋습니다. 단, 천천히 쓰게 해야 합니다. 천천히 써야 맞춤법에 맞춰 씁니다.

이왕 쓰는 거 공자·논어·사자소학을 쓰는 게 도움이 되지 않겠느냐고 묻는 분이 있습니다. 인문학적 소양과 집중력을 키우는 데 도움을 받고자 한다면 상관없지만 맞춤법 교정을 위해서라면 교과서 문장 쓰기가 낫습니다. 사자소학의 글은 아이의 글쓰기에 반영되기 힘듭니다. 아이들이 평소 쓸 법한 문장을 쓰게 하는 게 좋은데 그러자면 교과서 문장만 한 게 없습니다.

아이가 힘들 정도로 버거운 양은 곤란합니다. 힘들다고 하면 줄여줘야 합니다. 할 만해야 오래 씁니다. 필사 첫날엔 재밌다고 몇 장을 쓰는 아이들이 있습니다. 안 됩니다. 금방 시들해져서 며칠 하고는 힘들어서 안 하겠다고 합니다. 모든 공부는 재미있을 때 끊어주는 게 좋습니다. 어제 재밌었던 기억이 남으면 오늘도 씁니다. 하루에 한두 문장이면 충분합니다.

편하게 써야 잘 씁니다

그동안 만나온, 글을 잘 쓰는 아이들의 공통점이 있습니다. 책을 많이 읽고 좋아하며 글을 어렵지 않게 써냅니다. 이 아이들에게 글쓰기는 힘든 일이 아닌 것처럼 보입니다. 보통 아이가 써 온 글과 비슷한 수준일지라도 그 결과물을 내는 데 쓰는 에너지와 시간이 다릅니다. 보통 아이들이 한 시간 동안 끙끙대며 써 온 글과 이 아이들이 몇 십 분 만에 힘들이지 않고 술술 써 온 글의 수준이 비슷합니다.

교실에서도 글을 편하게 쓴다는 건 평소에 글쓰기를 자주 해서 단련이 되어 있고, 생각하고 고민하는 활동에 거부감이 없다는 의미입니다. 알아서 주제를 잘 정하기도 하지만 일괄적으로 주어진 주제에 대해서도 마음만 먹으면 힘들이지 않고 빠르고 시원스럽게 써냅니다.

이런 아이들은 대체로 공부를 잘합니다. 잘할 수밖에 없습니다. 글쓰기는 그 자체가 사고력의 수준을 증명하는 결과물입니다. 책을 읽을 때는 눈은 분명 글자를 읽어나가고 있는데 머리로는 다른 생각을 하는 것이 가능합니다. 재미없는 부분은 건너뛰며 읽기도 하고, 지루한 부분은 집중하지 않고 대충 읽기도 합니다.

하지만 글쓰기는 다릅니다. 잠시만 한눈을 팔거나 딴생각을 해도 손이 멈춥니다. 글은 건너뛰거나 대충 쓸 수도 없습니다. 문장에 게으름을 피운 흔적이 고스란히 드러나기 때문입니다. 글쓰기는 사고의 흔적이 아니라 사고의 결과물입니다.

물론 글을 편하게 쓰는 아이들이라고 해서 다 공부를 잘하는 건 아닙니다. 그래도 걱정 없습니다. 논리적 사고를 하는 아이란 걸 증명한 거니까요. 논리적 사고를 하는 아이는 지금 당장은 빛을 보지 못해도 차츰 빛을 낼 것이 분명합니다. 공부 역시 논리적 사고가 기초니까요. 글쓰기가 당장 효과를 내지 않더라도 계속 신경 써야 하는 이유입니다.

꾸준히 써야 잘 씁니다

글쓰기를 할 때는 받아쓰기나 구구단 외우기처럼 접근하면 곤란합니다. 구구단과 받아쓰기는 시작과 끝이 분명하고, 잘하고 못하고만 있습니다. 하지만 글쓰기는 오랜 시간에 걸쳐 다듬으며 완성시켜 나가야 하는 영역입니다. 구구단과 받아쓰기는 집중해서 쓰고 외우면 끝나지만, 글쓰기는 단시간에 집중해서 쓴다고 늘지 않습니다. 오래도록 공을 들여야 하고 꾸준히 해야 조금씩 잘하게 되는 영역입니다.

잘 쓰는 데까지 오래 걸리고 잘 쓴다는 기준도 모호해서 집에서 가르치기 힘들다고 여깁니다. 불안해서 글쓰기 학원을 보내야 하나 싶은데 학원이라고 무슨 뾰족한 수가 있는 것도 아닙니다. 학원에 보내면 부모의 불안감은 줄지만 아이 실력이 여간해서는 늘지 않아 다시금 불안해집니다.

편하게 생각했으면 합니다. 아이들 대부분은 글쓰기를 힘들어하고 못합니다. 쉽게 잘 쓰고 좋아하는 아이는 드뭅니다. 다 못하니 조급해할 필요가 없습니다. 지금부터 시작하면 됩니다. 어렵지 않습니다.

우리는 아이를 유려한 글을 쓰는 문장가로 키우는 게 목적이 아닙니다. 그렇게 된다면 더할 나위 없이 좋겠지만 그건 타고난 재능에 뼈를 깎는 노력이 더해져야 합니다. 우리가 아이에게 바라는 건 소박합니다. '내 생각과 감정을 글로 표현할 수 있는 기본적인 글쓰기'예요.

글쓰기는 많이 읽을수록, 많이 생각할수록, 많이 써볼수록 느는 기술이기 때문에 누구라도 개발할 수 있는 기술입니다. 글쓰기를 잘하는 아이가 따로 있다는 생각은 멀리 던져버리세요.

글쓰기는 초등 시기는 물론 고등학생 시기까지, 더 넓게 보면 인생 전반에 걸쳐 다양하게 필요한 기술입니다. 당장 초등학교에서도 한 단원이 끝나고나면 서술형 평가를 봅니다. 학년이 올라가고 과목이 많아질수록 서술형 평가의 비중이 높아집니다. 물론 초등학교 성적은 중등 입시에 영향을 주지 않으므로 서툴러도 괜찮습니다. 중학교 이후를 대비한다는 마음으로 연습하고 훈련하는 시기로 삼으면 됩니다.

자유 학년제(또는 자유학기제)가 적용되는 중학교 1학년까지는 시험 결과가 입시에 반영되지 않으므로 부담을 덜 가져도 되지만, 중학교 2학년 성적은 입시와 직결되므로 조금 더 신경을 써야 합니다. 서술형 평가는 글쓰기 능력과 직결되어 있습니다. 당장 중2만 되어도 기본적인 글쓰기 능력을 갖추지 못하면 평가에서 좋은 점수를 받기 어렵습니다. 몇 년 남지 않았습니다.

급하게 논술학원을 보내도 글쓰기 실력은 쉽게 늘지 않습니다. 글쓰기도 기술이라 요령을 배우면 나아지지만, 그동안 충분히 많이 읽고, 쓰고, 생각하지 않았다면 정체가 옵니다. 늘지 않습니다. 아무리 훌륭한 선생님도 초등 시기부터 매일 쌓아 올린 시간의 벽을 넘어설 순 없습니다. 글쓰기를 초등학생 때 시작하라고 하는 이유입니다.

초등학생 때부터 하나씩 시작하면 부모와 아이가 모두 느긋해집니다. 느긋하게 힘을 빼고 써야 쉽게 써집니다. 쉽게 써야 매일 쓰고, 매일 써야 발전합니다. 한 줄이 열 줄로 늘고, 어쭙잖던 글이 그럴싸한 글로 바뀝니다.

3학년에 시작해도 충분합니다

초등 시기에는 읽기가 먼저입니다. 읽기를 충분히 하여 능숙해진 다음에 쓰기를 해도 늦지 않습니다. 씨앗을 뿌려야 싹이 나듯, 충분히 글을 읽어야 문장 형식을 모방하고, 어휘와 글밥이 더해지면서 글이 나옵니다.

초등학교 1학년 아이도 일기를 쓰지만 저학년이라면 쓰기보다는 읽기 위주로 살펴보세요. 저학년 아이에게 쓰기부터 강요하면 아이도 부모도 너무 힘듭니다. 힘들면 점점 하기 싫습니다. 읽기가 안되는 아이라면 쓰기를 기대해선 안 됩니다. 저학년은 읽기에 집중해야 하는 시기입니다. 글쓰기에 시동을 거는 고학년에서 어휘와 문장이 폭발할 수 있도록 읽기를 차곡차곡 쌓아가는 시기라고 생각해주세요.

3학년 정도 되면 글쓰기에도 관심을 가져야 합니다. 빠른 아이라면 2학년 때 시작해도 되지만, 보통 아이라면 3학년 때 본격적으로 시작합니다. 학교에서도 3학년 수업에서 글쓰기를 가장 강조하고, 신경 쓰며, 꾸준히 진행하려 애씁니다.

빨리 시작하면 빨리 시작한 만큼 얻는 것도 있지만 잃는 게 더 큽니다. 얻는 건 크고 잃는 건 적은 시기, 그게 적기입니다. 따라서 내 아이의 적기를 파악하는 일이 중요합니다.

그동안 안 쓰던 아이에게 이제부터 쓰자고 하면 반길 아이는 없습니다. 안 쓰고 싶다고 징징대고, 온몸을 비비 꼬다 못해 엎드려 쓰고, 못 쓰겠다며 오늘 하루는 건너뛰자고 징징대고, 한 줄 쓸 때마다 짜증내고, 그러다 어떤 날은 힘들다며 울기까지 합니다. 투덜거림·짜증·울음을 모두 받아주세요. 그런 우여곡절을 거치고 거듭하다 보면 언젠가는 매일 뭐라도 조금 쓰는 습관이 붙어 있을 겁니다.

글쓰기 실력까지는 바라지 마세요. 일단 매일 글쓰기 습관을 잡는 게 먼저입니다. 이렇게 한 해를 보내면 초등 시기 내내 글을 쓰는 습관은 이어질 겁니다. 습관 잡기가 먼저입니다.

"쓴 글을 고쳐줘야 하나요?"라고 물어보는 분도 있습니다. 계속 강조하지만, 초등 글쓰기는 '어떤 글'을 '얼마나 많이', '얼마나 잘 쓰느냐'로 접근하면 곤란합니다. 그냥 글을 계속 쓰게 하면 그걸로 됩니다. 맞춤법과 띄어쓰기를 교정할 목적으로 글을 쓰게 하면 안 됩니다. 문장을 다듬어주는 것도 권하지 않습니다.

드물지만 맞춤법 교정, 문장 교정이 아이의 글쓰기 실력을 높여주는 경우도 있습니다. 흡수력이 좋고 글쓰기에 관심이 많고 더 잘 쓰고 싶은 욕심이 있는 아이입니다. 하지만 보통 아이들은 빨간 펜만 봐도 기겁합니다. 빗금과 돼지꼬리는 싫어합니다. 지적으로 받아들이기 때문입니다.

모든 공부가 그렇지만 글쓰기만큼은 형식보다는 내용에 집중해주세요. 내용보다는 쓰는 것 자체에 집중해주세요. 형광펜을 들고 잘 쓴 문장, 새로 등장한 어휘에 동그라미를 치고 칭찬해주세요. 칭찬할수록 아이의 글은 늘고, 많이 지적할수록 아이의 글줄은 줄어든다는 걸 잊지 마세요.

매일 글쓰기는 작가 노트로 시작하세요

초등 글쓰기는 학교에서 내주는 과제를 하는 것으로 자연스럽게 시작됩니다. 1학년 2학기부터는 일기를 쓰게 하고 독서록도 조금 맛보게 합니다. 2학년이 되면 그림 위주 일기에서 글줄을 조금 늘리고, 독서록을 쓸 때 목록에 더해 감상평도 한 줄 정도는 남기게 합니다.

3학년이 돼도 학교에서는 여전히 글쓰기를 지도합니다. 하지만 이때부터는 부모님이 글쓰기를 챙겼으면 합니다. 학교에 온전히 맡기면 학년마다 담임선생님마다 편차가 커지거든요.

어떤 선생님을 만나면 아이들 글쓰기 실력이 부쩍 늘고, 어떤 선생님을 만나면 아이들이 일 년 내내 글쓰기와는 담을 쌓습니다. 학년마다 선생님마다 강조하고 중요하게 여기는 게 다르기 때문입니다.

글쓰기 실력이 퍽 느는 해도 있지만 리코더를 굉장히 잘 불게 되는 해도 있습니다. 수학 과학에 눈에 띄는 성장을 보이는 학년이 있는가 하면 체육 활동을 열심히 해서 까만 피부와 탄탄한 근육과 체력을 얻는 학년도 있습니다.

글쓰기는 예체능처럼 조금 덜 해도 그만, 더 해도 그만인 영역이 아닙니다. 꾸준히 실력을 다지며 가야 하는 영역입니다. 어느 학년이고 어떤 선생님을 만나느냐에 따라 아이의 글쓰기 실력이 올라갔다 내려갔다 하지 않아야 합니다. 습관을 만들고 실력이 쌓이도록 부모가 신경 써야 하는 영역입니다.

3학년이 되면 아이만의 '작가 노트'를 만들어주세요. 기념으로 예쁜 공책을 사줘도 좋지만, 안 쓰면 괜히 더 속상할 수 있으므로 평소 쓰던 새 공책이면 됩니다. 공책이 아니라 그 안에 담긴 글이 중요한 거니까요.

거기에 일기든, 독서록이든, 시든, 소설이든, 편지든 무엇을 써도 상관없습니다. 가끔은 슬라임 레시피나 요리 레시피를 써도 됩니다. 일기만 써도 괜찮습니다. 어떤 글이든 상관없지만 글은 매일 한 편만 쓰게 하세요. 이것저것 다 쓰려면 글 쓰다 하루가 다 갑니다.

어떤 글을 얼마나 쓰느냐는 중요하지 않습니다. '매일 한 편을 쓰는 게' 중요합니다. 세상에는 쓰는 사람이 많지 않습니다. 게다가 매일 쓰는 사람은 드뭅니다. 그만큼 쓰는 게 어렵다는 말입니다. 무슨 글이든 매일 쓰고 있다는 건 굉장한 겁니다.

우리 아이가 매일 쓰고 있다면 지금 어떤 글을 쓰든 상관없이 앞으로는 탁월해질 가능성이 높습니다. 일단 쓰고 있다면 잘 쓸 확률이 점점 높아지고 그러면 탁월해질 가능성도 올라갑니다. 안 쓰면 가능성은 제로입니다.

학교에서 일기장을 숙제로 내라고 하면 일기장을 따로 만들어 제출합니다. 아이가 싫어하지 않는다면 일기장을 굳이 따로 만들지 않아도 됩니다. 한 권에 선생님이 검사하는 일기와 부모와 함께 하는 글을 모두 담아서 제출해도 됩니다. 집에서도 꾸준히 글을 쓰는 아이라는 걸 내색할 수 있어 좋습니다. 그걸 나무랄 선생님은 세상에 없습니다.

서점에는 초등 글쓰기, 일기 쓰기, 독서록 쓰기와 관련해 도움을 주는 교재가 다양합니다. 도움을 받으면 글쓰기가 훨씬 수월해집니다. 글쓰기 소재를 넓히고 싶거나 형식을 다양하게 써보고 싶거나 아이디어를 얻고 싶을 때 참고해보세요.

초등 글쓰기를 할 때 도움을 주는 책

기왕이면 또래 아이들이 쓴 글을 예시로 보여주는 책이 좋습니다. 아이들은 어른들이 당연히 글을 잘 쓸 거라 여깁니다. 그래서 어른이 쓴 글은 아무리 좋은 글을 보여줘도 당연하게 여깁니다.

반면 또래 아이가 쓴 좋은 글을 보면 관심을 가지고 비교해서 보기 때문에 꽤 많이 배웁니다. 교실에서 잘 쓴 아이의 글을 일부러 보여주는 이유입니다. 자극을 받아서 잘 쓴 글을 흉내 내기도 하지만 아이디어를 얻어서 훨씬 나은 글을 보여주기도 합니다. 아는 친구의 잘 쓴 글을 보는 게 가장 좋지만, 모르는 아이라도 또래 아이의 잘 쓴 글을 보면 큰 자극이 됩니다.

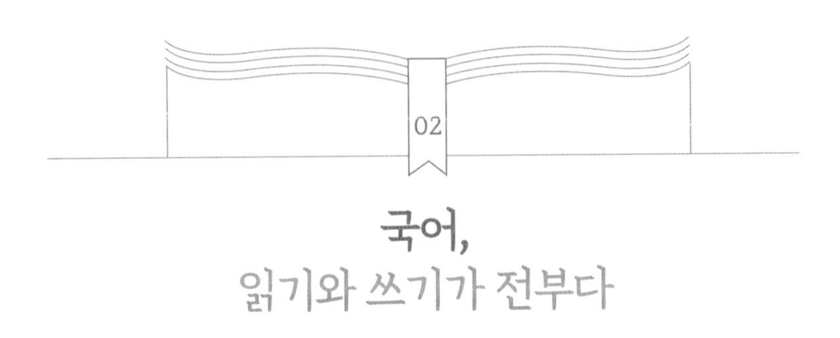

국어,
읽기와 쓰기가 전부다

'국어는 집을 팔아도 안된다'는 말을 들었습니다. (갑자기 좀 무서워지시죠?) 국어는 모든 과목의 기본이라는 평범한 말이 현실에서는 국어가 안되면 다른 과목도 기대하기 어렵다는 환장할 이야기로 들립니다. 국어라는 기초가 제대로 되어 있지 않으면 아무리 노력해도 입시에 한계가 있다는 의미겠지요. 국어가 그만큼 중요합니다. 그래서 국어는 과목의 특성을 파악하고 접근해야 하며, 특히 초등 시기에 국어 공부의 방향을 제대로 잡아야 합니다.

큰 그림을 그리기 위해, 조금 멀게 느껴지겠지만 수능 기출 문제 중 국어 영역 문제를 살펴보겠습니다. 초등 공부법을 설명하면서 수능 문제 분석이라니 왜 이렇게 오버하나 싶겠지만 그리 먼 얘기도 아닙니다. 겨우 십 년쯤 후엔 우리 아이가 붙잡고 씨름할 문제입니다. 아이를 기르면 십 년은 생각보다 훨씬 빨리 다가옵니다. 다들 겪으셨잖아요, 엊그제 걸음마 뗀 것 같은 아이가 훌쩍 자라 엄마와 눈을 맞추며 덤비고 있습니다.

수능 문제를 보면 국어 공부를 어떤 방향으로 해야 할지 감을 잡는 데 도움이 될 거라 기대합니다. 국어가 왜 모든 과목의 기본인지 이해할 수 있을 겁니다. 수능 기출 문제는 한국교육과정평가원 홈페이지(http://www.kice.re.kr)에서 다운로드할 수 있습니다.

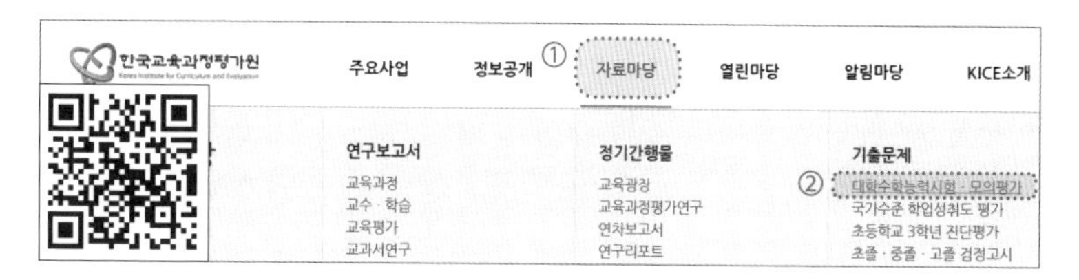

한국교육과정평가원 홈페이지 [자료마당]에 있는 [기출문제] 중 [대학수학능력시험·모의평가]를 클릭해주세요.

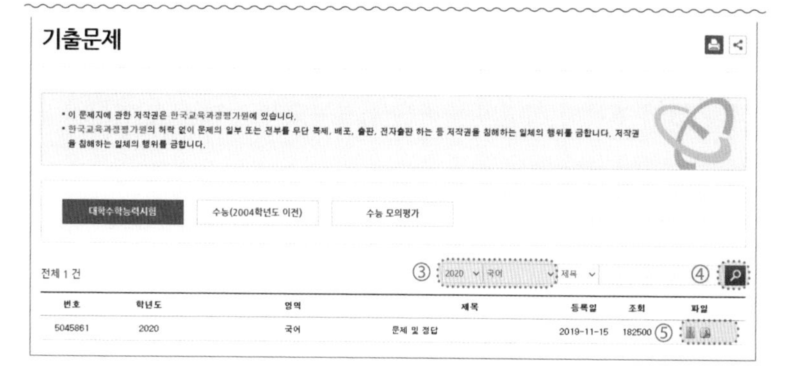

기출문제 페이지로 바뀌면 연도별을 '2020', 영역별을 '국어'로 선택하고 검색 아이콘을 클릭해주세요. 2020년 국어 영역 수능 기출 문제가 검색 목록에 나타나면 파일 아이콘을 클릭해서 다운로드해주세요.

다운로드한 기출문제를 웹에서 파일로 보거나 인쇄해서 훑어봐 주세요. 어떤가요? 난해한 용어가 줄지어 나오는 지문을 읽고 있자니 물 없이 고구마만 다섯 개째 먹는 듯 속이 콱 막힙니다. 소싯적 이런 공부 안 해본 사람 없지만 이거 뭐, 다시 봐도 답답합니다. 독해력을 평가하는 건지 인내심을 평가하는 건지 모르겠습니다.

당사자인 수험생은 더 답답합니다. 교과서 어디에도 나온 적이 없고, 수험생 대부분이 시험 당일 1교시에 처음으로 접하는 글입니다. 수능 시험은 대학 당락을 결정짓는 매우 중요한 시험인 데다 기회는 일 년에 단 한 번입니다. 누구라도 긴장할 수밖에 없습니다.

이런 긴장 상태에서 처음 접하는 분야에 관한 길고 어려운 지문을 읽고 1교시 국어 영역 80분 동안 45문제를 풀어야 합니다. 답안 옮기는 시간을 5분으로 잡는다면 국어 영역 한 문제를 해결하는 데 쓸 수 있는 시간은 1.6분 정도입니다. 제시된 지문을 불과 2, 3분 안에 읽고 파악해야 하고 문제당 1분 안에 답을 결정해야 합니다.

저희 역시 수능 시험을 봤던 세대고 썩 괜찮은 점수를 받았음에도 다가올 아이의 수능을 생각하면 숨이 막히는 듯한 답답함을 느낍니다. 낯선 지문과 시간의 압박은 제쳐두고라도 지문 속 어휘의 수준에 주목해야 합니다.

분야별 전문 용어는 영어를 음차한 말이나 한자어가 대부분입니다. 전문 용어가 많이 포함된 글일수록 단번에 술술 읽히지 않아 시간이 오래 걸리고, 읽고나서도 문제 해결에 바로 적용하기가 어렵습니다. 난도가 높다고 판단되면 긴 지문이 더욱 길게 느껴집니다.

수능 문제를 보고나니 겁이 나고 조급해지면서 불안한 마음이 드는 게 사실이지만 걱정하지 마세요. 아이는 아직 초등학생입니다. 우리에게는 시간이 충분합니다. 조금 느긋해도 괜찮습니다. 다만 아이가 고등학생이 되었을 때 이 정도 수준의 길고 어려운 지문을 만나도 수월하게 풀어낼 수 있도록 지금 무엇을 어떻게 도와줘야 할지 고민해봐야 합니다.

그래서 가장 중요한 것과 조금 덜 중요한 것을 가려내야 합니다. 제시된 문제의 답을 찾기 위해서는 지문을 읽는 동안 혹은 읽은 후에 지문에 어떤 내용이 담겨 있는지, 이 글에서 말하고자 하는 바가 무엇인지 등을 파악해내는 능력이 1번입니다. 생소한 전문 분야의 지문을 접한 아이가 당황하지 않고 지체 없이 풀어내려면 지문 전체를 이해하고 꿰뚫어보는 힘이 필수입니다. 문제 유형별로 어떻게 접근해서 정답을 골라낼지 풀이 요령을 익히는 게 2번이고요.

단순히 많은 문제를 푸는 연습만으로는 낯설고 전문적이고 긴 지문에 맞설 독해력을 단단히 다지기 어렵습니다. 초등학생인 아이가 지금 할 일은 1번을 대비하는 겁니다. 이제부터 차근차근 1번을 준비하는 방법에 대해 살펴보려 합니다.

2번도 궁금하겠지만 이 책에서는 다루지 않습니다. 2번은 1번을 통해 기본기가 탄탄해졌을 때 시작해도 늦지 않습니다. 기본기가 없는 상태에서는 요령을 아무리 잘 익혀도 한계가 있습니다. 2번, 즉 문제 푸는 요령을 익히는 건 중등 이후의 과정입니다. 혹시, 기본 독해력조차 갖추어져 있지 않은 아이에게 문제 푸는 요령부터 강요하고 있었던 건 아닌지 점검해보세요.

국어 교과서와 교육과정

초등 국어 교과서는 1~4학년은 학기별 총 3권(국어 가, 국어 나, 국어 활동), 5~6학년은 학기별 총 2권(국어 가, 국어 나)으로 구성되어 있습니다.

초등 국어 수업은 6년 내내 수업의 기본 흐름이 비슷합니다. 영역별로 조금씩 차이가 있지만 교과서에 제시된 지문을 읽고 그 지문을 이해하는지 묻는 문제를 풉니다. 이어서 차시 목표에 도달하기 위한 활동을 한 후 수업을 마무리합니다. 아이들은 2학년만 돼도 국어 수업의 패턴을 파악합니다. 지문 읽고 문제 해결까지의 과정이 척척 진행됩니다. 아이들이 이렇게 똑똑합니다.

2015 개정 교육과정부터는 '온 책 읽기' 활동이 국어과에 들어왔습니다. 이에 따라 한 학기에 한 권의 책을 선생님·친구들과 함께 온전히 읽으면서 관련 활동을 프로젝트 수업으로 구성해 진행하기도 합니다. 초등학교에서는 꽤 오랜 기간 다독을 강조해왔습니다.

하지만 이제는 많은 책을 읽는 것에 더해 천천히 생각하며 읽고, 관련하여 다양한 독후 활동을 경험하는 학습이 인정받고 있습니다. 저희 역시 이러한 독서의 흐름을 대환영합니다. 책을 깊이 이해하고 다채롭게 경험하는 활동이 초등 시기에 경쟁하듯 더욱 활발하게 일어나야 합니다.

국어 교과서에는 다섯 가지 영역(듣기·말하기/읽기/쓰기/문법/문학)의 내용이 주제별로 골고루 반영되어 있습니다.

국어 단원평가와 독서

아이의 백 점은 언제든 환영입니다. 아닌 척하지만 저희도 엄청 좋아합니다. 올라가는 입꼬리를 끌어내리는 건 참으로 힘든 일입니다. 국어 단원평가에서 백 점을 받으면 기분은 최고겠지만 당장의 점수를 위해 너무 많은 시간과 노력을 들이지 않았으면 합니다. 국어 단원평가에서 백 점을 받으려면 수학처럼 다양한 유형의 문제를 풀어보는 게 유리한데, 그럴 시간에 읽고 쓰기에 공을 들이는 게 장기적으로 보면 더 유리한 전략이기 때문입니다.

독해력은 하루아침에 끌어올릴 수 없고 실력이 눈에 띄게 쑥쑥 늘지 않지만 중학생이 되면 위력을 제대로 발휘할 영역입니다. 그래서 저희는 두 아들에게 단원평가를 대비해 문제집을 풀게 하거나 교과서 복습을 시키지 않습니다. 단원평가 점수로 내신 등급이 정해지거나 그 등급으로 진학할 학교가 결정되지 않기 때문입니다. 점수를 잘 받으면 좋겠지만, 그 점수 받자고 읽고 쓰는 매일의 일상을 무너트릴 필요는 없습니다.

흔들림 없이 중심을 잡는 일은 언뜻 큰 의미가 없어 보이지만 장기적으로는 그렇게 하지 않았을 때와 비교해 확연하게 다른 결과를 가지고 옵니다. 점수가 기록으로 남지 않는 초등 시기에 단원평가를 대비하는 공부에 힘을 쓰면 큰 그림을 그리며 장기전에 돌입할 아이에게 결코 도움이 되지 않습니다.

그래도 불안한 마음에 단원평가를 위한 공부를 시킬 거라면 문제집보다 교과서를 추천합니다. 담임교사가 출제하는 교사별 평가에는 대개 교과서 지문과 같거나 비슷한 유형의 지문이 출제되고, 지문에 해당하는 문제들도 교과서를 기준으로 변형됩니다.

교과서 문제를 풀 수 있다면 단원평가 문제에서 갑작스럽게 꽈당할 일은 없습니다. 무엇보다 단원평가 점수가 조금 낮더라도 읽기와 쓰기 실력이 올라가면 자연스럽게 점수도 올라가므로 읽기와 쓰기가 먼저입니다.

독해 문제집과 독서

"자기주도공부를 시작하려고 하는데 문제집 좀 추천해주세요"라는 질문을 자주 받습니다. 그때마다 "개념서와 문제집의 기능을 가장 충실히 담고 있는 교과서입니다"라고 한결같이 답합니다. 초등 자기주도공부를 위한 최고의 교재는 교과서이기 때문에 문제집 추천이 큰 의미가 없습니다. 그중에서도 국어 교과서는 웬만한 독해 문제집의 역할을 제대로 합니다. 아이가 학교 국어 수업 시간에 교과서를 활용한 수업에 집중해서 참여했다면 별도의 독해 문제집이 필요하지 않다고 생각해도 좋습니다. 지겨울 정도로 같은 질문을 받지만 꿋꿋하게 같은 답을 드리고 있습니다.

국어는 교과서를 여러 번 반복해서 읽는 것이 많은 문제를 풀어보는 것보다 효과적인 과목입니다. 되도록 다양한 유형의 문제를 풀어보면서 실력을 쌓아가는 수학과 대조적이지요. 국어 교과서에 나온 정도의 문제를 무리 없이 풀 수 있다면 제대로 따라가고 있는 게 맞습니다. 이걸로는 부족해 보여 복습 문제집과 독해 문제집을 풀리고 싶겠지만 권하지 않습니다.

국어는 앞서 수능 문제에서 살펴본 것처럼 독해력이 핵심입니다. 독해력을 넘어 통합적인 사고를 요구할 때도 많습니다. 그래서 초등 시기에는 더 많이 읽고, 더 많이 생각하고, 더 많이 써보면서 통합적으로 사고하는 경험을 쌓는 것이 중요한데, 그 중요한 시간에 문제집 풀고 채점하느라 바쁜 아이들이 많아 안타깝습니다.

아이가 책을 들여다보고 있지만 제대로 이해하면서 읽는 건지 부모는 알 길이 없고, 질문을 해도 대답이 신통치 않으니 속이 터지고 슬금슬금 불안이 올라올 겁니다. 이럴 때 부모는 불안함을 해소하기 위해 독해 문제집을 따로 풀게 하고 답이 맞았는지 확인하며 불안함을 다스리는데, 이건 정말 진지하게 고민해볼 문제입니다.

독해 문제집 풀이는 심지어 독이 되기도 합니다. 독해 문제집의 지문은 대개 어느 이야기, 어느 소설, 어느 동화 중 일부를 발췌한 것입니다. 책의 전체 흐름을 알지 못해도 지문으로 제시된 글의 일부만 정확히 파악하면 문제를 풀 수 있고, 그렇게 문제를 풀어내면 독해력이 뛰어나다고 착각할 수 있습니다. 짤막한 발췌 지문으로 익힌 독해력은 지문이 조금만 길어져도 다급하게 한계를 드러냅니다.

완독의 경험이 중요합니다. 아무리 얇고 쉬운 책이라도 인물이 등장하는 처음부터 이야기가 마무리되는 시점까지 전체를 읽어내는 경험에서 얻은 독해력이 진짜입니다. 완독으로 익힌 독해력은 일부 발췌 지문을 만나면 당연하다는 듯 수월하게 그 실력을 발휘합니다. 수동 면허를 따놓으면 수동 기어와 자동 기어를 모두 다룰 수 있지만 자동 면허로는 자동 기어가 달린 차밖에 운전할 수 없는 것과 같은 원리입니다. 이왕 공부하는 거, 수동 면허를 따게 합시다.

독해 문제집을 푸는 것이 괜찮은 경우도 있습니다. 아이가 독해 문제집을 꼭 풀길 원하는 경우(이런 아이, 있나요?), 독서 시간이 충분히 확보되어 있고 매일 공부를 하고도 시간이 남는 경우(이런 아이도 있나요?), 고학년인데 책 한 권을 온전히 읽어내지 못해 짧은 지문이라도 읽어내는 연습이 필요한 경우(이런 아이는 꼭 있습니다)라면 수준에 맞는 독해 문제집을 골라 하루 한두 쪽 정도 푸는 것은 괜찮습니다. 혹시 겨우 한 쪽 풀면서 시간이 너무 오래 걸리거나 번번이 오답률이 높다면 아래 학년, 낮은 단계로 조정해주세요. 학년보다 낮은 수준의 문제집을 사줄 때 속상한 마음은 저희도 잘 압니다. 그렇지만 아이의 수준과 맞지 않는 문제집은 아이에게 도리어 해가 될 뿐입니다. (5학년인 저희 둘째 아이는 2·3학년 문제집을 풀고 있습니다. 가끔 1학년용도 등장합니다.)

맞춤법과 띄어쓰기

초등학생은 맞춤법에 약합니다. 다들 비슷합니다. 조금 부족하든지 엉망이든지 둘 중 하나입니다. 그중 아주 가끔, 비교적 맞춤법에 맞게 쓰는 아이들이 몇 있는데요, 읽고 쓰는 걸 좋아한다는 공통점이 있습니다. 자주 읽고 쓰면서 자연스럽게 교정된 거죠.

지금 자주 읽고 쓰는데 여전히 맞춤법에 서툰 아이가 있다면 시간이 흐르면서 자연스럽게 교정될 가능성이 있으니 조금만 더 기다려주세요. 기다린다고 모두 자연히 교정되는 건 아니지만 기다려보지도 않고 성급하게 고치려 들 필요는 없습니다.

평소 아이의 일기장이나 글쓰기 공책을 눈여겨보세요. 아이가 쓴 일기를 언뜻 보면 틀린 글자가 상당히 많아 보이는데요, 하나씩 적어보면 생각만큼 그 가짓수가 많지 않고 틀리는 걸 반복하여 틀리고 있음을 알게 됩니다. 여기저기 눈에 띄는 맞춤법 실수들을 보면 당장 빨간 펜을 들고 고쳐주고 싶겠지만 그 마음은 눌러야 합니다.

툭하면 틀리는 글자를 찾아내어 그 글자를 바르게 써서 아이 눈이 닿는 곳에 슬쩍 붙여주세요. 냉장고, 신발장, 현관문, 창문, 책상, 책장 어디라도 좋습니다. 언제가 문장 속에서 그 단어를 써야 할 때 아이는 제 눈에 익은 대로, 맞춤법에 맞는 단어를 자연스럽게 떠올리며 쓰게 될 거예요.

대개는 초등 6년 동안 실수를 반복하며 맞춤법에 맞게 자연스럽게 교정해가지만 6학년이 되도록 엉망인 아이도 있습니다. 아이마다 과목별·영역별로 강하고 약한 부분이 있습니다. 골고루 나누어 가졌으니 맞춤법이 엉망인 아이라도 너무 실망하지 않았으면 합니다.

중학교 입학을 앞둔 시점이라면 눈에 거슬리지 않을 정도로는 개입할 필요가 있습니다. 당장 중학생이 되면 수행평가와 서술형 평가로 평가받을 일이 줄줄이 생길 텐데 내용을 잘 쓰고도 맞춤법이 약해 높은 점수를 받지 못하면 얼마나 억울하겠습니까. 교과서를 따라 쓰는 필사, 시중의 맞춤법 교정용 교재를 활용하는 방법 등이 있으니 아이와 차근차근 진행해보세요.

맞춤법 교정용 교재

국어사전 활용하기

어휘력을 늘리고 싶다면 기본은 국어사전입니다. 3학년 국어 시간에 국어사전 사용법을 배우고, 4~6학년 때 국어사전을 이용하여 다양한 활동을 합니다. 이 시기에 가정에서도 국어사전을 구입하여 더 자주 접하게 해주면 도움이 됩니다. 대표적인 초등학생용 국어사전으로《보리 국어사전》,《동아 연세 초등 국어사전》,《속뜻풀이 초등국어사전》이 있습니다. 책마다 특장점이 있으니 선택할 때 참고하면 좋습니다.

- 개정 교육과정에 따른 초등학교 모든 학년의 교과서 단어 중 4만 개를 수록하였다. 초등 국어사전 중 단어 수가 가장 많다.
- 2019년까지 새로 수록된 정보와 바뀐 정보를 국립국어원《표준국어대사전》에 따라 모두 반영하였다.
- 세밀화 3,500점과 도형, 별자리, 국기, 사진 자료 등 전체 4,000점에 이르는 시각 자료를 담았다.
- 북한 말 800여 단어를 수록하였다.

- 초등 개정 교육과정을 반영한 단어 4만여 개를 수록하였다.
- 비슷한 말, 어원, 학습 정보와 상식 등을 별도로 표기하여 자연스러운 어휘 확장을 유도한다.
- 틀리기 쉬운 띄어쓰기, 맞춤법, 외래어 표기 등을 부록으로 수록하였다.

- 초등학교 학습용 단어 2만 8,000개를 수록하였다.
- 국어사전이면서도 한영사전, 한한 사전, 한자 사전, 속담 사전, 고사성어 사전, 비슷한 듯 다른 말 사전의 기능도 겸하고 있다.
- 단어마다 영어, 한자, 예문까지 제공하고 있어 편리하다.

국어사전의 딱딱한 케이스는 항상 벗겨두세요. 어차피 초등 시기에 닳도록 보려고 샀으니 가까이 두고 자주 보게 하는 것 이상의 방법이 없습니다. 아껴서 뭐하나요, 자주 펼쳐보는 게 남는 겁니다. 아이가 주로 책을 읽는 거실이나 책상에 놓아두고 필요할 때마다 쉽게 펼쳐보게 하면 됩니다.

국어사전 보는 법을 익힌 아이와 사전 빨리 찾기, 비슷한 단어 찾기, 단어를 활용한 짧은 글짓기 등 놀이 형식의 활동을 시도해보세요. 겨우 단어 하나 찾았을 뿐인데 비슷한 말, 반대말, 예문이 고구마 줄기처럼 줄줄이 따라 나옵니다.

어휘 정리를 위한 교재를 활용하는 것도 방법입니다. 아이의 어휘 수준을 대략적으로 점검할 수 있기 때문에 '모르고 있는 줄 몰랐던' 어휘를 발굴하는 데 유용합니다. 4학년까지는 독서·대화 등을 통해 자연스럽게 어휘 노출을 늘리는 데 초점을 맞추되, 5학년부터는 매일 10분씩 정리된 교재를 통해 초등 필수 어휘를 점검하고 보충하는 것이 좋습니다.

어휘 정리용 교재

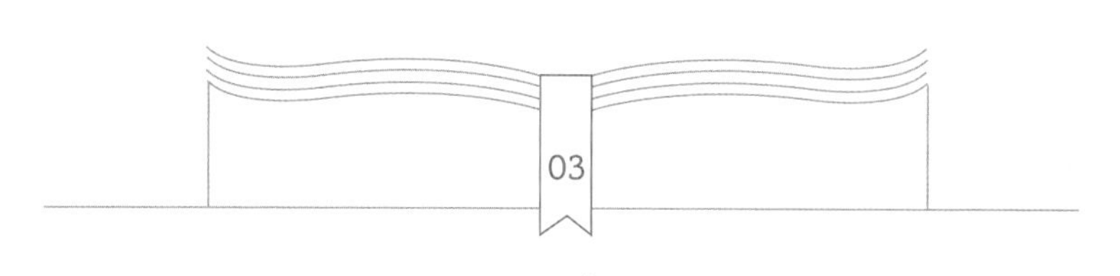

03

수학, 문제를 푸는 방식은 여러 가지다

수학이라…. 수학 얘기를 시작하려는데 벌써 부담스러운 건 기분 탓일까요? 저희만 그런 건 아닐 겁니다. 상담하러 오는 부모님들 대다수가 아이 수학 고민을 털어놓습니다. 수학을 좋아하고 잘하는 초등학생은 드뭅니다.

아이 수학 때문에 답답할 땐 '아이가 수학을 좋아하기는 어렵다, 웬만하면 싫어하는 게 정상이다' 이렇게 생각하면 화가 덜 납니다. 그래야 재촉하지 않습니다. 화내고 재촉해서 잘할 것 같으면 수학 못할 아이는 없습니다. 지금 우리는 화내지 않고 재촉하지 않아도 아이가 알아서 수학 공부를 열심히 하게 하는 방법을 함께 고민해야 합니다.

저(이성종)는 전형적인 문과형 학생이었지만 수학 점수가 괜찮았습니다. 오래 걸리기도 하지만 언젠가 답을 얻을 수 있고, 생각하면 할수록 답에 가까워지는 수학만의 매력을 경험하기도 했습니다. 한껏 꼬아놓은 수학 문제를 마주하면 꼭 풀어내리라 다짐했고, 어떻게든 답을 찾아내려 애를 썼습니다. 문제를 잡으면 끝장을 보려는 공부 습관은 수학에서 시작되었지만 다른 과목을 공부할 때도 도움이 되었고, 지겹고 힘든 입시를 넘는 힘이 되었습니다. 조금 어렵고 오래 걸리면 쉽게 포기하던 성향이 '어디 한번 끝장을 보자'라는 마음으로 변했고, 될 때까지 물고 늘어지는 습관이 생겼습니다.

이게 수학 공부의 유익함이고 혼자 공부에 도전해야 하는 이유입니다. 어렵다 싶으면 바로 질문해서 해결할 수 있는 스타일의 과외·학원 수업으로는 혼자 고민하고 생각해서 해결하는 습관을 만들기가 힘듭니다. 혼자 충분히 시간을 두고 고민하며 문제와 씨름한 후에 도움을 받는 것은 환영이지만, 선후가 바뀌어서는 수학적 사고 능력의 성장을 기대하기 어렵습니다. 교실에서 아이들에게 수학만큼은 혼자만의 공부 시간을 가지라고 강조하는 이유입니다. 푸는 방법을 설명하면 듣고 고개를 끄덕이며 본인이 풀었다고, 푸는 방법을 알고 있다고 착각하고 넘어가는 게 아이들의 흔한 수학 공부법입니다.

그래서 초등 수학의 목표는 단원평가 백 점이 아닙니다. (이렇게 저렇게 따져보니 결국 전 과목의 목표는 단원평가 백 점이 아니네요.) 수학 문제를 붙들고 씨름하는 과정에서 생각하는 습관과 인내심을 키우는 습관이 잡혔다면 지금 받는 점수는 백 점이 아니어도 괜찮습니다. (물론 백 점이면 더 좋고요.) 수학은 기본 개념, 용어, 성질, 공식을 제대로 익혀두면 다른 과목에 비해 공부 시간을 덜 들이면서도 응용하여 해결할 수 있는 여지가 많은 꽤나 흥미로운 과목입니다. 많은 문제를 풀기보다 한 문제를 제대로 풀어내는 습관이 중요한 이유도 여기에 있습니다. 용어의 기본 개념과 성질, 공식을 핵심적으로 가장 잘 설명하는 교재는 무엇일까요? 바로 초등 수학 교과서입니다.

수학 교과서와 교육과정

초등 수학 교과서는 개념과 원리를 담은 수학책, 관련 예제 문항들을 수록한 수학 익힘책이 학기당 1권씩 있습니다. 수학 교과서에서는 단원마다 용어의 개념, 성질, 공식 등을 간략히 정리하여 이해하기 쉽게 소개하고 있습니다.

차시가 늘어나면서, 개념과 성질을 확대하고 이를 활용한 문항을 풀며 개념을 익히는 순서로 진행됩니다. 그만큼 기본을 이해하고 다질 수 있도록 잘 구성되어 있는 가장 효율적인 기본서입니다.

초등 수학 교육과정의 영역은 크게 다섯 가지인데요, 수와 연산, 도형, 측정과 확률, 통계, 규칙 찾기입니다. 3학년 1학기 6단원 '분수와 소수'는 수와 연산 영역에 속하고, 6학년 1학기 4단원 '비와 비율'은 측정과 확률 영역에 속한다고 생각하면 쉽습니다.

초등 수학 교육과정 영역별 분류

학년	1학기 단원명	1학기 영역	2학기 단원명	2학기 영역
1	1. 9까지의 수	수와 연산	1. 100까지의 수	수와 연산
	2. 여러 가지 모양	도형	2. 덧셈과 뺄셈(1)	수와 연산
	3. 덧셈과 뺄셈	수와 연산	3. 여러 가지 모양	도형
	4. 비교하기	측정과 확률	4. 덧셈과 뺄셈(2)	수와 연산
	5. 50까지의 수	수와 연산	5. 시계 보기와 규칙 찾기	측정과 확률
			6. 덧셈과 뺄셈(3)	수와 연산
2	1. 세 자리 수	수와 연산	1. 네 자리 수	수와 연산
	2. 여러 가지 도형	도형	2. 곱셈구구	수와 연산
	3. 덧셈과 뺄셈	수와 연산	3. 길이 재기	측정과 확률
	4. 길이 재기	측정과 확률	4. 시각과 시간	측정과 확률
	5. 분류하기	통계	5. 표와 그래프	통계
	6. 곱셈	수와 연산	6. 규칙 찾기	규칙 찾기
3	1. 덧셈과 뺄셈	수와 연산	1. 곱셈	수와 연산
	2. 평면도형	도형	2. 나눗셈	수와 연산
	3. 나눗셈	수와 연산	3. 원	도형
	4. 곱셈	수와 연산	4. 분수	수와 연산
	5. 길이와 시간	측정과 확률	5. 들이와 무게	측정과 확률
	6. 분수와 소수	수와 연산	6. 자료의 정리	통계

학년	1학기	영역	2학기	영역
4	1. 큰 수	수와 연산	1. 분수의 덧셈과 뺄셈	수와 연산
	2. 각도	측정과 확률	2. 삼각형	도형
	3. 곱셈과 나눗셈	수와 연산	3. 소수의 덧셈과 뺄셈	수와 연산
	4. 평면도형의 이동	도형	4. 사각형	도형
	5. 막대그래프	통계	5. 꺾은선그래프	통계
	6. 규칙 찾기	규칙 찾기	6. 다각형	도형
5	1. 자연수의 혼합 계산	수와 연산	1. 수의 범위와 어림하기	수와 연산
	2. 약수와 배수	수와 연산	2. 분수의 곱셈	수와 연산
	3. 규칙과 대응	규칙 찾기	3. 합동과 대칭	도형
	4. 약분과 통분	수와 연산	4. 소수의 곱셈	수와 연산
	5. 분수의 덧셈과 뺄셈	수와 연산	5. 직육면체	도형
	6. 다각형의 둘레와 넓이	도형	6. 평균과 가능성	통계
6	1. 분수의 나눗셈	수와 연산	1. 분수의 나눗셈	수와 연산
	2. 각기둥과 각뿔	도형	2. 소수의 나눗셈	수와 연산
	3. 소수의 나눗셈	수와 연산	3. 공간과 입체	도형
	4. 비와 비율	측정과 확률	4. 비례식과 비례배분	측정과 확률
	5. 여러 가지 그래프	측정과 확률	5. 원의 넓이	도형
	6. 직육면체의 부피와 겉넓이	도형	6. 원기둥, 원뿔, 구	도형

수학 공부의 적정 시간

수학이 부담스러운 이유는 짧은 시간 바짝 공부해서는 실력을 끌어올리기 힘들다는 점입니다. 사회나 과학은 주요 용어, 종류, 특성 등을 급하게 외워서 시험에 대비할 수 있고, 그렇게 벼락치기를 해도 열심히만 하면 어느 정도 점수가 보장됩니다. 또, 영역마다 개별적으로 실력을 올리는 것도 가능합니다. 3학년 사회 시간에는 우리 고장에 관심 없고 지루해하던 아이가 6학년 사회에서 역사 영역을 만나 훨훨 날아다니는 것처럼 말이죠.

하지만 수학은 초등 과정부터 고등 과정까지 모든 과정이 '계단식+나선형'으로 구성되어 있어 그 계단 중 어느 한 곳에 공백이 생기면 다음 단계에 대한 이해와 적용이 힘들어집니다. 제 학년에서 익혀야 할 개념과 내용을 제대로 완성하지 않은 채로 선행 학습을 하는 게 소용없는 이유입니다.

3학년 때 한 자릿수 나눗셈을 못하는 아이는 4학년 때 두 자릿수 나눗셈과 세 자릿수 나눗셈을 할 수 없고, 직사각형의 개념과 성질을 모르는 아이가 사다리꼴과 평행사변형을 이해하고 구분하기는 어렵습니다.

모든 공부가 그렇지만 특히 수학을 잘할 수 있는 첫 번째 비결은 '꾸준히'입니다. 정해진 시간 동안 계획대로 묵묵하고 성실하게 공부해야 합니다. 이것 말고는 왕도가 없다고 생각해도 과언이 아닙니다.

꾸준히 하는 습관이 어느 정도 자리가 잡히면 학년이 오를수록 문제 푸는 시간을 늘려가야 합니다. 친구도 오래 부대끼고 자주 어울릴수록 더 친해지듯, 수학과도 부대끼며 시간을 쌓아나가면 거부감이 줄며 만만하다 느껴지는 시기가 옵니다.

초등 시기에 혼자 고민하며 수학 공부에 할애할 최소 시간을 제안합니다. 이 시간은 절대적인 기준은 아니지만, 아이들의 평균 발달 수준에 따라 권장하는 최소한의 공부 시간입니다. 이 시간은 스스로 고민하며 공부하는 시간을 의미하며, 평일에 학원·과외·학습지·인터넷 강의 등으로 수업 받는 시간은 포함하지 않습니다.

수학 혼자 공부 권장 시간과 분량

시간 \ 학년	1·2학년	3·4학년	5·6학년
공부 시간	15~20분	30~40분	1시간 이상
복습 분량	1쪽	2쪽	4쪽
복습 교재	기본	기본, 심화(선택)	기본, 심화, 선행(선택)
연산 분량	1쪽	1쪽	1쪽

수학 자기주도 공부법

아이가 수학을 주도하기 위한 몇 가지 방법을 소개합니다. 다양한 방법을 꾸준히 적용해보고 성공해본 경험들을 토대로 아이만의 효과적인 방법이 자리 잡을 수 있음을 기억하세요.

풀이 과정은 공책에 정리하기

수학의 모든 영역에서 연산 과정은 필수이기 때문에 문제집과 시험지 곳곳에 풀이의 흔적이 남습니다. 이렇게 빈 공간마다 산만하게 풀어놓는 습관을 고쳐야 합니다. 풀이용 수학 공책을 정하여 공책 정리하듯 풀이 과정을 적으면서 공부하는 연습을 해야 합니다.

공책에 정리하며 풀면 논리적인 사고의 흐름에 따라 정리하게 됩니다. 풀이 과정을 머릿속으로만 떠올리지 않고 눈으로 확인할 수 있어 더 효율적인 해결 방법을 떠올리게도 합니다. 또한 제대로 풀었는지 확인하는 검산 시간을 줄일 수 있으며 틀린 부분을 빠르게 찾아내고 수정할 수 있습니다.

이 방법이 자리 잡으면 서술형 문항을 따로 연습할 필요도 없습니다. 처음엔 번거롭고 오래 걸리지만 하다보면 오히려 효율적입니다. 더불어 정확한 공부 습관까지 기를 수 있습니다.

다음은 6학년 2학기 4단원 '비례식과 비례배분'(측정과 확률 영역)에 나오는 문제를 푼 공책입니다. 처음에는 다들 왼쪽처럼 풉니다. 익숙하지 않아서입니다. 오른쪽처럼 푸는 습관을 들여야 합니다.

제시 문제 사과가 12개에 5,000원입니다. 이 사과 18개의 가격은 얼마입니까?

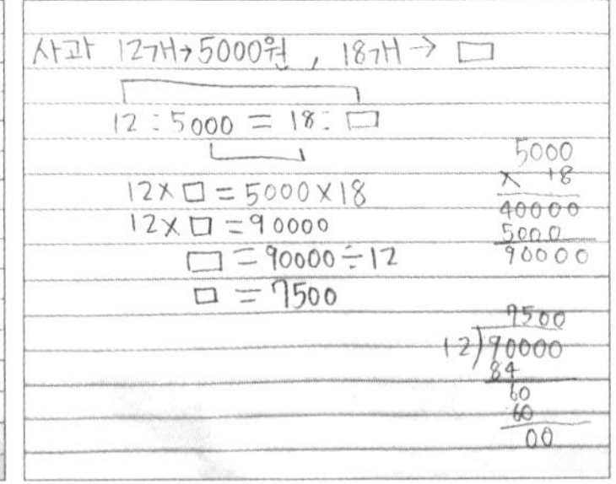

산만한 풀이 과정

잘 정리된 풀이 과정

문제의 조건에 표시하면서 읽기

문제와 지문 속에 쓸데없는 내용은 없고, 짧고 간결한 문제에도 필요한 조건은 모두 포함되어 있습니다. 모든 과목에 해당하는 말이지만 특히 수학에서는 제시된 조건 찾아내기가 중요합니다. 그래서 문제의 조건에 표시하면서 읽는 습관이 성적을 좌우할 정도의 결정적인 습관이 되기도 합니다.

수학 문제를 읽으면서 제시하는 조건이 나오면 바로 동그라미를 쳐 구분하고, 중요한 내용이 나오면 밑줄을 그어 구분하는 습관을 들여야 합니다. 문제를 대충 빠르게 읽고 급하게 풀기 시작하는 아이, 아는 내용인데도 문제를 착각하거나 빠트려서 실수가 잦은 아이라면 효과가 확실한 방법입니다.

이렇게 구분하고도 대충 읽고 실수하는 아이라면 문제를 소리 내어 천천히 읽는 습관도 도움이 됩니다. 물론 실제 시험 시간에 적용하면 안 되는 방법이기에 버릇이 되지 않도록 적당히 조절해주세요.

> 서영이네 학교에서 독서 골든벨이 열렸습니다. 남학생 140명, 여학생 120명이 참가하여 예선을 통과한 학생은 남학생 100명, 여학생 90명이었습니다. 남학생과 여학생 중에서 참가한 학생 수에 대한 예선을 통과한 학생 수의 비율이 더 높은 쪽은 어느 쪽입니까?

문제 속 조건 찾아 표시하기 예시

여러 가지 방법으로 해결하기

수학의 매력 중 하나는 문제를 해결하는 방법이 하나가 아니라는 점입니다. 처음으로 덧셈을 시작한 아이가 2+3을 놓고 손가락을 접었다 펼치며 답을 찾고, 귤 두 개와 세 개를 모아보다가 나중에는 머릿속 생각만으로 5라는 답을 찾아내는 모습을 본 적이 있을 겁니다. 구체물에서 추상화로 옮겨가는 과정에는 여러 방법이 있듯, 학년이 올라가면서 만나는 복잡한 문제일수록 정답으로 가는 방법이 더욱 다양합니다.

한 문제를 하나 이상의 다양한 방법으로 풀기 위해서는 먼저 용어·개념·원리를 정확히 알아야 하고, 이것을 통해 문제를 바르게 이해한 후 다양한 시각과 방법으로 해결하는 능력을 길러가야 합니다.

여러 가지 문제 해결 예시 1

4학년 2학기 1단원 '분수의 덧셈과 뺄셈'(수와 연산 영역)에는 "$2\frac{1}{4}+3\frac{2}{4}$를 구하시오."라는 문제가 나옵니다. 이 문제는 두 가지 방법으로 풀이 할 수 있습니다. 이를 위해 '대분수($2\frac{1}{4}$)는 자연수와 분수($2+\frac{1}{4}$)로 나눌 수 있다'는 걸 알고 있어야 합니다.

한 문제를 여러 방법으로 풀이한 예시 1

문제	$2\frac{1}{4}+3\frac{2}{4}$ 를 구하시오.
방법 1	• 자연수끼리 더하고 진분수끼리 더해서 합하는 방법 $(2+3)+(\frac{1}{4}+\frac{2}{4})=5+\frac{3}{4}=5\frac{3}{4}$
방법 2	• 대분수를 가분수로 만들어 계산하는 방법 $\frac{9}{4}+\frac{14}{4}=\frac{23}{4}=5\frac{3}{4}$

여러 가지 문제 해결 예시 2

6학년 2학기 4단원 '비례식과 비례배분'(측정과 확률 영역)에 나오는 비례배분 문제는 아래와 같이 세 가지 방법으로 풀 수 있습니다.

한 문제를 여러 방법으로 풀이한 예시 2

문제	• 수확한 감자가 80개 있습니다. 동하와 하늘이가 4:4의 비율로 비례배분을 한다면 하늘이는 몇 개의 감자를 가지게 되나요?
방법 1	• 동하와 하늘이의 비를 합해 감자의 개수를 나눈 후 하늘이의 비인 4를 곱해 개수를 구하는 방법 **4+4=8, 80÷8=10, 10×4=40개**
방법 2	• 비를 약분하여 최소한의 비로 나타낸 후 푸는 방법 **4:4 = 1:1 → 40개씩**
방법 3	• 같은 수를 곱해 비의 합이 전체 감자의 개수가 되도록 푸는 방법 **4(×10) : 4(×10) = 40 : 40**

수학 교과서는 문제를 푸는 다양한 방법을 제시하고 연습할 수 있도록 안내하고 있습니다. 가장 빠르고 효과적인 방법을 하나만 알려주면 될 것 같은데 굳이 여러 가지 방법을 소개하느라 지면을 할애합니다. 그 이유는 수학적 원리를 다양하게 경험하고 고민할 기회를 제공하기 위해서입니다.

문제집을 풀고나서 채점할 때는 맞힌 문제도 정답지의 풀이 방법을 확인할 필요가 있습니다. 전문가의 풀이를 보면서 논리적이고 효율적으로 최적화된 풀이 방법을 배울 수 있고, 보다 효과적인 사고 과정을 익힐 수 있어서 서술형 풀이를 할 때도 도움이 됩니다.

아이가 문제집을 풀다가 모르는 문제가 있을 때는 바로 정답지의 풀이를 확인하게 하지 말고 하루 이틀 고민할 시간을 주는 것도 좋은 방법입니다. 전혀 안 풀리던 문제였는데 며칠 후에 다시 보면 실마리가 떠올라 해결하기도 합니다. 새로운 문제를 많이 풀어보는 것도 중요하지만, 안 풀리는 문제를 깊이 고민해보고 마침내 해결해보는 과정이 더욱 의미 있습니다.

고민하는 아이가 도움을 청하면 풀이의 열쇠가 될 만한 힌트를 조금 주는 것도 괜찮고요, 힌트를 줘도 해결하지 못한다면 비슷한 유형의 쉬운 문제를 먼저 풀어보게 하는 것도 괜찮은 방법입니다.

관련 개념끼리 관계 짓기

수학은 학년 간 교육과정이 긴밀하게 연결되어 있어서 한 번 나온 개념이 다음 학년에 조금 더 확장되고 심화됩니다. 학년마다 등장하는 개념과 성질 간의 관계를 잘 쌓아 정리해두면 효과적으로 개념화하기 쉽고, 중·고등 수학의 기초를 다지는 데 도움이 됩니다.

3학년 2학기 4단원 '분수'에서 배운 개념이 4학년 2학기 1단원 '분수의 덧셈과 뺄셈'에서 사용됩니다. 3학년에서 분수의 개념을 제대로 이해하지 못한 채로 4학년에서 배우는 분수의 사칙연산을 할 수는 없습니다.

마찬가지로 수와 연산 영역인 5학년 2학기 2단원 '분수의 곱셈'이 측정과 확률 영역인 6학년 2학기 4단원 '비례식과 비례배분'과 어떻게 연계되는지 알 수 있습니다.

단원	5학년 2학기 2. 분수의 곱셈 6학년 2학기 4. 비례식과 비례배분
영역	**수와 연산** / 도형 / **측정과 확률** / 통계 / 규칙 찾기
예시	• 비와 분수(비율)는 서로 변환할 수 있기 때문에 함께 기억합니다. $2:3=\frac{2}{3}$ • 카드 5장을 산이와 룬이에게 2:3의 비율로 비례배분할 때 **산이 : $5\times\frac{2}{5}$ = 2장, 룬이 : $5\times\frac{3}{5}$ = 3장**

문제 만들기

가장 효과적인 공부법 중 하나로 다른 사람에게 설명하기를 꼽습

교과서를 바탕으로 낸 문제의 예시 1

단원	3학년 1학기 5. 길이와 시간
영역	**수와 연산** / 도형 / **측정과 확률** / 통계 / 규칙 찾기
예시	• 규원이는 토요일 아침 9시 35분에 일어났습니다. 토요일마다 하는 아이패드 게임을 신나게 30분간 했습니다. 게임을 마치고 난 시각은 언제입니까? 풀이 과정 : 9시 35분 + 30분 = 9시 65분 = 10시 5분

교과서를 바탕으로 낸 문제의 예시 2

단원	6학년 1학기 4. 비와 비율
영역	수와 연산 / 도형 / **측정과 확률** / 통계 / 규칙 찾기
예시	• 힘찬이는 이번 블랙프라이데이에 게임기를 사려고 합니다. PS4와 닌텐도 스위치 게임기 중 더 가격이 저렴한 것으로 구입하려고 하는데, 각 게임기의 할인율은 아래와 같습니다. 힘찬이는 어떤 게임기를 얼마에 구입했을까요?

구분	PS4 슬림	닌텐도 스위치
정가	328,000원	335,000원
할인율	25%	28%

풀이 과정 : PS4 슬림: 328,000원 - (328,000원 × $\frac{1}{4}$) = 246,000원
닌텐도 스위치: 335,000원 - (335,000원 × $\frac{7}{25}$) = 241,200원

닌텐도 스위치가 PS4 슬림보다 4,800원이 저렴함
따라서 닌텐도 스위치를 241,200원에 구입함

니다. 저희는 학창 시절에 수학을 그리 좋아하지 않았습니다. 교사가 되어 아이들을 가르치면서 다양한 방법으로 설명하고 이해시키기 위해 노력하다보니 수학의 재미와 묘미를 깨닫게 된 경우입니다.

아이가 친구나 가족에게 문제 푸는 방법을 설명해주는 것은 효과적인 수학 공부법이고요, 아이가 직접 문제를 만들고 풀어보는 것도 좋습니다. 이런 방식의 공부는 그 단원의 핵심을 출제자 수준의 관점에서 파악하도록 돕고 내용을 보다 깊이 이해할 수 있게 합니다.

수학 개념 공책

수학을 잘하려면 교과서 속 용어의 정의와 성질, 공식 같은 기본 개념을 잘 이해해야 합니다. '무엇인지'를 알아야 '어떻게 해결할지'에 관한 고민을 시작할 수 있기 때문입니다. 수학이 어렵다는 아이는 교과서에 나온 용어의 성질과 공식을 제대로 이해하지 못하고 있을 가능성이 높습니다.

수학 용어는 사람 이름처럼 마음대로 바꿀 수 없는 이름입니다. 국어나 영어에서는 비슷한 다른 단어로 표현하기도 하고, 사전적으로 정확한 뜻이 아니더라도 의미 전달에 크게 문제되지 않으면 넘어가지만 수학은 다릅니다. 정확한 의미를 담은 한 가지 용어만 사용하고, 그 성질을 이해하는 과정이 필수입니다. 성질을 이해하고 있어야 성질을 이용해 바꿔보고 뒤집어보는 응용도 가능해집니다.

그래서 개념 정리가 핵심입니다. 개념은 이미 수학 교과서에 잘 정리되어 있지만 수학 개념을 공책에 따로 정리해보면 이해하고 암기하는 데 효과적입니다. 교과서에는 흩어져 있는 개념을 나만의 공책으로 정리하는 겁니다.

나만의 개념 교과서를 만든다고 생각하면 좋습니다. 말 그대로 '나만의' 개념 교과서이므로 교과서에 나온 말을 그대로 옮겨 적기보다는 내가 이해한 말로 요약해서 정리하면 좋습니다. 더 나아가 관련된 다른 단원의 내용도 함께 정리해두면 여러 가지 성질과 원리가 복합적으로 구성된 문제를 해결하는 데에 도움이 됩니다.

개념 공책 정리법

방법은 어렵지 않습니다. 수학 교과서에 정리된 용어, 정의, 성질, 방법이 나온 글과 그림을 찾아 표시하게 합니다. 이 과정에서 아이는 배운 내용을 가볍게 복습하고 중요한 내용을 찾는 연습을 합니다. 친절하게도 교과서에는 중요한 내용이 글 상자 안에 들어 있거나 눈에 띄는 색으로 표시되어 있습니다. 몇 번 반복하다보면 핵심 개념을 빠르게 찾아냅니다. 이쯤 되면 형광펜으로 굳이 표시하지 않고도 바로 쓸 정도가 됩니다.

중요 개념을 확인한 후, 그대로 베껴 적지 말고 이해한 대로 정리해서 나만의 방식으로 정리해보라고 하세요. 처음에는 교과서 문장을 그대로 옮겨 적거나 수학 일기인가 싶을 정도로 교과서 문장보다 더 장황하게 쓰기도 합니다. 하지만 차츰 요약하고 정리하는 법을

익혀갑니다.

처음 얼마간은 그대로 잘 베껴서 정리하는 것도 나쁘지 않습니다. 그러다가 점점 더, 간단하고 정확하게 요약하고 싶어 자기만의 방법을 고민합니다. 요령을 피우는 게 아니라 더 효율적인 방법을 찾아가는 사고 과정입니다. 예시를 들어 살펴보겠습니다.

수학 개념 공책 예시 1

교과서	3학년 2학기 64, 65쪽
관련 단원	3. 원
영역	수와 연산 / **도형** / 측정과 확률 / 통계 / 규칙 찾기
용어	원
정의	한 점으로부터 평면상 같은 거리에 있는 모든 점으로 이루어지는 곡선
성질	• 직선이 아닌 곡선으로 이루어져 있습니다. • 입체가 아닌 평면도형입니다. • 한 점(원의 중심)부터 선까지의 거리는 모두 같습니다. • 원의 지름은 원을 둘로 똑같이 나눕니다. • 지름은 원 안에 그을 수 있는 가장 긴 선분입니다. • 한 원의 지름(반지름의 2배)과 반지름은 무수히 많습니다. 원의 지름 / 원의 반지름

앞의 예시에서는 용어·정의·성질을 나눠서 정리했지만, 처음 시도할 때는 아래와 같이 개념을 한꺼번에 정리해도 좋습니다. 교과서 내용을 그대로 보고 베끼는 게 아니라면 어떤 식이든 괜찮습니다. '자기만의 언어와 형식으로 요약해서 정리한다'만 지켜지면 됩니다.

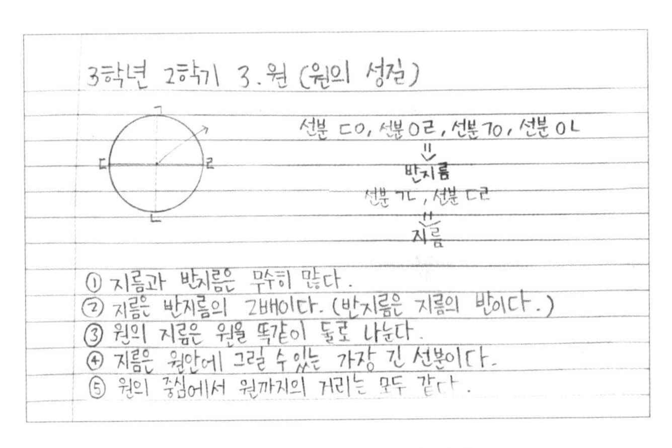

3학년 2학기 원의 성질 개념 정리

수학의 높은 계통성은 개념 공책 정리에도 적용됩니다. 3학년 1학기에 나오는 '평면도형'은 4학년 2학기의 '사각형'과 5학년 2학기의 '직육면체'로 이어집니다. 개념 공책에 도형이라는 영역을 만들어두면 나중에 다시 공부하기가 훨씬 쉽습니다. 개념을 정리할 때 도형, 측정과 확률, 통계처럼 시각화가 필수인 영역은 예시 그림을 그려둬야 공책만 보고도 바로 이해할 수 있습니다.

3학년 1학기 수학 교과서 28쪽에 해당하는 2단원 '평면도형'은 다음과 같이 정리해서 요약한 후, 학년이 올라갈 때마다 덧붙여 정리할 수 있습니다.

수학 개념 공책 예시 2

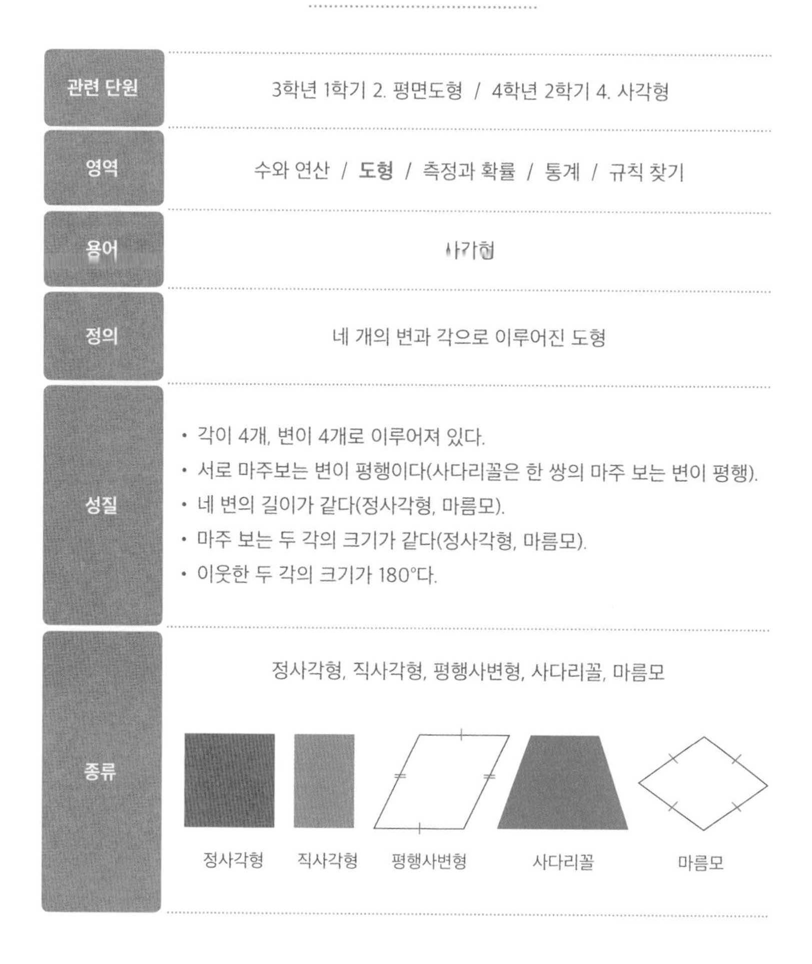

관련 단원	3학년 1학기 2. 평면도형 / 4학년 2학기 4. 사각형
영역	수와 연산 / **도형** / 측정과 확률 / 통계 / 규칙 찾기
용어	사각형
정의	네 개의 변과 각으로 이루어진 도형
성질	• 각이 4개, 변이 4개로 이루어져 있다. • 서로 마주보는 변이 평행이다(사다리꼴은 한 쌍의 마주 보는 변이 평행). • 네 변의 길이가 같다(정사각형, 마름모). • 마주 보는 두 각의 크기가 같다(정사각형, 마름모). • 이웃한 두 각의 크기가 180°다.
종류	정사각형, 직사각형, 평행사변형, 사다리꼴, 마름모 정사각형 직사각형 평행사변형 사다리꼴 마름모

다음은 6학년 1학기에 등장하는 개념인 비와 비율을 정리한 예시입니다. 처음 나오는 개념이라 아이들이 많이 헷갈려 하는 부분입니다.

수학 개념 공책 예시 3

관련 단원	6학년 1학기 4. 비와 비율 (76쪽)
영역	수와 연산 / 도형 / **측정과 확률** / 통계 / 규칙 찾기
용어	비, 비율
정의	• 비 : 두 수를 나눗셈으로 비교하기 위해 기호(:)를 사용하여 나타낸 것 • 비율 : 둘 이상의 수를 비교하여 나타낼 때 그중 한 개의 수를 기준으로 하여 나타낸 다른 수의 비교 값 예) 집에 개가 1마리, 고양이가 2마리일 때 개의 비율 개 : 고양이 = 1 : 2
성질	• 앞에 있는 수는 비교하는 양, 뒤에 있는 수가 기준량이다. • 비를 읽는 네 가지 방법 예) 2:1 → 2 대 1, 2와 1의 비, 2의 1에 대한 비, 1에 대한 2의 비 • 비의 전 항과 후 항에 0인 아닌 같은 수를 곱하거나 나누어도 비율은 같다. • 비율은 분수나 소수의 형태로 나타낼 수 있다. 비교하는 양 : 기준량 = $\frac{\text{비교하는 양}}{\text{기준량}}$

개념 공책 활용하기

개념 정리에서 끝나지 않도록, 이왕 정리한 공책을 더 효율적으로 활용할 방법을 소개합니다.

공책 정리가 끝나면 각 성질에 '왜?'를 붙여보게 하세요. 왜 그런지 질문하는 것으로 시작하되, 점차 아이 스스로 '왜?'라고 물어보고 답하기 위해 노력하도록 유도하는 겁니다.

예를 들어, '분모와 분자의 수가 같으면 값이 1이다'라는 개념을 정리해놓았다면 "왜 분모와 분자의 수가 같으면 1이 되는 걸까?"라고 물으면 됩니다. 아이에 따라 '분모와 분자가 약분되기 때문에 1이 된다' 또는 '분수는 분자÷분모의 개념이기 때문에 1이 된다'와 같이 개념 정리를 할 겁니다.

'왜?'라는 질문을 부담스러워하는 아이라면 '예를 들어 설명해줄 수 있어?'라고 묻는 방법도 있습니다. 개념을 제대로 이해하고 있는지, 그저 공책에 예쁘게 정리만 해놓은 건지 어느 정도 파악할 수 있습니다.

당연히 어설프고 부족할 겁니다. 괜찮습니다. 어느 정도 개념이 잡힌 답이라면 충분히 칭찬해주고, 여전히 오개념을 가지고 있다면 함께 이야기하며 가볍게 수정하면 됩니다.

개념 공책을 활용하는 적정 시기

부모님들께 교과서 내용을 바탕으로 정리한 개념 공책의 예시를 보여드리면 아이들이 이걸 할 수 있을지 의아해합니다. 네, 당연히 잘 못합니다. 아이들도 처음 설명을 들으면 이게 뭔 말인가 싶어 눈만 굴립니다. 그래서 저학년(1~2학년)은 권하지 않습니다. 정리해야 할 개념도 많지 않고, 글씨 쓰기가 힘들어 일기 쓰는 것도 벅찬 나이입니다.

첫 시도는 3학년 이후가 효과적입니다. 학교에서 수학 수업이 있는 날, 그러니까 수학에서 새로 배운 개념이 있는 날 처음으로 시도하면 수월하고 보다 의욕적입니다.

물론 처음에는 도움이 필요하겠지요. 모든 내용을 잘 정리하진 못할 거예요. 간혹 잘 정리한 문장이 나오거나 잘 정리한 그림이 나올 때가 있습니다. 그때 듬뿍 칭찬해주세요.

처음에는 시간이 꽤 오래 걸리지만 반복하다보면 어느새 교과서를 휙휙 넘기며 머릿속으로 정리하고 바로 글로 정리하거나 도식화하기도 합니다. 그날 수업을 5분 만에 정리하기도 하는데 결과물만 보면 이전에 30분 동안 정리한 것보다 훨씬 나을 겁니다.

수학 문제집 활용법

수학 교과서와 학교 수업은 기본 개념을 충실히 알게 하는 게 목표입니다. 수업 시간에는 아이들에게 개념을 충분히 설명하고, 개념을 적용해보고, 문제를 풀게 합니다. 개념을 정확히 이해·적용·활용하는지 한 명 한 명 확인할 수 있으면 좋겠지만 쉽지 않습니다. 그 역할을 하는 보조 교과서인 《수학 익힘》이 있지만 문제 수가 적고 수준이 평이하여 복습을 위한 문제집이 별도로 필요합니다.

문제집을 고르기 전에 먼저 아이의 수학 실력을 점검해야 합니다. 아이의 수학 실력은 단원평가 점수와 수학 익힘책 점수로 확인합니다. 이 두 가지가 70점 이하라면 시중 문제집을 푸는 것이 큰 효과가 없습니다. 특히 수학 익힘책에 담긴 문제는 기본 중 기본이기 때문에 수학 익힘책 점수가 70점 이하라면 개념을 이해하지 못하고 있을 가능성이 높습니다. 교과서 속 개념으로 돌아가 그것부터 꼼꼼하게 점검하고 수학 익힘책을 다시 풀게 하는 것이 우선입니다.

수학 문제집 선택 기준

수학 문제집은 크게 기본, 심화, 응용, 연산, 사고력으로 구분됩니다. 한 학기 내용을 다루는 문제집의 종류가 이렇게나 많습니다. 초등학생을 둔 부모라면 누구나 아이 수학 문제집을 어떤 것으로 골라야 할지 주변에 묻거나 혼자 고민해본 경험이 있을 겁니다. 어떤 기준으로 선택하면 좋을지 이야기해보겠습니다.

복습용 문제집은 기본 문제집 1권과 심화 문제집 1권을 추천하지만, 아이 수준에 맞게 조정하면 됩니다. 출판사마다 기본-유형-응용-심화 형식으로 라인업되어 있습니다. 같은 출판사 라인업을 따라가면 편하지만 단계마다 아이 마음에 드는 것으로 선택해도 상관없습니다. 3~4학년 시기에 이것저것 풀다보면 자신에게 잘 맞는 문제집을 고르는 눈도 생깁니다.

먼저 분량입니다. 교과서에 이미 다 정리된 내용을 장황하고 자세하게 설명하는 두꺼운 문제집은 아이를 질리게 합니다. 학습량을 늘리고 싶은 마음에 두꺼운 문제집으로 시작했다가 아이에게 수학에 대한 부정적인 감정을 갖게 하고 결국 다 못 풀었다는 실패의 경험만 더하는 경우가 있습니다. 욕심날수록 얇은 문제집을 추천합니다. 더 두껍고 문제 유형이 다양한 문제집은 아이의 공부 습관이 일정하게 유지되고 스스로 해보려는 의욕을 보일 때 시도하면 됩니다.

난이도도 고려해야 합니다. 쉬운 문제부터 차근차근 풀면서 성취감이 쌓이도록 도와야 합니다. 성취감은 자신감으로 이어지고, 자신감은 공부를 지속할 수 있게 하는 원동력이 됩니다. 아이에게 과한 수준의 문제는 개념을 단단히 하고 이해를 돕는 것이 아니라 공부 의욕만 떨어트릴 뿐입니다.

기본 문제집

개념을 충분히 이해하고 있는 아이라면 단원평가와 수학 익힘책에서 틀리는 문제가 거의 나오지 않습니다. 간혹 실수로 한두 문제 틀릴 수는 있지만, 실수가 반복된다면 그 또한 실력입니다. 쉽게 척척 풀어내는 기본 문제를 계속해 반복하는 것은 시간 낭비입니다. 기본적이고 쉬운 문제에 어느 정도 적응했다면 난도 높은 문제에 꾸준히 도전하도록 도와주세요.

저희에게 수학 기본 문제집을 추천해달라고 하시는 경우가 종종 있지만 추천하지 않는 편입니다. 시중의 기본 문제집은 내용, 구성, 문제 수준이 크게 차이 나지 않기 때문입니다.

저희는 아이들 수학 문제집을 사러 가면 문제 풀 당사자인 아이에게 고르라고 합니다. 오프라인 서점에 가서(동네 작은 서점에도 수학 문제집은 다양하게 구비되어 있어요) 대여섯 가지 정도를 펼쳐놓고 그중 한 권을 고르라고 하죠. 아이에게 '풀어보고 싶다'라는 마음이 들게 만드는 문제집이 내 아이에게 가장 좋은 문제집입니다.

기본서를 선택할 때는 개념이 잘 정리되어 있는가에 초점을 두세요. 학원 수업을 병행한다면 학원에서 지정해준 문제집을 활용하겠지만, 아이 혼자 풀 때는 문제 수가 많은 것보다 개념 이해를 기본으로 한 문제집이 좋습니다. 시중에 나온 문제집을 살펴보겠습니다.

수학 복습용 기본 문제집 (★은 난이도로 개수가 많을수록 높음)

《만점왕》,《우공비》,《우등생》 수학은 표지에 있는 큼지막한 캐릭터가 친숙해 아이들이 좋아합니다. 가볍게 시작하고 끝내기 좋습니다.《해결의 법칙》은 개념-유형,《큐브 수학》은 개념-실력의 단계로 구분되어 있습니다. 수학 익힘책 정답률이 만점에 가깝다면 중간 단계에 해당하는 유형과 실력 문항으로 구성된 문제집이 적당합니다. 디딤돌 역시 원리-기본-응용-문제 유형의 단계가 있고요, 이 중《기본+응용》을 기본서로 선택하는 경우가 많습니다.《쎈》은 기본서이자 유형서로 문제 수가 가장 많습니다. 비상교육의《개념+유형》은 개념 책과 진도 책이 따로 있는 게 특징입니다. 사교육 수업 없이 아이 혼자 문제집으로 복습·예습·선행할 때는 해당 진도의 EBS 강좌를 들으며 진도를 나갈 수 있는《만점왕》 시리즈도 좋습니다.

심화 문제집

기본서 내용과 같은 진도지만 더 어려운 문제를 담고 있는 문제집입니다. 기본 개념을 확인하는 정도의 기본 문제에서 한 단계 심화된 문제를 풀어보는 건 효과적인 수학 공부 방법이지만 당장 모든 아이에게 효과적인 방법은 아닙니다. 우리 아이가 심화 문제집에 도전해봐도 될까 고민 중이라면 몇 가지 기준을 알려드리겠습니다.

1~2학년은 기본 문제집만으로 충분합니다. 심화 문제를 풀 여유가 있다면 독서 시간을 늘리는 게 장기적이고 영리한 전략입니다.

3학년이 되었고 기본 문제집의 정답률이 지속적으로 80%가 넘는다면, 더 어려운 문제에 도전해볼 만한 아이의 의지·시간·공부 습관이 있다면 심화 문제집은 도약을 위한 발판이 됩니다.

반대로 배운 내용을 복습했는데 교과서(수학 익힘)와 기본 문제집을 수월하게 풀어내지 못한다면(정답률 80% 이하) 심화 과정은 도움이 되지 않습니다. 이 경우 아이의 의지가 강하다면 시도하는 것 자체는 나쁘지 않지만 연속된 오답으로 좌절할 가능성이 높습니다. '다들 하니까 따라가보자'라는 마음으로 시작했다간 얻는 것보다 잃는 게 더 큽니다.

심화 문제집 역시 종류별로 약간씩 난이도 차이가 있지만 내용·구성의 차이는 크지 않습니다.

수학 복습용 심화 문제집

심화 문제집 역시 아이가 직접 선택해도 충분합니다. 기본 문제집만 풀어온 아이라면 심화 문제집을 처음 풀 때 한동안 힘들어할 수 있어요. "이 정도는 다 푼다더라", "뭐가 어렵다고 그래"라는 말은 도전하려는 아이의 의지를 꺾기 쉽겠지요.

심화 문제집을 처음 풀 때는 문제의 양보다 질에 집중하세요. 하루 한 문제만 풀어도 좋습니다. 다만 최대한 오래 고민하며 생각할 기회를 주되 정답률이 계속 낮다면 단계 조정이 필요합니다.

심화 문제집을 처음 푸는 아이라면 난이도가 기본과 심화의 중간 단계인《최상위 수학 S》를 추천합니다. 한 번만 더 생각해보면 풀 수 있는 난이도의 문제에 도전하면서 성취감을 올리고, 그렇게 경험한 성취감을 바탕으로 자기주도공부의 바탕을 단단히 다져주는 것이 심화 문제집의 진짜 역할이니까요.

수학 복습 문제집 난이도별 활용 순서

기본 → 심화

만점왕 우공비 우등생 해법 수학 디딤돌 기본 큐브 수학 S(개념) 해결의 법칙(개념)	쎈 디딤돌 기본+응용 큐브 수학 S(실력) 해결의 법칙(유형)	큐브 수학 S(심화) 해결의 법칙(응용) 최상위 수학 S	최상위 탑 최고수준 최상위 쎈 최상위 수학
★★	★★★	★★★★	★★★★★

연산 문제집

수학을 잘하는 아이건 못하는 아이건 연산 문제집은 초등학생에게 필수입니다. 매일 하루 5분 혹은 한 쪽 정도면 충분하지만 꾸준히 지속해야 합니다. 연산 문제집은 기본 문제집과 마찬가지로 가능하면 얇은 걸 골라 빠르게 끝내 성취감을 느끼게 해주세요.

첫 1년 정도만 함께 해주면, 저학년이라도 풀고 채점하고 오답을 확인하여 다시 푸는 것까지 전 과정을 혼자 힘으로 할 수 있습니다. 그래서 자기주도공부를 시작할 때 가장 먼저 독립을 시도하는 영역이 연산입니다. 연산을 혼자 할 수 있는 아이는 다른 영역도 하나씩 스스로 할 수 있고 그렇게 점점 자기주도공부가 완성되어 갑니다.

연산 문제집을 선택하는 기준은 크게 두 가지입니다. 첫 번째는 학년에 맞춰 푸는 방법입니다. 아이가 4학년 1학기 수학을 하고 있다면 연산 문제집도 진도에 맞춰 4학년 1학기 문제집을 풀게 하면 됩니다. 대개 하루 한두 쪽씩 풀면 한 학기 안에 끝낼 수 있도록 구성되어 있습니다.

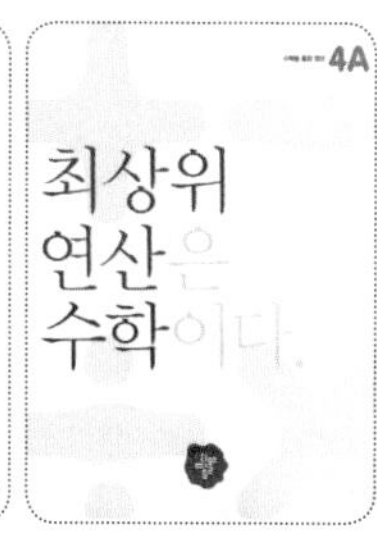

학기별 연산 문제집

두 번째는 선택하는 데 신경이 쓰이긴 하지만 조금 더 효과적인 방법입니다. 연산 영역 중 유난히 약한 곳을 집중적으로 연습하는 방법입니다. 힘든 영역을 파악하고 보완해야 하므로 부모가 세심하게 챙겨야 하지만 부족한 부분을 집중적으로 메울 수 있어 결과는 만족스럽습니다. 기본이 되는 사칙연산의 네 영역은 물론 구구단, 분수, 도형 같은 세부 영역으로 구분되어 있어 집중적인 연습이 가능합니다.

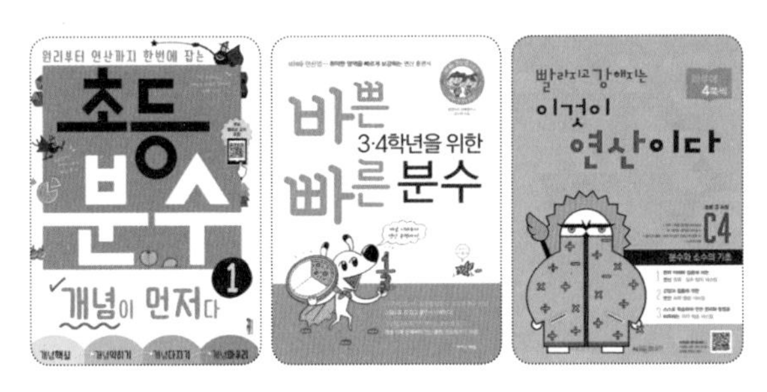

영역별 연산 문제집

사고력 수학 문제집

영재원이나 경시대회가 부각되면서 사고력 수학 문제집에 관한 관심이 높아지고 있습니다. 교육청/대학 부설 영재원을 준비한다면 수학과 관련한 책을 다양하게 보는 것이 도움이 됩니다. 실제로 학원을 가거나 문제집을 많이 풀어본 아이보다 수학 자체를 좋아해서 수학 관련 책을 많이 읽는 아이들이 합격하는 경우를 종종 보았습니다. 그와 더불어 사고력 수학 문제집은 교과서나 기본 문제집에서 보기 힘든 색다른 유형의 문제를 다루고 있어 수학에 관심이 있는 아이에게라면 유익한 교재가 될 수 있습니다.

흔히 사고력 수학 문제집은 어렵다고 생각하는데 꼭 그런 것만도 아닙니다. 단계별로 차근차근 접근하면 익숙해져서 어렵지 않습니다. 문제를 풀 때 어떤 방식으로 접근할 수 있는지 몇 가지 유형을 안내하고, 풀이도 단계별로 나눠서 접근하는 방식을 연습시키기 때문에 한두 권 정도 풀고나면 아이들도 익숙해져 풀 만하다고 느낍니다. 게다가 문제의 양도 많지 않아 차근차근 들여다보며 푸는 습관을 들이기에 적당합니다.

다만 여러 개념을 조합해서 풀어야 하는 문제와 교과 융합형 문제가 많다보니 독해력이 어느 정도 뒷받침되어야 풀 수 있습니다. 수학 퍼즐 책을 좋아하던 성향의 아이들이 사고력 문제도 선호하는 경향을 보입니다. 놀이하듯 즐겁게 푸는 아이도 있습니다. 하지만 영재원이나 경시대회를 준비하는 게 아니라면 싫다는 아이에게 억지로 풀라고 할 이유가 없습니다. 풀지 않아도 됩니다. 사고력 문제는 좋아하고 관심 보이는 아이에 한해서 풀게 하는 걸 권장합니다.

사고력 수학 문제집

수학 사전

수학 사전은 문제집은 아니지만 수학에 대한 관심과 자신감을 갖게 해주는 괜찮은 책입니다. 수학 용어의 개념만 설명한 게 아니라 초등 수학 교과서 전체에 나온 개념을 종류별·계통별·학년별로 정리한 책이라 필요할 때 찾아보면 유익합니다.

저희도 교실과 집에 수학 개념 사전과 과학 개념 사전을 비치해 두고 잡지 꺼내 보듯 보게 합니다. 국어사전 찾아보듯 활용하기도 합니다.

국어사전은 그때그때 모르는 어휘의 뜻을 찾는 데 쓰지만, 수학 사전은 아무 때고 들여다보면서 낯선 용어에 익숙해지는 용도, 내가 아는 수학 용어를 발견하고 그 개념을 확인하는 용도로 활용하면 유익합니다. 또 중등 수학으로 들어가기 전 단계에서 초등 수학의 개념을 완전히 알고 있는지 최종 확인하는 용도로도 사용할 수 있습니다.

수학 개념 사전

수학 선행 학습

선행 학습에 대한 초등 학부모의 관심과 불안이 점점 더 높아지고 있습니다. 선행 학습을 고민해보기 전에 선행 학습에 대한 개념을 짚어볼 필요가 있습니다.

선행 학습과 예습은 다릅니다. 방학 때 다음 학기 개념 문제집을 풀어보고, 본 학기 들어가서 응용·심화 문제집을 푸는 정도는 예습이라고 합니다. 기본 문제집을 통해 주요 개념을 미리 익힘으로써 수업에 대한 자신감이 생기고요, 학기 중에는 응용·심화 문제를 풀면서 실력을 쌓는 좋은 방법이지요. 물론 아이가 이 과정을 불만 없이 곧잘 따라온다는 전제가 있어야겠지만요.

선행 학습은 보편적으로 현행 진도보다 최소 1~2년 앞선 과정을 의미합니다. 상당한 속도지만 선행 학습이 일반적인 대치동 학원가에서는 2년도 부족하다는 분위기입니다. 초등 4·5학년이 중학 과정을 하는 정도가 평균입니다.

대치동이 대한민국 교육의 기준이 될 수는 없지만 똘똘하다는 아이들이 모여 그 어느 곳보다 열심히 공부하는 곳이다보니 공부에 관심이 높은 부모라면 그들의 속도·분위기·진도를 궁금해하지 않을 수 없습니다. (알고 있어서 나쁠 것 없다는 생각에 저희도 틈날 때마다 그곳을 기웃거립니다.)

현행이냐 선행이냐, 초등학생을 둔 부모라면 누구나 한 번쯤 고민해봤을 겁니다. 현행도 선행도 모든 아이에게 절대적으로 최고의 방법일 수 없습니다. 아이에 따라 다릅니다. 선행 학습에 대한 부정적인 이미지를 모르지 않습니다. '선행' 하면 대학 입시를 위해서 초등학생 때부터 중·고등 수학을 달리는 것이라고 규정짓는데 꼭 그런 것만은 아닙니다.

아이가 초등 과정에서 다루는 내용을 충분히 습득하고 있고, 상위 수준의 수학을 배우기 원한다면 제한하지 않는 것 역시 아이의 수준을 존중하는 학습입니다. 그 과정을 충분히 따라가고 감당할 수 있는 아이에게는 선행 학습도 괜찮은 선택입니다.

수학 머리가 있는 유난히 똘똘한 아이들이 있습니다. 그런 아이들은 다음 진도를 환영하고 빠른 속도에 성취감을 느낍니다. 무리하다 싶은 강도 높은 진도를 소화해냅니다. 그런 성향의 아이들이 상대적으로 많이 모인 곳이 대치동인데요, 그 안에는 맞지 않는 옷을 입고 남들이 뛰니까 따라 뛰는 아이들도 상당히 많다는 점이 선행 학습의 대표적인 부작용이겠지요.

그래서 선행 학습을 결정할 때는 기준과 이유가 분명해야 합니다. 저희가 생각하는 선행 학습의 선택 기준은 '아이가 선행 학습에 대한 의지가 분명하고, 현행 과정의 정답률이 90% 이상인가'입니다.

수학을 그다지 좋아하지도 잘하지도 않으면서 잘 해보고 싶은 의지도 없는 아이를 선행 수업에 등록시켜 진도를 따라가게 하는 것까지는 가능합니다. 하지만 안타깝게도 거기까지인 경우가 많습니다. 진도를 나간 건 분명한데 배운 개념이 기억나지 않고 문제 푸는 법을 모르는 아이들이 너무 많습니다. 억지로 되는 건 없습니다. 그렇게 진도를 나가기 위해 썼던 시간, 노력, 돈 때문에 아이도 부모도 상처를 받습니다.

고민 끝에 기준에 부합함을 확인하고 막상 선행 학습을 시작하면 그래도 걱정은 있습니다. 중학 과정을 공부하는 아이가 초등 수업이 지루해서 수업 시간에 딴짓을 하지는 않을지, 산만하게 굴면서 다른 아이를 방해하지는 않을지 말이지요. 그래서 아이의 성향도 중요한 결정 기준으로 삼았으면 합니다.

선행 과정을 하는 아이들의 초등 교실 속 수업 태도가 모두 같지는 않습니다. 수업 시간에 아는 내용이 나오면 오히려 눈을 반짝이고, 풀어보고, 발표하고 싶어 하는 아이가 있고요, 학원에서 배웠다고 다 아는 내용이라며 건성으로 듣고 딴짓하는 아이도 있습니다.

아이의 공부 성향을 파악하는 것이 공부의 성패를 좌우하는 이유가 여기에 있습니다. 전자의 경우라면 선행 학습이 보약이겠지만, 후자라면 독이 될 수 있습니다. 아이의 평소 수업 시간의 태도가 어떤지 담임선생님과 상담하여 솔직하게 들어보길 권합니다. 후자에 가깝다면 선행보다는 현행을 해야 하고 수업 집중력을 기르는 게 우선입니다.

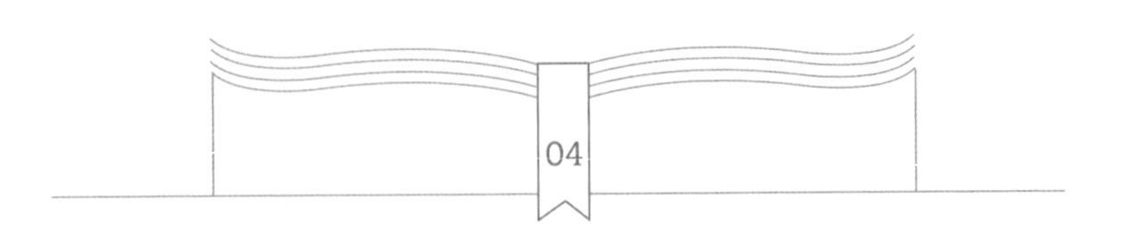

영어,
혼자 공부로 영역별 레벨을 높인다

학년보다 늦을까 불안해서 일찍부터 많은 돈을 들여 공부시키는 과목이 영어입니다. 그렇다면 묻고 싶습니다. 불안하지 않기 위해 할 수 있는 건 다 하고 있는데, 지금 그 불안감은 해소되었나요? 대답하기 쉽지 않을 겁니다.

대한민국에서 영어는 공교육과 사교육이 각각의 속도와 영역으로 따로 가는 독특한 과목입니다. 대한민국 부모의 영어 관심사는 학교 진도가 아니라 학원 레벨입니다. 이왕이면 잘해두는 게 여러모로 유용한 과목이고 조기 교육, 사교육, 선행 학습의 영향으로 경쟁하듯 레벨을 높여가는 과목이다보니 안타깝지만 현실이 그렇습니다. 학교 수업만으로 공부하는 아이들은 점점 줄어드는 현실에서 공교육 위주로 공부해야 한다는 원칙을 내세우고 싶지 않습니다. 바람직한 상황은 아니지만 당장은 바꾸기 힘든 현실이기 때문입니다.

이런 현실은 결국 영어 성적이 정보와 돈에 의해 결정되는 지금의 분위기를 만들었고, 이는 곧 아이의 영어 성적이 부모의 몫이라는 의미로 해석되기도 합니다.

아이 스스로 주도권을 잡는 학습을 고민하는 저희에게 영어는 큰 숙제였고, 사교육과 부모의 개입을 최소화하는 영어 공부 방법이 과연 있는지에 대한 고민으로 이어졌습니다. 그래서 현실적이고 솔직하고 유익한 영어에 관한 이야기를 나누어보려 합니다.

목표는 '사교육의 바다에서 영어 공부의 주도권을 아이가 갖게 하는 것, 길 전체를 함께 가기 위해 바쁜 시간을 쪼개기보다는 길을 자세히 안내해주고 잘 다녀오라고 손 흔들어주는 부모가 되자'입니다.

문제는 우리가 돈이 없고 시간이 없는 것이 아니라, 돈과 시간을 영어에만 집중적으로 투자할 수 없다는 것입니다. 영어 한 과목에 돈과 시간을 쏟기에는, 영어 한 과목만 유창하게 잘해서는 결과적으로 얻을 수 있는 게 그다지 크지 않기 때문입니다. 아무리 영어를 유창하게 잘해도 한글 책을 읽고 이해하면서 독서력을 키우는 일, 한자어로 된 영문법의 뜻을 이해하는 일이 병행되지 않으면 대한민국의 교실에서 눈에 보이는 결과로 연결되기 어렵습니다.

훌륭한 발음과 유창한 회화 능력도 좋지만 돌쟁이 아이에게 영어 동요를 틀어주는 이유와 목표가 결국 '영어 성적'임을 생각한다면 '어떻게 해야 영어 과목에서 좋은 성적을 받을 수 있을까'라는 현실적인 고민을 시작해야 합니다. 아이가 쓸 수 있는 시간은 정해져 있고 영어 한 과목에만 노력을 쏟을 수 없는데, 영어 학원의 레벨 올리기를 목표로 삼아 달리면 원하는 큰 목표에 도달하기 어렵습니다.

최소 시간으로 최대 효과를 내려면 한글 독서나 수학 등의 기타 과목과 균형을 유지하는 것이 전략입니다. 그래서 공교육 영어를 기반으로 하되 사교육과 학습 프로그램을 적절히 활용하면서 아이가 자기 공부를 주도하며 성장할 방법을 고민해보겠습니다.

영어 교과서와 교육과정

초등 영어는 3학년에 시작합니다. (실제로 영어 공부를 3학년 때 시작하는 아이는 거의 없는 게 현실이지만요.) 영어 교과서는 1년에 한 권을 사용하며 학기당 대여섯 개 단원으로 구성되어 있습니다.

차시마다 제시된 주제 문장과 관련 문장을 듣기, 읽기, 말하기, 쓰기의 활동을 통해 익힙니다. 3·4학년은 듣기와 읽기 위주로 하고, 5학년 이후부터는 읽기와 쓰기도 병행합니다.

학원의 영어 수업이 문제 풀이·암기·시험 위주라면 학교 수업은 듣기 자료를 듣고, 들은 내용을 따라 말해보고, 친구들과 대화·놀이·역할극·노래·챈트 등의 활동을 하는 것이 중심이 됩니다. 그래서 학습 부담을 느끼기보다는 즐겁고 다양한 활동을 하는 시간이라고 생각하는 아이들도 제법 됩니다.

3학년이 되어서 영어를 처음 접하는 아이도 수업에 참여하고 평가를 받는 데 큰 무리가 없습니다. 반대로 영어를 능숙하게 하는 아이도 친구들과 영어로 게임하는 걸 즐거워하며 열심히 참여합니다. 단원마다 제시된 단어로 간단한 테스트를 보기도 하지만, 쉬는 시간에 열심히 외우면 괜찮은 성적을 받을 수 있을 정도의 기본 단어들입니다.

영어 자기주도 공부법

안타깝지만 인정해야 하는 현실, 한국에서 태어나 한국에서 영어를 공부하면서 듣기Listening, 말하기Speaking, 읽기Reading, 쓰기Writing의 네 가지 영역을 골고루 완벽하게 잡기는 어렵습니다. (영어권 국가에서 살아도 어렵습니다.) 중요한 것부터 잡아놓아야 덜 불안하고 어느 정도의 점수는 기대할 수 있습니다. 영어의 네 가지 영역에서 중요도는 아래와 같습니다.

듣기 > 읽기 > 말하기 > 쓰기

영어 공부한 보람을 느끼는 순간은 영어 시험에서 만족할 만한 점수를 얻을 때, 직장에서 영어로 업무를 처리할 때, 외국에 나가 언어의 장벽 없이 여행이나 사업 등의 목적을 이루었을 때입니다. 듣기와 읽기가 우선순위인 이유는 성적, 자격증, 취업 등과 직결되어 있고 해외 유학, 해외여행, 비즈니스 등에서 실용 영어가 필요할 때도 빛을 발하는 필수 영역이기 때문입니다.

영어는 어떻게 접근해야 할지 핵심을 알면 다른 어떤 과목보다 그 길이 단순합니다. 성인이 되어 뒤늦게 독학으로 영어를 마스터하는 사례가 종종 있는 것처럼 영어를 학교에서 배워가는 시기에도 혼자 공부는 가능합니다. 학습 목표와 방향이 뚜렷한 편이며, 도움받을 교재와 강의가 풍부하기 때문입니다. 네 가지 영역을 하나씩 살펴보면서 영어 자기주도공부의 큰 그림을 그려보겠습니다.

듣기

먼저 듣기입니다. 길에서 만난 외국인이든 화면 속 캐릭터든 그들이 영어로 뭐라고 말하는지를 이해하려면 꾸준히 영어에 노출되어야 합니다. 뭐라고 말하는지 알아야 상황에 맞는 답을 할 수 있습니다. 영어로 말하는 설명을 이해해야 길을 찾고 물건을 살 수 있습니다. 학교 영어의 시작이 듣기인 이유입니다.

듣고 이해할 수 있어야 말하고, 읽고, 쓸 수 있게 됩니다. 학교에서 영어 듣기에 본격적으로 노출되는 시기인 3학년을 놓치지 말고 가정에서도 영어 영상 노출을 꾸준히 해주는 것이 효과적입니다.

듣고 이해할 수 있는 능력은 학습 영어의 점수와도 직결됩니다. 2020학년도 대학수학능력시험을 기준으로, 영어 영역 45문제 중 17문제(38%)가 듣기입니다. 비중이 낮지 않습니다. 들려주는 영어 대화를 듣고 제시된 문제를 해결하는 유형이 대부분입니다.

핵심은 영어 대화의 의미를 이해해야 한다는 것입니다. 스크립트, 정보, 자료 없이 들은 내용만을 바탕으로 답을 찾아내야 합니다. (다행히도 문제는 한글로 제시됩니다.) 두 사람이 대화에서 어떤 정보를 주고받았는지 듣기만으로 알아내야 합니다.

부모는 아이가 주도권을 잡고 영어 영상을 시청하면서 듣기 실력을 올릴 수 있도록 적절히 안내해야 합니다. 영어 영상 시청은 유아기 때부터 시작할 수 있습니다.

아이가 좋아하는 캐릭터가 등장하는 영어 애니메이션을 영어나 한글 자막 없이 보게 하는 겁니다. 뭐부터 추천해야 할지 모르겠다면 아이에게 주도권을 주세요. 아이가 고른, 아이가 보는 영상이 가장 먼저 보면 좋을 영상입니다.

무료면서 다양한 영상을 찾기 쉬운 유튜브에서 시작하되, 유튜브 중독이 염려되거나 노출된 추천 영상에 쉽게 시선을 뺏기는 편이라면 영어 영상을 제공하는 유료 프로그램 활용도 추천합니다.

영어 영상 추천 목록

구분	학년	추천 영상		
유튜브 영어 영상 (무료)	저학년	페파피그	까이유	트랙터 탐
	중학년	메이지	맥스 앤 루비	투피 앤 비누
	고학년	매직스쿨버스	시몽	위 베어 베얼스
영어 영상 프로그램 (유료)	넷플릭스 키즈, LG 유플러스 아이들 나라, 리틀 팍스 등			

읽기

읽기는 시험에서 독해 문제 풀기, 영어 책 읽고 이해하기, 영어 메일 해석하기, 영어 매뉴얼 이해하기 등 학습 영어와 실용 영어 모두에 필수적인 영역입니다.

영어로 쓰여 있는 문장의 의미를 해석하는 것이 기본인데요, 이게 가능한 상태를 흔히 영어 독해를 할 줄 안다고 표현합니다. 읽기 영역은 영어 공부의 기본이자 필수입니다. 따라서 영어 독해를 목표로 자기주도공부를 설계해야 합니다.

영어 독해력을 키우는 방법에는 크게 두 가지가 있습니다. 학원 수업 등을 통해 문제집을 풀면서 자신이 속한 클래스의 레벨과 교재의 단계를 높여가는 방법과 영어 책을 읽으며 책의 단계를 높여가는 방법입니다.

두 가지 방법 모두 장단점이 있지만 효율이 더 높은 방법은 있습니다. 바로 영어 독서입니다.

문제 풀이 위주로 단계를 높이는 학원 수업이 지금 우리 아이의 유일한 영어 교육 방법이라면 어쩔 수 없습니다. 사교육을 받으며 단계를 높여가는 방법도 나쁘지 않습니다. 언어는 노출 양이 중요하므로 아무것도 하지 않는 것보다는 집에서든 학원에서든 노출 양을 일정하게 유지하는 게 좋습니다.

다만 초기 단계에서 부모가 도움을 줄 수 있다면 영어 책을 읽으며 단계를 높여가길 권합니다. 시간·비용·노력 대비 효율이 높고 흥미를 유지할 확률이 높기 때문입니다.

영어 영역의 수능 기출문제를 보면 국어 영역의 수능 기출문제와 지문의 구성과 흐름, 문제 유형이 상당히 유사하다는 걸 알 수 있습니다. 이는 국어 영역을 막힘없이 풀어낼 수 없다면 영어 영역도 기대하기 어렵다는 뜻입니다. 번역 과정을 거칠 뿐 결국 내용을 파악하고 이해하는 것은 독해 능력이기 때문입니다. 그래서 한글 독서가 중요하고 영어 독서의 수준은 한글 독서의 수준을 뛰어넘을 수 없다고 말하는 것입니다. 초등학생 때부터 꾸준히 한글과 영어로 책 읽는 습관을 들여야 하는 이유를 이해할 수 있을 겁니다.

어떤 방법을 택했든 아이가 영어로 어느 정도 수준의 글을 읽고 이해하는지, 꾸준히 그 수준이 올라가고 있는지를 확인해야 합니다. 영어 학원을 1년 넘게 보냈는데 나중에 보니 영어 책을 하나도 읽지 못하더라는 슬픈 얘기는 흔합니다. 파닉스나 사이트 워드 등을 활용하여 주기적으로 확인하길 권합니다.

아이가 스스로 책을 읽을 수 있는 단계에 도달할 때까지는 학원에 다니고 있더라도 부모의 적극적인 도움과 개입이 필요합니다. 영어로 된 책을 혼자 읽는 단계에 도달하는 것이 핵심입니다. 그때부터는 영어 공부의 주도권을 아이에게 넘겨도 괜찮습니다.

이때부터는 읽고 싶은 책을 읽도록 빌려주고 사주는 것이 부모의 역할입니다. 읽는 분량과 시간이 적당한지, 더 늘릴 여지는 없는지 등에 관해 조율해주는 역할을 하되 어떤 책을 읽든, 반복하든 말든 구체적인 방법은 아이가 결정하게 두어도 좋습니다.

혼자 영어 책을 읽을 수 있어야 문제도 풀고, 문법도 이해하고, 어휘력도 늡니다. 연령별 영어 독서 단계는 다음 표를 참고하기 바랍니다.

연령별 영어 독서 단계

단계	목적	형태	연령 또는 학년
0	흥미 유발	게임, 노래, 챈트 등 흥미 위주의 영어	3~7세
1	본격 노출	영어 영상 시청, 영어 그림책	5~7세
2	문자 학습	파닉스, 사이트 워드	초1~3
3	영어 독서	리더스북 Reader's Book	초2~5
4		챕터북 Chapter Book	초4~6
5		영어 원서 English Novel	초6~고3

출처: 《초등 완성 매일 영어책 읽기 습관》, 이은경

말하기

유창하게 말하려면 듣기가 우선입니다. 상대가 무슨 말을 하는지 이해할 수 있어야 상황에 맞는 대답을 할 수 있습니다. 듣기가 되지 않는 아이가 말하기를 잘한다는 건 앵무새처럼 말하기를 열심히 연습한 결과일 뿐 실제 외국인과 대화할 수 있다는 의미가 아닙니다. (실제로 이런 아이들이 상당히 많습니다.) 상대가 말하는 문장의 의미를 모르기 때문에 아무리 발음이 좋고 말할 수 있는 문장이 많아도 실제 대화로 자연스럽게 연결되기는 어렵습니다.

듣기를 열심히 하라고 말씀드렸는데요, 그렇다면 얼마나 오랫동안 들어야 비로소 말하기가 가능해지는 걸까요? 그 시간은 아이에게 노출된 영어의 양과 경험의 종류에 따라 달라집니다. 말하기 영역에서 친구들과 비교하는 일이 무의미한 이유입니다. 발음 비교도 그렇습니다. 어느 수준 이상의 영어가 아니라면 더 좋은 발음과 그렇지 않은 발음은 아이의 학습 영어, 실제 영어, 영어 자기주도공부 모두에 그다지 유의미하지 않습니다.

기회를 열어주고 되도록 자주, 다양하게, 편안하게 말하도록 유도하는 것이 훨씬 중요합니다. 수없이 영상을 통해 들어서 알게 된 문장과 보고 들었던 표현을 한 번이라도 더 사용해보는 기회가 말하기의 필수 조건입니다.

아이가 영어로 말해보려고 시도할 때 자신 있게 표현할 수 있도록 편안한 분위기를 만들어주세요. 부모가 먼저 영어로 말해보세요. 발음이 엉망이고 문법이 틀려도 상관없습니다. 한국어를 배우는 외국인들을 생각해보세요. 대단하지 않나요? 우리가 영어를 하는 것도 다르지 않습니다. 완벽한 문장을 유창하게 말해야만 그 언어를 할 수 있는 건 아닙니다.

3학년 이상이라면 학교 영어 수업도 말하기 영역에 상당히 도움이 됩니다. 말하기와 듣기 영역을 기반으로 구성된 교육과정이기 때문에 말하기 비중이 높은 편입니다.

학교 영어 시간에는 차시별로 제시된 영어 문장을 말하는 연습이 핵심 활동이기 때문에 수업에 집중하고 제대로 참여한다면 새로운 문장을 말하는 법을 배우게 됩니다. 그 문장을 집에서 한 번이라도 더 뱉어보게 분위기를 조성해주세요. 화상 영어와 전화 영어도 좋지만 학교에서 배운 문장을 제대로 내 것으로 만든 상태에서 업그레이

드하는 것이 효과적인 전략입니다.

이때 아이가 뱉어내는 문장은 정확하지 않아도 괜찮습니다. 배가 고프다는 건지, 목이 마르다는 건지 등 어떤 의미인지 이해할 수만 있으면 됩니다. 아이가 학교에서 배워 온, 열심히 고민해서 만들어 낸 문장을 굳이 하나하나 지적하고 고쳐줄 필요가 없습니다. 문법적으로 오류투성이인 문장이라도 좋으니 시트콤을 찍듯 어떤 영어 대화라도 주고받을 수 있는 편안한 분위기가 중요합니다.

그날 배운 문장은 그날 한 번이라도 말해보게 하여 완전히 내 것으로 만드는 습관을 붙여주는 것에서 영어 말하기 영역의 자기주도 공부는 시작되고 완성됩니다. 말할 수 있게 된 문장이 몇 개 생기면 영어 영상에서 들었던 새로운 문장을 따라 말하게 되고, 그러면서 영어로 말하는 것이 그다지 대단하고 어려운 일이 아님을 깨닫게 될 것입니다.

쓰기

듣기·말하기·읽기까지는 학습지·엄마표·방과 후 학교 프로그램·공부방 등으로 어느 정도 진도를 이어갈 수 있는데 문제는 '쓰기'입니다. 한글로도 글쓰기라면 고개를 절레절레하는 아이에게 영어로 글을 써보자고 할 엄두가 나지 않을 겁니다. 더욱이 영어를 자신 있어 하고 곧잘 하는 아이조차 영어 글쓰기는 두려워하고 선뜻 시도하려고 하지 않습니다.

기본은 영어 독서와 한글 글쓰기입니다. 영어로 글쓰기를 부담스러워한다면 영어 독서량이 충분한지, 한글로 글을 쓸 수 있는지를 점검해야 합니다. 꾸준한 영어 독서로 책 내용을 어느 정도 이해하고, 자신 있게 쓸 수 있는 단어가 늘고 있다면 4·5학년쯤에는 영어 글쓰기를 천천히 시도해보세요. 공들여 연습한 만큼 가장 큰 보람을 느끼게 되는 영역이니 지레 겁먹거나 포기하지 말고 도전하길 권합니다.

시작은 필사입니다. 내용을 거의 완벽하게 파악할 수 있는 수준의 영어 책을 골라(가능하면 리더스북을 권합니다) 따라 쓰는 것으로 시작합니다. 부모의 욕심으로 구입한 어려운 책, 내용의 절반도 이해되지 않는 책, 아이가 고른 적이 없는 책이라면 자발적인 영어 글쓰기로 연결되기 어렵습니다. 내용 전체가 거의 완벽하게 이해되는 책 중에서 아이가 평소 가장 좋아하는 책, 모르는 단어가 살짝 섞인 책이 가장 좋습니다.

비록 보고 베끼기지만 이제껏 한글로만 글을 써온 아이는 혼자 힘으로 공책을 영어로 채웠다는 점에 성취감을 느낍니다. 너무 많은 양일 필요도 없습니다. 할 만하고 재미있을 때 마칠 만한 수준의 분량이면 충분합니다. 한 문장도 좋고, 아이가 흔쾌히 할 수 있다면 한 쪽을 채우는 것도 좋습니다. 채우는 동안 영어 문장을 읽고, 의미를 이해하고, 문장의 구조를 눈과 손에 익히게 됩니다. 따라 써본 아이들이 혼자서도 씁니다.

필사가 어느 정도 자리를 잡으면 영어 일기를 시도해봅니다. 한 줄 쓰기, 두 줄 쓰기, 세 줄 쓰기처럼 분량을 정해주고 딱 그만큼만 해보라고 하는 것으로 시작해보세요. 한 쪽을 채워야 하는 부담이 있으면 영어 글쓰기는 너무나 막막한 과제입니다. (어른도 그런걸요.)

영어 글쓰기를 도와주는 좋은 교재도 많습니다. 처음부터 비어 있는 공책에 글을 채우기보다는 지시에 따라 한 줄씩 채워가기만 하면 되는 교재를 이용하는 것도 아이가 영어 글쓰기의 주도권을 가질 수 있는 훌륭한 방법입니다. 교재의 도움으로 시작했지만 언젠가는 공책 한 쪽을 스스로의 힘으로 채울 것을 기대하며 다양한 시도를 해보길 추천합니다.

영어 글쓰기 교재를 한두 권 정도 끝내고나면 공책 글쓰기를 시도하는 방법, 교재와 공책 글쓰기를 병행하는 방법, 필사와 교재를 병행하는 방법 등 몇 가지 방법을 제시하되 그 선택권을 아이에게 줘서 본인이 주도하고 있음을 확인하게 해야 합니다.

필사만 할지, 교재와 병행할지, 공책 글쓰기를 언제 시작할지 등 세부적인 방법은 무엇이 특별히 좋고 나쁘고가 없습니다. 아이에게 주도권과 선택권을 넘겨줘도 안전합니다. 마련된 틀 안에서 선택하고 주도해본 경험이 있어야 과목 전체에 대한 자발적 공부가 가능해집니다.

초등 영어 일기 추천 교재

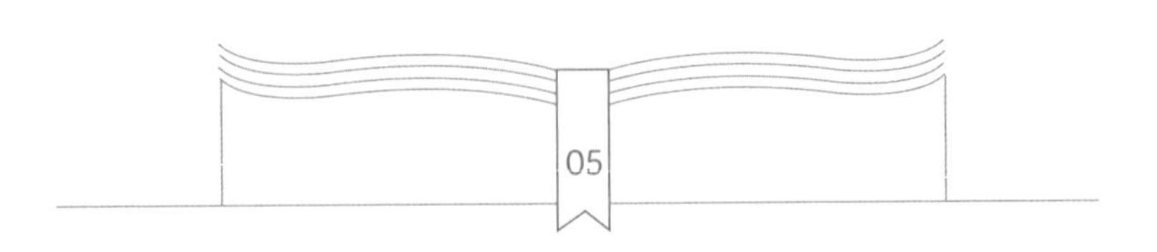

사회,
배경지식을 쌓고 교과서로 다진다

초등 사회는 크게 역사, 지리, 사회문화의 세 가지 영역으로 구분합니다. 사회 교과서에는 실제 생활과 밀접한 내용이 많고 실생활에서 관찰하여 바로 적용할 수 있는 내용도 많아 흥미롭습니다. 그러나 교과서에 나온 용어, 개념, 특징을 어려워하는 아이들이 많습니다. 개념이 중요한 사회 과목의 특성상 암기할 내용이 많다보니 부담스러워하기도 합니다.

교과서에 새로운 용어가 나오면 일단 외워야 한다고 생각하지만 사회를 공부할 때는 이해가 먼저입니다. 암기는 그다음입니다. 초등 사회 과목의 특징을 살펴본 후에 사회 자기주도 공부법을 하나씩 알아보겠습니다.

사회 교과서와 교육과정

초등 1·2학년 때는 봄, 여름, 가을, 겨울 등의 통합교과에서 사회 과목 요소를 통합적으로 배웁니다. 3학년부터는 사회를 본격적으로 배웁니다.

초등 사회 교과서는 알차게 잘 만들어진 교재입니다.(사실 전 과목이 그렇습니다.) 교과서만 잘 활용해도 사교육, 전집, 보조 교재, 학습지, 문제집이 필요하지 않을 정도입니다. 그래서 사회는 교과서 복습을 기본으로 공부 계획을 세워야 합니다. 수학은 다양한 유형과 수준의 문제로 확장하는 것이 도움이 되기 때문에 시중의 문제집을 추가로 활용해야 하지만, 사회는 교과서만으로도 충분합니다.

사회 교과서는 《사회》, 《사회과 부도》, '지역화 교과서'로 3권입니다. 이 중 복습 활용도가 높은 《사회》와 《사회과 부도》는 가정용으로 한 권씩 추가로 구입해두길 권합니다. 하교할 때 교과서를 챙겨 오라고 해도 잘 안 듣고 어쩌다 가져왔다 해도 다시 학교 갈 때 챙겨가지 않아서 수업 시간에 교과서 없이 앉아 있는 아이들도 있기 때문입니다.

3학년 지역화 교과서로는 내가 사는 구·시·군 단위에 대해 알아보고, 4학년이 되면 시·도 단위의 지역에 관해 공부합니다. 그래서 어느 지역에 사느냐에 따라 다른 교과서를 받고 공부하게 되지요.(따라서 이 시기에 전학하는 경우 새로 옮긴 학교에서 해당 지역에 관한 지역화 교과서를 새로 배부받습니다.)

사회 3~6학년 학기별 각 1권　사회과 부도(4년 사용)

지역화 교과서(구, 시, 군 단위) 3학년 1학기　지역화 교과서(시, 도 단위) 4학년 1학기

사회과 영역별 학습 내용

사회의 세 가지 영역을 하나씩 다뤄보겠습니다. 이 영역들은 3학년부터 6학년까지 흩어져 다루어지고 있어 학년별 공부법보다 영역별 공부법을 알아두는 것이 훨씬 효과적입니다. 사회는 해당 영역에 대한 기본적인 내용과 배경지식을 갖춘 상태에서 교과서 복습을 병행하는 것이 최고의 자기주도 공부법입니다.

초등 사회 교육과정 영역별 분류

학년		단원명	영역
3	1학기	1. 우리 고장의 모습	지리
		2. 우리가 알아보는 고장 이야기	지리
		3. 교통과 통신 수단의 변화	사회문화
	2학기	1. 환경에 따라 다른 삶의 모습	사회문화
		2. 시대마다 다른 삶의 모습	사회문화
		3. 가족의 형태와 역할 변화	사회문화
4	1학기	1. 지역의 위치와 특성	지리
		2. 우리가 알아보는 지역의 역사	지리
		3. 지역의 공공 기관과 주민 참여	사회문화
	2학기	1. 촌락과 도시의 생활 모습	지리
		2. 필요한 것의 생산과 교환	사회문화
		3. 사회 변화와 문화의 다양성	사회문화
5	1학기	1. 국토와 우리 생활	지리
		2. 인권 존중과 정의로운 사회	사회문화
	2학기	1. 옛사람들의 삶과 문화	역사
		2. 사회의 새로운 변화와 오늘날의 우리	역사
6	1학기	1. 우리나라의 정치 발전	역사
		2. 우리나라의 경제 발전	역사
	2학기	1. 세계 여러 나라의 자연과 문화	역사
		2. 통일 한국의 미래와 지구촌의 평화	역사

지리

초등 사회과 지리 영역 중 3~4학년에서는 우리 고장(시·도)에 대해 배우고, 5~6학년에서는 국가와 세계로 범위를 넓혀 배웁니다. 3~4학년에서 주로 우리가 속한 지역에 대해 배우는데 이 시간을 지루하게 여기는 아이들이 꽤 있습니다. 우리 고장의 특징과 역사에 대해 찾아보고 조사해서 결과를 발표하거나 표현하는 활동이 주로 이루어지는데, 고장에 대해 조사할 때 생소하거나 인상적이지 않은 내용이 많다보니 흥미가 떨어지는 편입니다.

게다가 조사 학습 활동이 모둠 단위로 이루어지는 경우가 많은데, 요즘처럼 학원 수업이나 방과 후 수업으로 개인 일정이 가득 찬 학생들이 모여 함께 고민하고 활동하기가 쉽지 않습니다. 이러한 현실적인 어려움 때문인지 함께 하는 활동이 주는 성과와 즐거움보다는 불편함과 비효율성을 호소하는 경우가 많습니다.

고장의 위치·모양·인접 고장과 국가에 대해 알아볼 때는 인터넷 지도(구글 위성지도, 네이버 지도 등)를 활용하여 위성지도, 지형지도, 거리 뷰 등으로 다양하게 살펴보는 활동을 추천합니다. 우리가 생활하면서 보는 모습과 더불어 다른 측면의 모습들을 비교하면 복합적인 개념을 정리하는 데 도움이 됩니다.

특히 3~4학년 때 배우는 내가 속한 고장과 관련한 각 지역의 유적지, 관광지, 유물, 박물관 등은 가벼운 주말 나들이 장소로 추천합니다. 사회 교과서를 뒤적이며 가보고 싶은 곳을 직접 골라보게 하고, 해당 장소에 도착하면 그곳이 역사적·지리적으로 어떤 의미가 있는지 직접 설명해볼 기회를 주는 것도 좋습니다.

그곳까지 가는 데 걸리는 시간, 지도 위치, 입장료, 관람 시간과 순서 등을 홈페이지나 블로그 등에서 미리 검색하게 하면 아이는 나들이의 주인공이자 일일 여행 가이드가 되어 힘차게 앞장설 겁니다.

사회문화

3학년부터 6학년까지 전 학년에 걸쳐 사회문화 전반에 관한 다양한 내용을 배웁니다. 정치, 경제, 교육, 문화, 인간관계 등을 폭넓게 다루기 때문에 사회과의 세 영역 중 가장 범위가 넓습니다.

사회문화 영역의 내용은 실생활과 밀접하게 관련이 있고 뉴스, 기사, 신문, 어른들의 대화 등에서 들어봤거나 경험한 내용이 나오기 때문에 친숙하게 느끼기도 합니다. 반면, 시사에 익숙하지 않은 아이는 용어와 개념을 낯설어하기도 합니다.

정치나 경제와 관련된 내용을 공부할 때는 처음 듣는 한자어로 된 용어, 개념, 개념의 가치와 특징에 대해 이해하고 설명하는 것에 부담을 느껴 사회과에 흥미를 잃는 경우도 많습니다.

역사

5학년 2학기부터 6학년 1학기까지 대한민국의 역사를 다룹니다.

초등 역사 영역에서는 인물과 사건 중심으로 공부하는 방법을 추천합니다. 역사적 사건이 일어나게 된 배경, 그 사건에 등장하는 역사적 인물, 그 사건이 나라에 미친 영향을 유기적으로 연결하여 이해하는 방식으로 공부해야 합니다. 사건이 일어난 연도와 장소 같은 단편적인 지식을 암기하는 방식은 초등 과정에서는 의미가 없습니다.

아이들이 역사를 암기 과목이 아닌 흥미로운 이야기로 받아들일 수 있도록 해주세요. 이 시기의 아이들은 좋아하는 역사책을 읽으면서 자연스럽게 역사 지식을 높여가는 것으로 충분합니다.

학교에서 역사 영역을 배우기 이전인 1~4학년이라면 학습만화, 애니메이션, 예능 프로그램 등으로 자연스럽게 역사를 접하는 것이 도움이 됩니다. 5학년부터는 교과서 복습과 역사소설 읽기를 병행하면서 역사에 관해 흥미를 유지하는 방법을 추천합니다.

사회 자기주도 공부법

사회 역시 그 시작은 함께 하고, 서서히 아이에게 주도권을 넘기겠다는 원칙을 기억하며 아이가 주도할 기회를 충분히 제공해주세요.

교과서 + 배움공책 활용법

사회 공부는 교과서와 배움공책이 짝꿍입니다. 교과서와 배움공책을 활용한 공부법은 객관식·주관식·서술형 등 모든 유형의 문제에 대비할 수 있어 활용도가 뛰어납니다.

처음에는 교과서를 대충 훑어보고 문제집을 풀고 정답을 확인하는 것과 별 차이가 없어 보이지만 시간이 갈수록 그 차이는 점차 뚜렷해집니다. 배움공책을 정리하면서 아는 것과 모르는 것, 대충 아는 것과 제대로 아는 것을 확실히 구분할 수 있기 때문입니다.

사회 배움공책에는 크게 세 가지 유형이 있습니다. 각각의 유형을 몇 번 경험해보면 교과서 본문을 펼치는 순간 '이 내용은 어떤 유형으로 정리하면 되겠구나' 하는 감이 잡힙니다.

내용별로 어떤 유형을 적용하여 정리해야 하는지에 관한 정답은 없습니다. 중요한 건 어떤 형태로든 내용을 이해하고, 이해한 내용을 자신의 말과 글로 또는 도식화하여 표현하는 것입니다. 표현의 기술은 점차 부드럽고 단정해지기 때문에 처음부터 욕심낼 필요가 없습니다. 글로 쓰는 것을 힘들어하는 아이에게는 말로 설명하게 하는 것도 훌륭한 시도입니다. 사회 배움공책의 세 가지 유형을 소개합니다.

유형 1 : 개념 정리하기

3학년 사회 교과서에서는 고장, 촌락, 중심지, 범례, 축척, 편견, 문화유산 등 저학년 때 들어보지 못했던 낯선 용어가 쏟아져 나옵니다. 생소한 용어가 계속 튀어나오니 문장을 읽기가 부담스럽습니다. 알고 보면 대단하지 않은 내용인데도 아이들은 지레 어렵다고 판단합니다. 어른들이 영어 소설을 읽을 때 모르는 단어가 계속 나오면 그때마다 사전을 찾아보자니 번거롭고, 그냥 넘어가자니 해석이 안

돼 답답한 것과 비슷합니다.

용어를 모르면 내용을 이해할 수 없습니다. 교과서에 나오는 용어의 개념을 이해하고 암기하는 것이 기본인 이유입니다. 그래서 배움공책 정리법의 첫 번째 유형이 '개념 정리하기'입니다. 교과서에 등장한 새로운 용어, 헷갈리는 용어, 모르는 용어를 이해하고 암기한 후 배움공책에 정리해야 합니다.

사회 교과서에 나오는 용어는 대부분 우리 생활과 밀접하게 관련이 있습니다. 낯설긴 해도 어렵진 않습니다. 그래서 용어가 처음 나왔을 때 지나치지 않고 제대로 알아두면 이후의 공부가 편해집니다.

5학년 1학기 2단원 '인권 존중과 정의로운 사회'(사회문화 영역)에 나오는 내용은 배움공책에 '개념 정리하기' 유형으로 아래와 같이 정리할 수 있습니다.

날짜	2020 년 5 월 30 일 토 요일
과목	배운 내용, 궁금한 점, 새로운 생각
사회	1. 인권을 존중하는 삶
	인권 - 사람이기 때문에 당연히 누리는 권리
	⇒ 모든 사람은 태어나면서부터 인간답게 살 권리가 있으며
	어떤 이유로도 인간답게 살 권리를 침해당해서는 안됨.

배움공책을 이용한 개념 정리하기 예시

유형 2 : 비교하여 설명하기

두 가지 이상을 서로 비교하여 그 특징을 정확하게 설명하는 방법입니다. 사회과 전 학년에는 '옛날과 오늘날', '산촌과 어촌', '촌락과 도시', '세계 여러 나라' 등 두 가지 이상을 서로 대조·비교하면서 각각의 특징과 두 가지의 차이점을 알아보는 활동이 포함되어 있습니다.

차이점을 찾으려면 각각의 개념과 특징을 정확하게 알고 있어야 하기 때문에 자연스럽게 교사별 평가의 서술형 문항으로 자주 출제됩니다. 단순히 개념을 아는지 묻고 그것을 설명하는 문제보다 한 차원 높은 수준을 요구하는 문제라 시험 문제를 출제하는 교사 입장에서 놓치기 싫은 문항입니다.

3학년 1학기 3단원 '교통과 통신 수단의 변화'(사회문화 영역)에 나오는 내용은 '비교하여 설명하기' 유형으로 아래와 같이 정리할 수 있습니다.

날짜	2020 년 6 월 30 일 화 요일
과목	배운 내용, 궁금한 점, 새로운 생각
사회	• 옛날 사람들이 교통수단을 이용했던 모습
	– 말, 가마, 뗏목, 당나귀, 돛단배, 소달구지
	• 오늘날 사람들이 교통 수단을 이용하는 모습
	– 기차, 자동차, 비행기, 배, 자전거, 오토바이, 버스

배움공책을 이용한 비교하여 설명하기 예시

유형 3 : 시간 흐름에 따라 설명하기

시간 흐름에 따라 설명하기는 역사 영역에서 유용한 정리법입니다. 어느 시대에 어떤 주요한 사건이 일어났는지, 이 사건의 원인이 된 다른 사건이 있었는지, 이 사건의 결과가 다른 사건에 어떤 영향을 미쳤는지 등을 시간의 흐름에 따라 파악하고 있어야 가능한 정리법입니다.

물론 이 모든 내용은 교과서에 자세하고 알아보기 쉽게 설명되어 있습니다. 이 내용을 시간 흐름에 따라 글로 정리하면 됩니다. 단, 나무도 보고 숲도 봐야 합니다. 역사적 사건 하나하나의 연도, 주요 인물, 사건 정황을 아는 것과 동시에 이 사건이 대한민국 역사 전체에서 어느 시점에 발생한 일인지, 이 사건의 전후에 어떤 일들과 영향을 주고받았는지 그 흐름을 보는 것이 핵심입니다. 그런 이유로 시대별 연표가 제시된《사회과 부도》가 큰 도움이 됩니다.

6학년 1학기 1단원 '우리나라의 정치 발전'(역사 영역)에 나오는 내용은 '시간 흐름에 따라 설명하기' 유형으로 아래와 같이 정리할 수 있습니다.

날짜	2020 년 4 월 30 일 목 요일
과목	배운 내용, 궁금한 점, 새로운 생각
사회	· 4·19 혁명 과정
	① 3·15 부정선거 앞두고 이승만 정부에 항의, 대구학생
	시위 → ② 마산에서 3·15 부정선거 비판 시위 →
	③ 4월 19일. 전국 시위 → ④ 대학교수들이 학생 지지.
	→ ⑤ 이승만 대통령 물러남 → ⑥ 재선거, 새 정부

배움공책을 이용한 시간 흐름에 따라 설명하기 예시

독서, 신문 기사, 잡지 활용

시중에는 사회 교과서에서 배우는 지리, 사회문화, 역사와 관련된 책이 많이 나와 있습니다. 다양한 분야의 책을 되도록 많이 읽는 것이 최선이지만, 단기간에 효과적으로 배경지식을 쌓고 싶다면 주제가 다양하면서도 아이들에게 친숙한 언어로 구성된 《Why?》 시리즈를 추천합니다. 저희는 지금도 가볍게 책을 읽고 싶을 때 이 시리즈를 읽곤 하는데 볼 때마다 새롭게 얻는 내용이 많습니다.

학습만화를 통해 다양한 분야에 노출된 아이, 관련 내용에 지속적인 호기심과 흥미를 보이는 아이라면 《선생님도 놀란 사회 뒤집기》 시리즈도 추천합니다. 교과서 내용을 깊고 넓게 확장하여 소개해주기 때문에 흥미롭고 유익합니다. 두 시리즈는 대부분 학교 도서관과 공공 도서관에 비치되어 있습니다.

어린이용 신문이나 잡지를 활용하는 것도 사회 자기주도공부에 도움이 됩니다. 매일 30분 내외로 어린이 인터넷 신문기사(〈어린이동아〉, 〈어린이조선일보〉, 〈소년한국일보〉, 〈어린이 경제신문〉 등)를 꾸준

히 읽게 하면 좋습니다. 물론 다음이나 네이버 같은 포털 사이트에도 다양한 기사가 많지만, 아이들이 읽기에 자극적이거나 불필요한 기사가 많아 골라내기가 쉽지 않기 때문입니다. 일반 독서를 하듯 꾸준히 다양한 내용을 접하다보면 전반적인 사회 영역에 대한 배경지식이 차곡차곡 쌓일 겁니다.

1~2학년이나 신문을 처음 보는 아이라면 〈어린이동아〉를 추천합니다. 신문 읽기가 적응이 된 3~5학년 아이라면 〈어린이조선일보〉, 〈소년중앙〉, 〈소년한국일보〉가 무난합니다. 〈어린이 경제신문〉은 전 학년용이며 저학년부터 꾸준히 읽기를 추천합니다. 어린이 신문을 꾸준히 잘 읽어온 6학년 아이라면 어른용 일반 일간지나 경제

어린이동아

어린이 경제신문

어린이조선일보

소년한국일보

신문으로 자연스레 넘어갈 수 있습니다.

학교에서 단체로 신청하는 어린이용 종이 신문도 추천합니다. 아이들은 누군가 읽고 있는 걸 보면 나도 보고 싶다며 신청해달라고 하는 경우가 많습니다. 3학년 정도 되면 한 반에 두세 명 정도 신청하다 그 수가 점점 늘어나기도 합니다. 흐름이 있는 책을 읽기에는 부담스러운 쉬는 시간에 가볍게 한 꼭지씩 읽기 좋습니다. 쉬는 시간에 틈틈이 읽기도 하지만 다 읽지 못한 날도 있습니다. 그럴 땐 방과 후에 도서관이나 집으로 가져가 읽도록 하세요. 방학 중에는 구독하기 어려우니 공공 도서관에 있는 잡지와 신문으로 꾸준히 이어가면 됩니다.

어린이용 신문은 사회 전반의 상식을 넓히는 데 도움이 될 뿐 아니라 국어과의 논술 쓰기에도 활용할 수 있습니다.

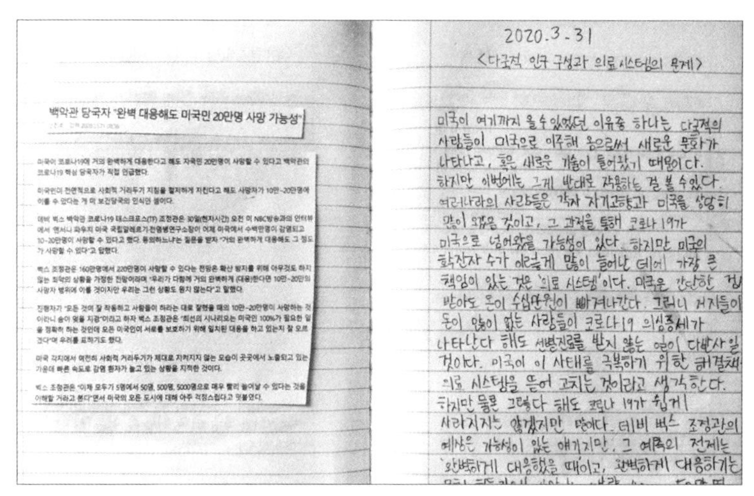

백악관 당국자 "완벽 대응해도 미국인 20만명 사망 가능성"

미국이 코로나19에 거의 완벽하게 대응한다고 해도 자국민 20만명이 사망할 수 있다고 백악관의 코로나19 핵심 당국자가 직접 언급했다.

미국인이 전면적으로 사회적 거리두기 지침을 철저하게 지킨다고 해도 사망자가 10만~20만명에 이를 수 있다는 게 미 보건당국의 인식인 셈이다.

데비 벅스 백악관 코로나19 태스크포스(TF) 조정관은 30일(현지시간) 오전 미 NBC방송과의 인터뷰에서 앤서니 파우치 미국 국립알레르기·전염병연구소장이 어제 미국에서 수백만명이 감염되고 10~20만명이 사망할 수 있다고 했다. 동의하느냐는 질문을 받자 "거의 완벽하게 대응해도 그 정도가 사망할 수 있다"고 답했다.

벅스 조정관은 160만명에서 220만명이 사망할 수 있다는 전망은 확산 방지를 위해 아무것도 하지 않는 최악의 상황을 가정한 전망이라며 "우리가 다행히 거의 완벽하게 (대응)한다면 10만~20만의 사망자 범위에 이를 것이지만 우리는 그런 상황도 원치 않는다"고 말했다.

진행자가 "모든 것이 잘 작동하고 사람들이 하라는 대로 잘했을 때의 10만~20만명이 사망하는 것이라니 숨이 멎을 지경"이라고 하자 벅스 조정관은 "최선의 시나리오는 미국인 100%가 필요한 일을 정확히 하는 것인데 모든 미국인이 서로를 보호하기 위해 일치된 대응을 하고 있는지 잘 모르겠다"며 우려를 표하기도 했다.

미국 각지에서 여전히 사회적 거리두기가 제대로 지켜지지 않는 모습이 곳곳에서 노출되고 있는 가운데 빠른 속도로 감염 환자가 늘고 있는 상황을 지적한 것이다.

벅스 조정관은 "이제 모두가 5명에서 50명, 500명, 5000명으로 매우 빨리 늘어날 수 있다는 것을 이해할 거라고 본다"면서 미국의 모든 도시에 대해 아주 걱정스럽다고 덧붙였다.

2020.3.31

<다국적 인구 구성과 의료 시스템의 문제>

미국이 여기까지 올 수 있었던 이유중 하나는 다국적의
사람들이 미국으로 이주해 옴으로써 새로운 문화가
나타나고, 혹은 새로운 기술이 들어왔기 때문이다.
하지만 이번에는 그게 반대로 작용하는 걸 볼 수 있다.
여러나라의 사람들은 각자 자기고향과 미국을 상당히
많이 오갔을 것이고, 그 과정을 통해 코로나 19가
미국으로 넘어왔을 가능성이 있다. 하지만 미국의
확진자 수가 이렇게 많이 늘어난 데에 가장 큰
책임이 있는 것은 '의료 시스템'이다. 미국은 간단한 검
받아도 돈이 수십만원이 빠져나간다. 그러니 거지들이
돈이 많이 없는 사람들이 코로나19 의심증세가
나타난다 해도 선별진료를 받지 않는 일이 다반사일
것이다. 미국이 이 사태를 극복하기 위한 해결책
의료 시스템을 뜯어 고치는 것이라고 생각한다.
하지만 물론 그렇다 해도 코로나 19가 쉽게
사라지지는 않겠지만 말이다. 데비 벅스 조정관의
예상은 가능성이 있는 얘기지만, 그 예측의 전제는
'완벽하게 대응했을 때'이고, 완벽하게 대응하기는

오려 붙인 기사

기사를 읽고 생각한 글

어린이 신문을 활용한 시사 논술 예시

신문 기사 중 한 가지를 골라 오리거나 인쇄하여 붙인 다음 그 기사를 읽고나서 알게 된 정보를 정리하고, 그에 대한 생각을 정리하는 형식으로 진행합니다. 일종의 시사 논술인 셈입니다. 아이의 수준·흥미·생각을 파악할 수 있는 유익한 방법입니다. 단, 매일 일기 쓰기와 별도로 신문 기사 정리까지 하는 건 아이에게 부담이 될 수 있습니다. 일주일에 한두 번씩 일기를 대신하는 방식으로 꾸준히 진행해보세요.

체험학습 : 교과서 속 장소 견학하기

사람은 누구나 직접 경험한 것에 친숙함을 느끼고 관심도가 높아지며 이해의 정도가 깊어집니다. 아이들이 유물 전시관, 박물관, 유적지 등 교과서에서 이미 배웠거나 배울 곳을 방문하고 체험하는 것은 수업 흥미도를 높이는 효과적인 방법입니다. 흥미도가 높아지면 수업에 적극적으로 참여하므로 당연히 내용을 깊이 이해하는 데 도움이 됩니다.

주말과 방학을 이용하여 교과서 가족 여행을 계획해보시길 추천합니다. 단, 방문하기 전에 아이에게 갈 곳의 정보를 미리 검색하고 궁금증을 정리하게 해보세요. 사회의 세 가지 영역 중 체험과 견학이 가장 큰 효과를 발휘하는 영역은 역시 역사입니다. 대한민국 곳곳에는 교과서 속 유적지, 전시관, 박물관, 체험관이 있습니다. 교육과정에 맞춰 주요 내용을 바탕으로 학년별 여행의 주제를 정해 시기마다 집중하는 것도 자기주도공부의 훌륭한 방법이 됩니다.

사회과 관련 학년별·영역별 체험학습 / 박물관 프로그램

구분	역사	지리	사회문화
3~4학년	- 남한산성 - 용인 한국민속촌 - 경복궁, 창경궁, 창덕궁 - 수원화성 - 서울 대한민국 역사박물관 - 용인 경기도 박물관 - 첨성대, 안압지, 석굴암 - 불국사, 대릉원 - 임진각, 제3 땅굴	- 수원 국토지리정보원 지도박물관 - 경기도 어린이박물관 - 호야지리박물관 - 서울 국립민속박물관	- 서울 국립한글박물관 - 대전 화폐박물관 - 용인 자동차박물관 - 서울 우표박물관 - 서울 경찰박물관 - 대구 섬유박물관 - 아인스월드
5~6학년	- 국립중앙박물관 - 천안 독립기념관 - 강화 역사박물관 - 짚풀생활사박물관 - 농업박물관 - 용산 전쟁 기념관 - 서대문 형무소 역사관 - 암사동 선사 거주지 - 국립부여박물관 - 국립경주박물관	- 백범기념관(서울, 광주) - 농촌 체험 활동 프로그램 - 어촌 체험 활동 프로그램	- 서울 신문박물관 - 전주 한옥마을 - 남산 한옥마을 - 서울 국회의사당 - 청주 청남대 - 법원 견학 체험 - 용인 백남준 아트센터 - 서울 다문화박물관 - 고성 DMZ 박물관 - 서울 민주인권기념관

디지털교과서 & 영상물 활용하기

사회는 디지털교과서를 활용하기에 가장 적절한 교과입니다. 다른 과목에 비해 사진, 그림, 영상 활용도가 높기 때문입니다. 디지털 교과서(dtbook.edunet.net)는 종이 교과서와 완전히 똑같은 구성이지

사회과 디지털 교과서 예시

만 관련된 사진이나 영상을 바로 볼 수 있게 연결해두었기 때문에 자기주도 공부법의 훌륭한 파트너가 됩니다.

아이가 독서나 체험을 통해 알게 된 관심 주제를 더 깊게 알아보고 싶어 한다면 영상물 활용을 추천합니다. EBS 지식 채널, 유튜브 영상, 예능 프로그램, 다큐멘터리 등의 영상물이 있는데 용도에 따라 다양하게 활용할 수 있습니다.

단, 영상 시청은 언제나 관련 도서와 병행하게 해주세요. 영상물 시청은 학습 방법 중에서도 매우 수동적이고 편리한 학습 방법에 속합니다. 모든 내용을 보여주고 들려주기 때문에 뇌는 영상 속 지식과 정보를 편하게 받아들이면 그만입니다.

반면 같은 내용이라도 책으로 접할 때는 눈으로 읽으면서 머릿속으로 상상하는 과정이 필요합니다. 독서는 단순히 글자만 읽는 게 아니라 그것이 담고 있는 의미를 이해하는 활동이기 때문에 자연히 뇌가 부지런히 움직입니다. 뇌 입장에서 독서는 불편한 학습 방식입니다. 하지만 우리 뇌는 불편하면 할수록 오래 기억한다는 특징이 있습니다. 이렇게 뇌를 부지런히 움직여 이해하고, 정리하고, 상상해야 오래 기억합니다. 그래서 영상 시청은 독서와 병행할 때 시너지 효과를 기대할 수 있습니다.

영상	제목	영역
	MBC 〈선을 넘는 녀석들〉 시즌 2. 3	역사
	tvN 〈요즘 책방: 책 읽어드립니다〉	사회문화
	EBS 〈지식채널e〉	사회문화
	EBS 〈세계테마기행〉	지리

사회 영역별 영상물 추천 목록

인터넷 사이트

지리에 따라 달라지는 기후, 인구분포, 산업 등은 인터넷 검색으로 자료를 얻기 좋은 영역입니다. 3학년 이상이라면 인터넷을 스스로 활용하여 학습하기에 무리가 없습니다. 인터넷 검색을 이용하면 책보다 자세하고 입체적인 최신 자료를 쉽게 얻을 수 있습니다.

특히 사회와 과학 과목에서는 인터넷을 효과적으로 활용하는 만큼 더 많은 것을 배우고 얻을 수 있습니다. 초등학교에서는 컴퓨터 사용법을 가르치기 위해 컴퓨터실을 찾기도 하지만, 사회나 과학처럼 다양한 정보를 수집해야 하는 수업을 할 때도 적극적으로 컴퓨터실을 활용합니다. 사회 과목 전반의 지식을 경험하고, 사회 현상에 대한 호기심을 확장하는 데 도움이 되는 웹사이트를 소개하겠습니다.

웹사이트	검색어	영역
	국토지리정보원 (어린이 지도 여행)	지리
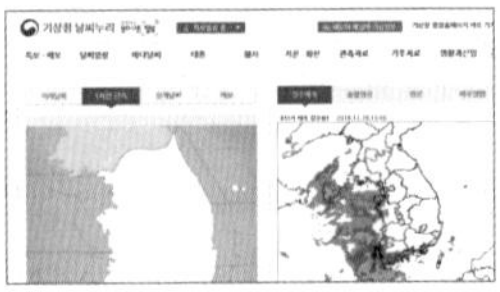	기상청 날씨누리	사회문화
	통계청	사회문화
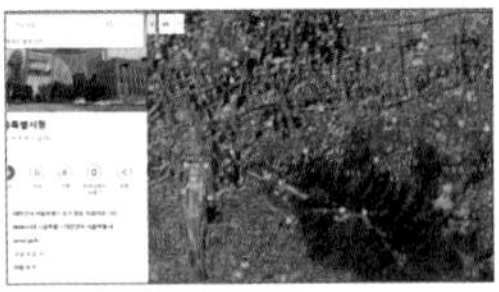	구글 지도	지리

사회 영역별 웹사이트 추천 목록

처음 방문할 때는 부모님이 함께 해주세요. 이후부터는 필요한 정보가 있거나 단순 검색을 하며 시간을 보내도 될 때 자주 들어가 보게 하면 좋습니다. 신뢰도 높은 전문적인 자료를 쉽게 찾아 주도적으로 공부할 수 있습니다.

용어 검색

사회에 등장하는 용어는 국어사전보다 인터넷 검색엔진에서 폭넓게 검색하는 방법을 추천합니다. 다음 백과사전, 네이버 지식백과, 위키피디아 등 인터넷 용어 사전을 활용하면 용어의 개념은 물론, 용어가 포함되는 문장의 예나 사용되는 다양한 예를 동시에 볼 수 있습니다. 더불어 용어와 관련된 이야기나 이미지 등을 볼 수 있어 아이들은 이 과정을 흥미롭게 여깁니다.

다음 백과사전에서 '고장'을 검색한 결과

네이버 지식백과에서 '촌락'을 검색한 결과

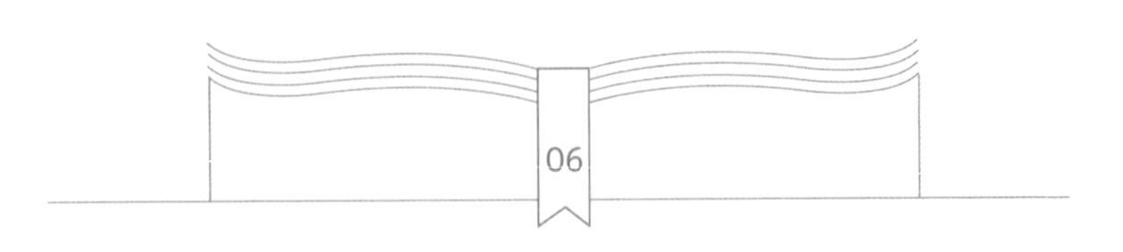

과학,
일상에서 시작하고 글쓰기로 마무리한다

국어, 수학, 영어 공부만도 학습량이 넘치는 아이들에게 사회와 과학 공부까지 늘리는 건 비효율적입니다. 모든 과목을 빈틈없이 다 잘하기 위해 힘을 쏟다보면 정작 집중해야 할 곳에서는 지칠 수 있습니다. 초등 시기에 집중해야 할 과목과 영역, 힘을 좀 빼야 할 과목과 영역을 구분해야 합니다.

기본과 기초를 다지는 데 시간이 걸리는 국어, 수학, 영어에 많은 시간을 할애하세요. 사회와 과학은 학교 수업을 집중해서 듣고 그날 배운 내용을 배움공책과 《실험 관찰》 교과서에 자세히 기록하며 정리하는 정도면 충분합니다. 문제집에 있는 교과서 외 관련 내용까지 기억하려고 애쓸 필요는 없습니다.

핵심은 '조금만'이 아니라 가장 중요한 핵심을 '집중해서' 하자는 겁니다. 과학 교과서에서 핵심적으로 다루고 있는 내용을 알고 있는지, 그 내용을 바탕으로《실험 관찰》에서 묻고 있는 질문에 필요한 요소를 빠짐없이 정확하게 서술할 수 있는지 확인하고 정리하면 됩니다.

과학 교과서와 교육과정

과학은 3학년부터 6학년까지《과학》교과서와《실험 관찰》교과서를 매 학기 단위로 공부합니다.《과학》은 개념과 학습 활동이 담겨 있는 책이고,《실험 관찰》은 수업 중에 관찰한 내용이나 실험 결과 등을 정리할 수 있는 워크북입니다.

과학 교과서는 학년별로 크게 물질, 생명, 운동과 에너지, 지구와 우주의 네 가지 영역으로 구성되어 있습니다. 사회 공부를 할 때는 교과서 내용을 바탕으로 하여 배움공책을 정리하는 방법을 활용했

초등 과학 교육과정 영역별 분류

(영역에서 '운동'은 운동과 에너지, '지구'는 지구와 우주)

학년		단원명	영역
3	1학기	1. 과학자는 어떻게 탐구할까요?	•
		2. 물질의 성질	물질
		3. 동물의 한살이	생명
		4. 자석의 이용	운동
		5. 지구의 모습	지구
	2학기	1. 재미있는 나의 탐구	•
		2. 동물의 생활	생명
		3. 지표의 변화	지구
		4. 물질의 상태	물질
		5. 소리의 성질	운동
5	1학기	1. 과학자는 어떻게 탐구할까요?	•
		2. 온도와 열	운동
		3. 태양계와 별	지구
		4. 용해와 용액	물질
		5. 다양한 생물과 우리 생활	생명
	2학기	1. 재미있는 나의 탐구	•
		2. 생물과 환경	생명
		3. 날씨와 우리 생활	지구
		4. 물체의 운동	운동
		5. 산과 염기	물질

학년		단원명	영역
4	1학기	1. 과학자처럼 탐구해 볼까요?	•
		2. 지층과 화석	지구
		3. 식물의 한살이	생명
		4. 물체의 무게	운동
		5. 혼합물의 분리	물질
	2학기	1. 식물의 생활	생명
		2. 물의 상태 변화	물질
		3. 그림자와 거울	운동
		4. 화산과 지진	지구
		5. 물의 여행	통합
6	1학기	1. 과학자처럼 탐구해 볼까요?	•
		2. 지구와 달의 운동	지구
		3. 여러 가지 기체	물질
		4. 식물의 구조와 기능	생명
		5. 빛과 렌즈	운동
	2학기	1. 전기의 이용	운동
		2. 계절의 변화	지구
		3. 연소와 소화	물질
		4. 우리 몸의 구조와 기능	생명
		5. 에너지와 생활	통합

다면, 과학 공부를 할 때는 배움공책 대신 《실험 관찰》을 활용하면 좋습니다.

과학 교과서에 제시된, 실험 과정에서 관찰하고 알게 된 내용을 《실험 관찰》에 정리합니다. 실험 결과와 실험 과정 중 알아야 할 내용이나 주의 사항 등에 대한 질문 형식으로 되어 있어 질문에 답하는 것으로 학습 내용이 자연스럽게 정리됩니다. 또 필요하다면 빈 공간에 관련된 내용, 추가 질문, 새로운 생각을 정리해놓고 시험 전 복습용 교재로 활용하게 하세요.

과학 자기주도 공부법

사회와 마찬가지로 **과학 역시 교과서 위주로 복습하며 공부합니다. 개념, 실험 과정, 주의할 점까지 교과서에 자세히 설명되어 있으므로 교과서만으로도 충분합니다.** 배운 내용을 확인할 목적으로 문제집을 풀더라도 대부분의 시간은 교과서를 충분히 읽고 이해하는 데 할애해야 합니다.

문제집은 추가적인 내용을 많이 담고 있어 교과서보다 두껍고 내용이 방대합니다. 문제집에 담겨 있는 많은 양의 정보를 아이가 흥미 있게 읽고 소화할 수 있다면 도움이 되지만 유익하기만 한 건 아닙니다. 문제집이 담고 있는 많은 정보 때문에 학습 부담이 늘 수 있고, 정작 핵심적인 내용을 놓칠 수 있기 때문입니다. 교과서 내용을 충분히 이해하고 암기했으며 문제집을 더 풀고 싶어하는 아이라면 문제집을 활용해도 되지만 아니라면 굳이 할 필요가 없습니다.

저희가 공교육 교사라 유난히 교과서를 강조한다고 여길 수 있습니다. 수능 만점자 인터뷰에서 듣던 '수업에 충실하고 교과서로 열심히 공부했다'는 방식처럼 식상하게 들릴 것이라는 점도 잘 압니다. 이보다 더 효과적인 방법이 있다면 그 방법을 안내하겠지만 저희가 아는 한 '교과서 공부법'만큼 효과적인 공부법은 아직 없습니다. 초등 사회와 과학에서는 더욱 그렇습니다.

과학 글쓰기

초등 공부에서 읽기와 쓰기라는 기본이 가장 중요하다고 거듭 강조하는 이유는 읽기와 쓰기가 전 교과에 걸쳐 초·중·고 전 학년에 막강한 영향을 미치기 때문입니다.

과학도 예외가 아닙니다. 잘 읽고 잘 쓰는 아이는 과학도 잘합니다. 신기한 일입니다. 결국 길은 하나로 통하고, 그 길에 제대로 들어서게 만드는 것이 초등 공부의 가장 중요한 과제가 됩니다. 들어선 길에서 속도를 내어 달리는 시기가 중·고등학생 시기입니다. 읽기와 쓰기만 잘해서는 원하는 목표에 닿기 어려울 수 있지만, 읽기와 쓰기가 잘되지 않으면 그 밖의 다른 영역이 아무리 우수해도 좋은 성적으로 연결되기는 어렵습니다. 기본부터 잡고 이후를 고민하고 노력해야 하는 이유입니다.

《실험 관찰》을 조금 더 자세히 살펴보겠습니다. 무언가를 서술하라는 문제가 국어 교과서보다도 더 자주 나옵니다. 이 중에서 정답이 어떤 건지 고르라는 형태의 객관식 문제는 보이지 않습니다. 보기 몇 개 중 하나를 골라내는 능력 말고, 알고 있는 사실을 글로 표현하는 능력을 요구합니다. 뭘 쓰라는 건지 정확하게 파악하려면 '읽기'가 필요합니다. 요구하는 것을 정확하게 글로 표현할 수 있으려면 '쓰기'가 필요합니다.

교과서 문제 유형을 보면 알 수 있듯 개념을 달달 외우기만 해서는 부족합니다. 내용을 이해하고 내 것으로 만들어 설명할 수 있어야 합니다. 교과서 공부와 문제집 풀이 말고 과학 공부에 장기적으로 도움되는 무언가를 하고 싶다면 과학 글쓰기를 추천합니다. 일주일 중 하루는 특별 주제를 정해 과학 일기를 쓰는 것도 좋습니다.

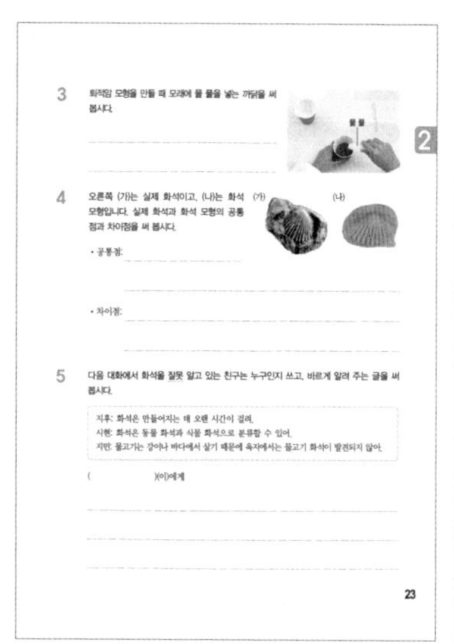

3 퇴적암 모형을 만들 때 모래에 물 풀을 넣는 까닭을 써 봅시다.

4 오른쪽 (가)는 실제 화석이고, (나)는 화석 모형입니다. 실제 화석과 화석 모형의 공통점과 차이점을 써 봅시다.

(가) (나)

• 공통점:

• 차이점:

5 다음 대화에서 화석을 잘못 알고 있는 친구는 누구인지 쓰고, 바르게 알려 주는 글을 써 봅시다.

지후: 화석은 만들어지는 데 오랜 시간이 걸려.
시현: 화석은 동물 화석과 식물 화석으로 분류할 수 있어.
지민: 물고기는 강이나 바다에서 살기 때문에 육지에서는 물고기 화석이 발견되지 않아.

(　　　　　)(이)에게

23

4학년 1학기 2. 지층과 화석
실험관찰

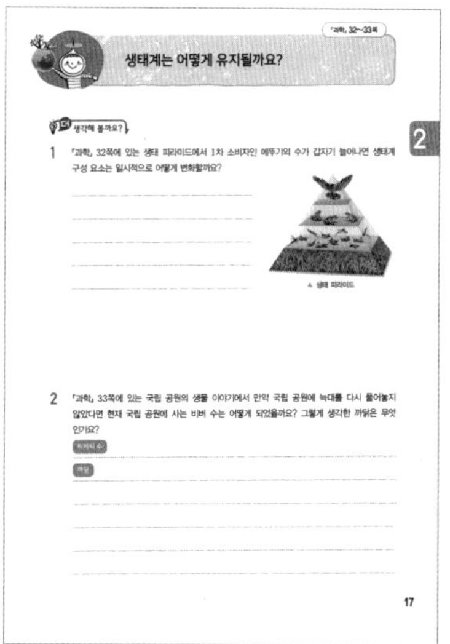

「과학」 32~33쪽

생태계는 어떻게 유지될까요?

생각해 볼까요?

1 「과학」 32쪽에 있는 생태 피라미드에서 1차 소비자인 메뚜기의 수가 갑자기 늘어나면 생태계 구성 요소는 일시적으로 어떻게 변화할까요?

▲ 생태 피라미드

2 「과학」 33쪽에 있는 국립 공원의 생물 이야기에서 만약 국립 공원에 늑대를 다시 풀어놓지 않았다면 현재 국립 공원에 사는 비버 수는 어떻게 되었을까요? 그렇게 생각한 까닭은 무엇인가요?

까닭

17

5학년 2학기 2. 생물과 환경
실험관찰

과학에 흥미와 열정이 있는 아이라면 별도 공책을 정해 '관찰기록장', '연구공책' 등 그럴듯한 제목을 붙여 매일 또는 일주일에 한 번씩 꾸준히 적어보게 하세요. 형식에 얽매일 필요는 없습니다. 집 안의 식물 한 가지를 정해두고 관찰한 내용을 기록하거나 관심 있는 주제를 정하여 검색·관찰·실험하면서 탐구 일기를 써보는 형식입니다. '일기도 겨우 쓰는데 이걸 쓸까?' 싶지만 오히려 생활 일기보다 쉽게 잘 쓰는 아이도 있습니다. 아이마다 좋아하는 주제가 다르기 때문에 내 아이가 흥미를 가질 만한 주제를 함께 찾고 격려하는 것이 부모의 역할입니다.

평가 대비하기

초등학교의 모든 평가는 교사별 평가입니다. 기본 교육과정은 같지만 교사별로 재구성하여 수업을 진행하기 때문에 학급별로 학습 내용과 수준, 시기, 선택 활동 등이 다를 수 있습니다. 활동에 따른 평가도 담임교사마다 다르게 이루어집니다. 평가 문항을 제작하고 반별 진도에 맞추어 평가를 시행하는 것도 담임교사입니다. 그래서 교과서와 수업 위주로 공부하는 방법이 최고의 평가 대비입니다.

한때 초등교사들이 수업용으로 활용하는 '아이스크림'(학습 자료 사이트)에 제시된 평가 문항을 그대로 출제한다는 소문이 돌아 아이스크림 홈런 온라인 학습 프로그램의 선호도가 높아진 적이 있습니다. 여기서 평가 문항의 유형이나 자료를 참고할 수는 있으나 《실험 관찰》에 담긴 문항을 바탕으로 출제하는 경향이 훨씬 높습니다. 다만《실험 관찰》에 담긴 내용의 양과 문제 유형은 한정적이기 때문에 교과서 공부를 충분히 한 후에 확인용으로 문제집이나 인터넷 학습을 활용하는 것 정도가 적당합니다.

과학 평가 문항에서 실험 단원은 실험 목적, 실험 중 유의 사항, 결과 관찰 등에 관한 내용이 주를 이룹니다. 실험이 없는 단원이라면 개념과 용어, 성질, 법칙 등을 묻는 방법이 출제됩니다. 서술형 문항의 비율이 점차 확대되어 절반 이상을 차지하므로 과학 공부는 교과서로 전체를 이해하는 방식이 효과적입니다.

기본 개념과 실험의 진행 과정, 결과에 대해 하나의 흐름으로 먼저 이해하고 부분 부분 나오는 용어와 특징들을 덧붙여서 그림처럼 기억하는 방법으로 공부를 하면 오래 기억할 수 있고 평가에서도 좋은 결과를 얻을 수 있습니다.

두꺼운 문제집으로 많은 문제를 풀기보다 교과서 내용을 바탕으로 알고 있는 개념을 비교하여 설명하고 결론을 도출하면서 서술형 평가에 대비하는 것이 중요합니다.

문제집 선택하기

《과학》과《실험 관찰》로 개념을 익히고 그 내용을 글로 표현하는 것을 복습의 기본으로 삼되 문제집을 통해 점검해보는 것도 괜찮습니다. 다만, 문제집을 기본서로 삼고 문제집에 담긴 사소한 정보를 읽고 외우느라 시간을 쓸까봐, 비슷비슷한 형태의 많은 문제를 푸느라 과학 공부에 너무 오랜 시간을 쓸까봐 걱정됩니다. 교과서를 복습한 후에도 시간이 남아 점검용 문제집 한 권 정도를 가볍게 풀어보는 것 정도면 충분합니다.

과학 문제집을 선택할 때도 기준은 '두께와 호감도'입니다. 두꺼울수록 안심이 되고 좋을 것 같지만 오히려 반대입니다. 초등 수준에서 굳이 필요하지 않은 정보를 가득 넣고 문제 수를 늘리기 위해 비슷한 질문을 이리저리 비틀어 두꺼워진 문제집은 독이 됩니다.

문제집 한 장 푸는 데 30분 넘게 걸리는 아이 때문에 지친다고 하소연하시는 부모님이 있습니다. 가만 살펴보면 아이는 문제집에 담긴 개념 정리와 문제는 물론 사이사이에 들어 있는 토막 상식과 흥미로운 내용을 읽느라 꽤 많은 시간을 보내고 있습니다. 중요한 것과 아닌 것을 구분하기 힘들게 편집되어 있는 문제집 때문에 공부를 했지만 가장 중요한 내용을 기억하지 못합니다. 문제를 풀면서 열심히 평가에 대비했지만 성적이 시원찮습니다.

문제집에 많은 정보를 담아 아이들에게 도움을 주려는 의도는 충분히 읽히지만, 정작 아이들은 너무 많은 요소들 사이에서 길을 잃고 핵심에 집중하지 못합니다. 그래서 개념을 제대로 알고 있는지 확인하는 정도로만 문제집을 활용하는 것이 좋습니다. 헷갈릴 수 있는 개념을 점검하는 문제가 차시 당 한두 쪽 정도의 분량으로 제시되어 있다면 충분합니다.

《과학》을 읽고 이해하고 외우고《실험 관찰》에 적어보는 교과서 복습에 20분이 걸렸다면, 문제집으로 점검하는 시간은 10분 이하로 비중을 줄여야 합니다. 《실험 관찰》에 빠짐없이 잘 적었다면 문제집은 풀지 않아도 됩니다. 어차피 공부할 시간은 정해져 있는데 그 시간 동안 어떤 공부 방법을 선택하느냐에 따라 실력과 점수가 달라집니다.

수학처럼 과학에도 교과서 속 모든 개념을 담고 있는 '과학 개념 사전'이 있습니다. 교과서 개념을 모두 공책에 정리하려면 시간이 많이 걸리므로 시중에 나온 개념 사전을 활용해 초등 과학 교과서 속 개념을 점검, 보충, 예습하는 용도로 활용하세요.

디지털교과서

과학은 자연을 다루고 배우는 과목입니다. 따라서 여러 줄의 글로 된 설명보다 실감나는 사진이나 영상물이 더 효과적인 경우도 많습니다. 그래서 과학 수업에서 디지털교과서(dtbook.edunet.net)의

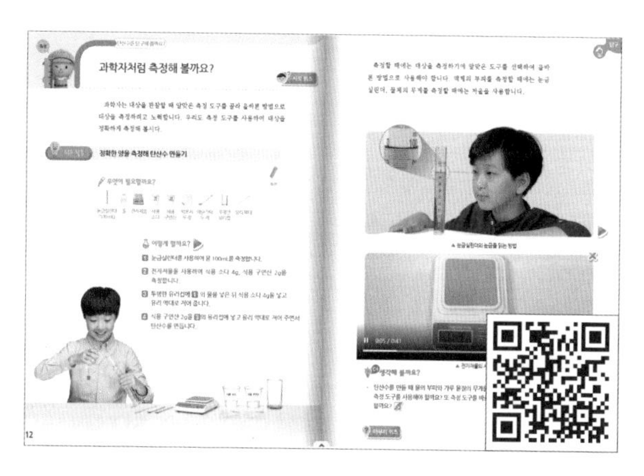

과학 디지털교과서 예시

활용 가치는 대단히 높습니다. 디지털교과서는 페이지마다 필요한 영상 자료를 포함하고 있어 따로 자료를 찾지 않고도 충분히 학습할 수 있으며 아이 스스로 공부하기에도 좋습니다.

영재교육원/영재학급 활용하기

'영재교육원'이나 '영재학급'에 대해 들어봤을 겁니다. 주로 수학과 과학을 다루는데, 해당 과목에 관심이 있고 일정 수준의 학습 능력을 갖춘 희망 학생을 선발하여 방과 후나 주말에 수업을 하는 곳입니다.

대학 부설 영재교육원, 각 시도교육청 영재교육원, 단위 학교에서 운영하는 영재학급이 여기에 속합니다. 대학 부설 영재교육원과 교육청 영재교육원은 학습 수준이 꽤 높은 편입니다. 단위 학교에서 운영하는 영재학급은 해당 과목에 관심이 많고 학교 수업을 잘 따라가는 아이라면 지원해볼 만한, 상대적으로 낮은 수준입니다. 지금부터는 이 세 가지를 모두 '영재학급'으로 부르겠습니다.

영재학급에서는 보통 학교에서 배운 내용을 토대로 학습하지만 좀 더 심화된 내용이나 색다른 주제와 방법으로 수업을 진행합니다.

특히 과학은 학년에 상관없이 실생활에서 궁금했을 법한 내용(채소를 오래 보관하는 방법, 타이어 무늬의 과학적 원리, 공 표면에 따른 비거리 차이 등)이나 현재 떠오르는 과학 주제(코딩, 3D 프린팅, 드론, 인공지능 등)를 수업에 끌어들여 함께 배우고 탐구합니다. 또한 학습하고자 하는 주제를 아이들이 스스로 선정해 일정 기간을 두고 탐구한 뒤 친구들 앞에서 발표하며 공유하는 과정을 경험하기도 합니다.

학교 수업에서는 기본적인 내용을 한정된 시·공간에서 제한적으로 배웠다면 영재학급에서는 더 넓고 다양하게 배워 학교 수업에서 아쉬웠던 부분을 충족하는 기회로 삼을 수 있습니다. 아이가 관심을 보인다면 다양한 과학적 관심과 사고력 신장을 위해 참여할 만한 가치가 충분한 수업입니다. 영재교육에 관한 자세한 정보는 GED영재교육종합데이터베이스(https://ged.kedi.re.kr)에서 확인할 수 있습니다.

GED(영재교육종합데이터베이스)

과학 관련 영상물 활용

과학은 실생활과 밀접한 연관이 있어 수많은 영화나 애니메이션에서도 그 원리를 확인하고 배울 수 있습니다. 영화나 다큐멘터리 등의 영상물을 통해 즐겁고 자연스럽게 과학에 대해 호기심을 느끼고 배울 기회를 만드는 것도 좋습니다.

영상	제목	영역
	tvN 〈신기한 과학 나라〉 (완결)	전 영역
	EBS 〈지식채널e〉	전 영역
	다큐멘터리 (EBS, BBC, 내셔널지오그래픽 등)	전 영역

과학 영역별 영상물 추천 목록

초등학생이 볼 만한 과학 관련 영화를 소개하겠습니다. 〈아이언 자이언트〉, 〈월·E〉, 〈OCTOBER SKY〉, 〈터보〉, 〈불편한 진실〉은 3~6학년 아이가 보기에 좋습니다. 〈투모로우〉, 〈인터스텔라〉, 〈마션〉, 〈지구가 멈추는 날〉, 〈아이, 로봇〉은 5~6학년 아이들이 좋아하는 과학 관련 영화입니다.

아이언 자이언트

예측불허!
월·E

OCTOBER SKY

터보

진실의 힘
불편한 진실

깨어있어라,
그날이
다가온다!
투모로우
2004년 5월, 전세계 동시개봉

키 아 누 리 브 스
2008.12.24.
지구가
멈추는 날

윌 스 미 스
2035년, 미래가 움직이기 시작한다!
아이, 로봇

과학 관련 영화 추천 목록

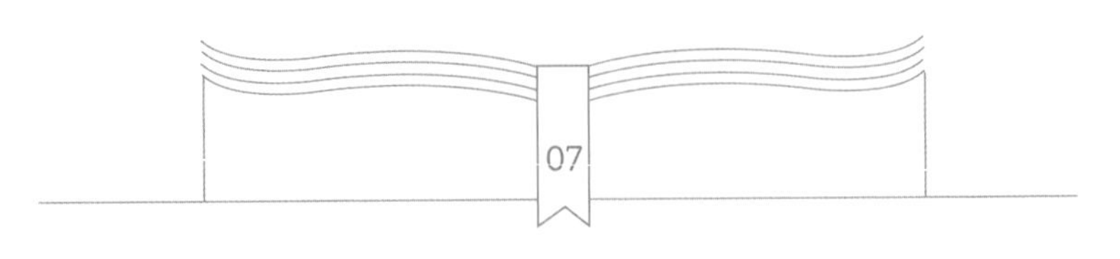

한자,
부수와 뜻풀이가 핵심이다

연구 기관마다 수치에 차이가 나지만 우리말에서 한자어가 차지하는 비율은 대략 60%입니다. 이러한 이유로 교육부는 2016년에 "한자 300자를 선정해 2019년 초등 5·6학년 교과서부터 주요 학습 용어를 한자로도 함께 표기하겠다"라고 발표한 적이 있습니다. 당시 찬반양론이 팽팽하게 맞서다 결국 정책이 무산되었지만 양쪽 의견 모두 수긍이 가는 것도 사실입니다.

한자를 공부하는 것이 우리말의 어원을 폭넓게 이해하고 풍부하게 사용하는 데에 도움이 되는 것은 명백한 사실이지만, 부담스러운 한자를 굳이 공부하지 않아도 우리말을 이해하고 사용하는 데는 큰 어려움이 없다는 것 역시 사실이기 때문입니다.

한자는 정식 초등 교과목은 아니지만 많은 학교에서 인증제 종목으로 채택할 만큼 중요성을 인정받고 있습니다. 저희 역시 어려서 읽은 책에 담긴 다양한 어휘와 조금이나마 배운 한자 덕분에 국어를 더 쉽게 이해하고 활용할 수 있었습니다.

사교육 시장에서도 빠질 수 없는 과목이기 때문에 초등학생을 둔 부모라면 한자 공부를 언제부터 어느 정도로 하게 해야 할지 고민합니다. 해두면 좋을 것 같은데, 잘 하자니 끝이 없고, 안 할 수도 없는 숙제인 한자에 관해 이야기해보겠습니다.

초등 한자 공부의 목표

한자 학습에는 여러 장점이 있지만 초등학생이 한자를 공부하기는 만만치 않습니다. 이런 과목일수록 공부하는 목적과 목표를 분명히 잡고 가야 합니다. 초등학생 한자 공부의 목표를 정리해보겠습니다.

1. 한자에 대한 거부감을 최소로 줄인다.
2. 한자어로 구성된 한글을 읽었을 때 그 뜻을 쉽게 유추할 수 있다.
3. 한자어로 적힌 단어를 읽고 그 뜻을 유추할 수 있다.

한자를 외워서 쓰는 것까지는 목표로 잡지 않았으면 합니다. 시간도 너무 오래 걸리고 어려워서 흥미를 잃기 쉽습니다. 쓰기 비중은 최소로 하고 한자의 구성 원리, 부수, 음을 익힌 후 읽기에 중점을 둔 학습을 추천합니다.

한자 자기주도 공부법

대한민국 한자 공부는 《마법 천자문》에서 시작합니다. 초등학생을 둔 부모라면 《마법 천자문》이라는 책과 애니메이션에 관해 들어봤을 겁니다. 저희도 아이들이 어렸을 때 한자를 스스로 터득하는 데 도움이 되겠다 싶어 많이 보여준 애니메이션입니다. 아이의 흥미가 오래 지속되지 않았지만 처음으로 한자에 대해 관심을 갖고 우리말과 한자의 관련성을 인식하는 계기가 되기도 했습니다.

한자는 공부 방법이 단순합니다. 이해력도 필요하지만 암기만으로도 목표한 수준을 성취할 수 있습니다. **시작은 초등 필수 200자, 이후에는 중학교 교과서에 담긴 기본 한자 900자를 목표로 삼길 바랍니다.** 한자의 음과 훈을 익히고, 한자어를 구성하는 한자들을 유추하고 이해하는 정도까지만 학습하면 충분합니다.

부수 익히기

한자는 부수로 이루어져 있습니다. 부수를 먼저 익혀두면 한자의 구성 원리를 이해할 수 있어 한자를 더 쉽고 빠르게 익힐 수 있습니다. 예를 들면, 楓은 부수가 木인 나무 관련 글자이고 음은 '풍'입니다. 이름에 '풍'이 들어간 나무는 단풍나무입니다. 그래서 楓은 '단풍나무 풍'입니다. 諷은 부수가 言으로 말과 관련된 글자이고 음은 '풍'입니다. 말과 관련된 단어 중 '풍'이 들어간 단어로는 '풍자하다'가 있습니다. 그래서 諷은 '풍자할 풍'입니다. 말(言)이 바람(風)처럼 흘러나온다고 해서 '외울 풍'으로도 쓰입니다.

이렇게 한자는 부수인 言, 木, 風만 알아도 금방 익히고 잘 잊어버리지 않습니다. 그런 만큼 부수를 익히는 데 시간을 더 할애해주세요.

부수를 익히기를 위해서는《뚝딱 한자부수 214》시리즈를 추천합니다. 본 책이 3권인데 옛이야기와 한자 부수를 만화로 풀어내 아이들이 좋아합니다. 부록으로 나온 부수표는 벽에 붙여놓고 자주 보며 자연스럽게 암기하는 방식을 권합니다. 별도 판매하는 워크북을 활용하는 것도 방법입니다. 이렇게 부수 공부가 끝나면《초등 원리한자》를 권합니다. 원리를 통해 한자를 더 깊이 이해하고 정리할 수 있습니다.

뚝딱 한자부수 214 시리즈

초등 원리한자

부수와 연관성 찾아보기

EBS의 〈천하무적 한자 900〉이라는 영상 강의도 한자 공부를 시작하는 초등학생들에게 추천합니다. 한자를 달달 외우기보다 한자에 들어 있는 부수와 연관 지은 후 어떤 부수들의 합인지 보면서 한자를 즐겁게 공부할 수 있습니다.

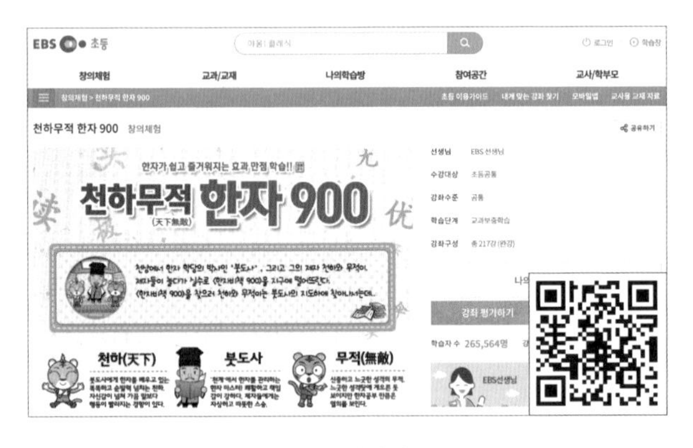

EBS <천하무적 한자 900>
https://primary.ebs.co.kr/CPG/course/view?courseId=10001543

한자를 음별로 묶어 익히며 단어 뜻 유추하기

중학교 교과서에 담긴 기본 한자 900자(천하무적 한자 900자와 동일)가 음별로 정리된 것을 책상 앞이나 벽에 붙여놓고 보면 좋습니다. 예를 들어 음이 '의'인 한자에 '뜻 의, 의심할 의, 의로울 의, 의원 의'가 있다는 걸 알면 모르는 단어 뜻을 유추하는 데 도움이 됩니다. 중학교 한자 교과서에 딸린 부록을 활용해도 좋습니다.

중학교 한자 교과서는 한국 검인정교과서협회(www.ktbook.com), 각 출판사 홈페이지, 대형 오프라인 서점에서 구할 수 있습니다.

한국검인정교과서협회

모르는 단어의 한자와 뜻 정리하기

책을 읽다가 혹은 일상생활을 하면서 새로 알게 된 단어를 국어사전이나 한자 사전에서 찾아 정리하게 하는 방법도 좋습니다. 따로 노트를 준비해서 단어의 뜻과 자주 사용되는 동음이의어까지 함께 정리해보는 방법도 성취감을 얻을 수 있는 좋은 방법입니다. 나만의 한자어 사전을 만들어보는 겁니다. 예를 들면, '의사(意思) : 뜻 의, 생각 사 / 무엇을 하고자 하는 생각, (醫師), (義士), (議事)' 형태로 정리할 수 있습니다.

한자능력검정시험

어떤 공부든 목표와 계획을 또렷하게 세우면 훨씬 효과적입니다. 한자능력검정시험은 급수별로 배정 한자가 구분되어 있으므로 목표를 구체적으로 설정하고 달성 여부를 확인하기가 쉽습니다.

시험 보는 게 부담되거나 자격증을 따는 게 의미가 없다고 여긴다면 한자능력검정시험 주관 기관 홈페이지에서 기출문제를 받아 풀어보는 정도로 충분합니다. 기출문제를 풀면서 한자를 어느 정도 습득했는지 확인할 수 있어 한자 공부에 흥미를 더할 수 있습니다.

한자 자격시험 준비 교재

한자를 공부하면서 흥미를 느끼는 아이들은 한자를 획순에 따라 정확히 쓰는 것과 더불어 사자성어도 익혀 한자 공인 자격증을 취득하는 것도 좋습니다. 한자 공인 자격증은 교육부 훈령에 따라 학교생활기록부에 기록되고, 입시에서는 일부 대학의 어학 특기자 전형에서 자격 조건이나 면접 자료로 활용되기도 합니다. 한자능력검정시험은 여러 기관에서 시행하고 있습니다. 각 기관의 특성을 고려하여 목적에 맞게 선택해 응시해보세요. 자격증을 준비할 때는 해당

한자를 외우는 것부터 시작하기보다 기출문제를 먼저 풀어보길 권합니다. 문제 유형을 알고 학습 방향을 정할 수 있어 효과적입니다.

한자능력검정시험 시행처별 특징과 난이도

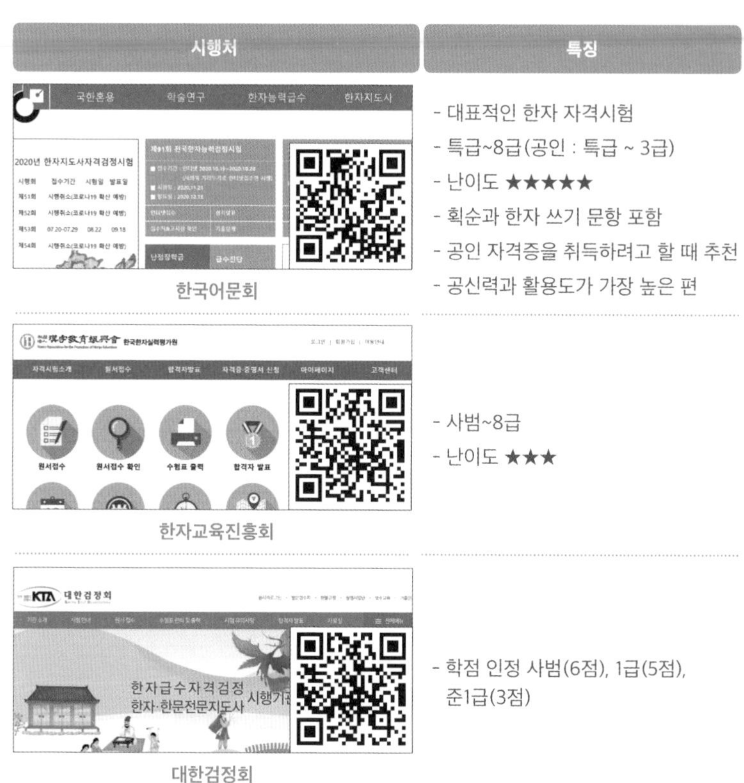

시행처	특징
한국어문회	- 대표적인 한자 자격시험 - 특급~8급(공인 : 특급 ~ 3급) - 난이도 ★★★★★ - 획순과 한자 쓰기 문항 포함 - 공인 자격증을 취득하려고 할 때 추천 - 공신력과 활용도가 가장 높은 편
한자교육진흥회	- 사범~8급 - 난이도 ★★★
대한검정회	- 학점 인정 사범(6점), 1급(5점), 준1급(3점)
 대한상공회의소	- 1~3급 : 국가 공인 자격 - 4~9급 : 상인 자격 - 난이도 ★★(주관식 문항이 없음) - 성취감을 높이기 위한 목적으로 적당함

초등 기본 한자 200자

1	校	학교 교	26	先	먼저 선	51	家	집 가	76	答	대답 답
2	敎	가르칠 교	27	小	작을 소	52	歌	노래 가	77	交	사귈 교
3	九	아홉 구	28	水	물 수	53	間	사이 간	78	道	길 도
4	國	나라 국	29	室	집 실	54	江	강 강	79	同	한가지 동
5	軍	군사 군	30	十	열 십	55	車	수레 거(차)	80	冬	겨울 동
6	金	쇠(성) 금(김)	31	五	다섯 오	56	新	새로울 신	81	根	뿌리 근
7	南	남녘 남	32	王	임금 왕	57	工	장인 공	82	洞	골 동
8	女	여자 녀	33	外	바깥 외	58	空	빌 공	83	動	움직일 동
9	年	해 년	34	月	달 월	59	各	각각 각	84	登	오를 등
10	大	큰 대	35	二	두 이	60	京	서울 경	85	來	올 래
11	東	동녘 동	36	人	사람 인	61	口	입 구	86	力	힘 력
12	六	여섯 륙	37	一	한 일	62	讀	읽을 독	87	老	늙을 로
13	萬	일만 만	38	日	날 일	63	計	셀 계	88	近	가까울 근
14	母	어머니 모	39	長	길 장	64	高	높을 고	89	里	마을 리
15	木	나무 목	40	弟	아우(동생) 제	65	公	공평할 공	90	林	수풀 림
16	門	문 문	41	中	가운데 중	66	功	공 공	91	立	설 립
17	民	백성 민	42	青	푸를 청	67	氣	기운 기	92	今	이제 금
18	白	흰 백	43	寸	마디 촌	68	記	기록할 기	93	每	매양 매
19	父	아버지 부	44	七	일곱 칠	69	旗	기 기	94	面	낯 면
20	北	북녘 북	45	土	흙 토	70	共	함께 공	95	名	이름 명
21	四	넉 사	46	八	여덟 팔	71	男	사내 남	96	命	목숨 명
22	山	산 산	47	學	배울 학	72	內	안 내	97	多	많을 다
23	三	석 삼	48	韓	한국 한	73	科	과목 과	98	短	짧을 단
24	生	날 생	49	兄	형 형	74	光	빛 광	99	文	글월 문
25	西	서녘 서	50	火	불 화	75	農	농사 농	100	書	쓸 서

101	代	대신 대	126	然	그럴 연	151	足	발 족	176	夏	여름 하
102	算	셈 산	127	朴	성 박	152	左	왼 좌	177	始	비로소 시
103	童	아이 동	128	午	낮 오	153	主	주인 주	178	雪	눈 설
104	上	윗 상	129	反	돌이킬 반	154	住	살 주	179	漢	한강 한
105	色	빛 색	130	半	반 반	155	社	모일 사	180	海	바다 해
106	頭	머리 두	131	右	오른쪽 우	156	重	무거울 중	181	信	믿을 신
107	利	이할 리	132	班	나눌 반	157	紙	종이 지	182	身	몸 신
108	夕	저녁 석	133	有	있을 유	158	地	땅 지	183	話	말씀 화
109	李	오얏(자두) 리	134	育	기를 육	159	直	곧을 직	184	花	꽃 화
110	姓	성 성	135	邑	고을 읍	160	川	내 천	185	活	살 활
111	世	인간 세	136	放	놓을 방	161	千	일천 천	186	孝	효도 효
112	明	밝을 명	137	番	차례 번	162	天	하늘 천	187	後	뒤 후
113	少	적을 소	138	別	다를 별	163	死	죽을 사	188	休	쉴 휴
114	所	바 소	139	病	병 병	164	草	풀 초	189	問	물을 문
115	目	눈 목	140	入	들 입	165	石	돌 석	190	物	물건 물
116	手	손 수	141	自	스스로 자	166	村	마을 촌	191	失	잃을 실
117	數	셈 수	142	子	아들 자	167	秋	가을 추	192	方	모 방
118	市	시장 시	143	字	글자 자	168	春	봄 춘	193	洋	큰 바다 양
191	植	심을 식	144	本	근본 본	169	出	날 출	194	百	일백 백
120	食	밥 식	145	場	마당 장	170	成	이룰 성	195	氷	얼음 빙
121	米	쌀 미	146	電	번개 전	171	速	빠를 속	196	夫	남편 부
122	心	마음 심	147	全	온전 전	172	習	익힐 습	197	言	말씀 언
123	美	아름다울 미	148	正	바를 정	173	便	편할 편	198	不	아닐 부(불)
124	安	편안 안	149	分	나눌 분	174	平	평평할 평	199	永	길 영
125	語	말씀 어	150	祖	할아버지 조	175	下	아래 하	200	事	일 사

* 초등 기본 한자 200자 파일은 네이버 카페 <슬기로운 초등생활>에서 다운로드할 수 있습니다.

아이의 기적을 기대하세요

부모라면 누구나 아이를 보며 기적을 기대하고 꿈꾸던 시절이 있었습니다. 이제 말을 배우기 시작해 종알거리며 "이거 뭐야?"라고 종일 질문을 쏟아내는 아이를 보면서, 가르치지 않았는데도 어떻게 알고 또박또박 써놓은 이름 석 자를 보면서, 길거리의 간판을 줄줄 읽고 구구단을 하루 만에 외워버린 아이를 보면서 설레고 행복해 벅차던 시절이 있었습니다.

'나는 어려서 저렇게 똘똘하지 않았는데 어디서 이런 놈이 나왔을까?' 대견해 마지못하던 시절이 우리 모두에게 있었습니다. 그렇게 영특하던 아이를 보기 위해 설레고 긴장된 마음으로 찾아간 공개수업에서 눈이 휘둥그레지게 잘난 아이들을 보고는 마음이 추슬러지지 않았을 겁니다. 똘똘한 줄만 알았던 내 아이보다 훨씬 똘똘한 아이가 많다는 사실을 받아들이느라 속이 상하고 분이 풀리지 않지만 그것조차 추억이 되어버린 건 아닐까 싶습니다.

공부할 놈이 아니야, 커서 뭐가 되려고 저러나, 일찌감치 공무원 시험 준비를 시작하는 게 가장 안전하고 빠른 선택이 아닐까. 기대만큼 성적이 나오지 않는 아이를 보며 속상한 마음에 누구도 시키지 않은 걱정을 하다가 마음 비우는 연습을 합니다. 마음을 비우세요. 마음을 비우고 넉넉한 마음으로 아이를 바라보세요. 다만, 아이에게 일어날 기적을 기대하는 마음만은 절대 포기하지 마세요. 그 기적은 성적을 말하는 게 아니에요. 대학 합격만을 말하는 게 아니에요.

고학년이 되어도 스스로 하지 않는 아이의 모습을 보면 실망스럽고 조급해지는 게 모든 부모의 마음입니다. 누구나 그렇습니다. 아이에게 학습 결정권을 조금씩 더 줘야 한다는 생각에 아이의 공부량을 존중해주면서도 '조금도 더 할 맘이 없는' 아이를 보면서 혼내서라도 더 시켜야 하는지, 알아서 할 때까지 기다려줘야 하는지 헷갈립니다.

공부를 시킬지 말지 고민이 될 때, 먼저 기억해야 할 사실이 있습니다. 아이는 시작부터 지금까지 공부를 하고 싶어서 한 적이 없다는 겁니다. 물론 새로 산 문제집을 반기며 열심히 푼 적도 있고 받아쓰기가 재밌다며 또 불러달라고 한 날도 있었을 겁니다. 하지만 몇 해를 모아봐도 그런 날은 한 손으로 셀 수 있을 정도입니다. 이건 전 세계 모든 아이가 다 그렇습니다. 그게 정상입니다.

순수하게 공부가 재미있어서 더 하고 싶은 아이는 매우 드문 영재형 아이입니다. 그런 아이라면 가만히 두어도 알아서 잘합니다. 자기가 좋아서 하는 일이니까요. 그런 아이는 내 아이와는 경쟁 상대가 아니라고 생각하는 게 속 편합니다. 내 아이와는 다른 길을 가게 될 아이라고 생각하세요.

실제로 15년 넘게 초등 교실에서 수없이 많은 아이를 만났지만 이런 특별한 재능과 생각을 가진 아이는 한 학년에 한 명 정도 있었습니다. 놀랐던 건 이런 아이의 부모마저도 상담을 오면 한숨을 내쉰다는 겁니다. 그만큼 완벽한 아이는 없습니다.

내키지는 않지만 끙끙대면서 하고 있다면, 하기로 한 분량만큼은 투덜대면서도 해내고 있다면 칭찬하고 고마워해야 할 일 맞습니다. 우리 아이와 경쟁할 다른 아이들도 지금 모두 어느 집, 어느 학원에서 한숨을 푹푹 쉬며 숙제를 잡고 끙끙대고 있을 겁니다. 이 사실만 인정하면 아이를 바라보는 시선이 훨씬 부드러워집니다. '얘는 왜 조금도 더 하려고 하지 않을까?'라는 고민은 멈춰야 합니다. '잘하고 있다', '힘들 텐데 애쓰고 있다'라고 생각을 바꾸고, 그래서 앞으로 '어떻게 하면 공부량을 늘릴 수 있을지'만 고민하면 됩니다.

스스로 해보려는 의지가 없는 아이의 공부량을 늘리는 최고의 방법은 칭찬과 보상입니다. 칭찬하고 보상을 주면 점점 더 큰 걸 바라게 될까봐 혹은 보상이 없어지면 아예 하지 않을까봐 겁먹고 어떤 시도도 하지 않는 부모를 봅니다. 하기 싫은 마음을 꾹꾹 눌러가며 약속한 공부를 끝냈는데 그게 너무도 당연한 일이 되어버리고, 조금 더 해볼 생각은 왜 하지 않느냐며 타박받는 아이는 어떤 마음일까요? 내일은 더 열심히, 더 많이 해야겠다고 다짐을 할까요?

이 공부를 왜 매일 해야 하는지, 무엇을 위해 해야 하는지를 알려주는 건 중요합니다. 하지만 이 말을 듣고 아이가 당장 움직일 거라 기대하진 마세요. 먼 미래에는 효과가 있을지언정 지금 당장은 힘이 없는 말입니다. 보통 아이에게는 너무 아득하고 먼 미래로 느껴질 말이거든요. 아이에게는 지금 당장 '열심히 하면 좋은 일이 생긴다'

라는 사실을 알게 하는 게 중요합니다.

하기로 한 분량을 성실히 해낸다면 눈에 보이지 않을 만큼 조금씩 시간을 늘려보세요. 하기 싫은 티를 팍팍 내며 공부하는 모습을 보자면 불쑥 화가 올라올 수 있습니다. 그럴 땐 '저렇게 하기 싫은데도 불구하고 어쨌든 애써 하고 있구나'라고 봐주세요. 온몸으로 드러나는 싫은 기색은 아이 나름대로 애를 쓰는 또 다른 모습이라고 생각해주세요. 싫어도 결국 하고 있다면 그 모습을 칭찬해주세요.

게다가 약속대로 해냈다면 충분히 보상해주세요. 칭찬과 보상 없이 스스로 하려면 아직 한참 남았습니다. 안 할 아이도 아니고, 못 할 아이도 아닙니다. 아직은 할 마음이 없는 아이일 뿐입니다. 이제 겨우 초등학생입니다.

다음은 박성혁 선생님이 쓴 《이토록 공부가 재미있어지는 순간》에 나오는 글입니다. 아이의 기적을 기대하는 마음으로 읽어봐주세요.

흔히 공부는 어쩔 수 없이 꾹 참고 해야 하는 것, 머리나 조건이 좋아야만 잘할 수 있는 것이라 생각합니다. 하지만 제가 해본 공부는 '머리'나 '방법'의 문제가 아니라 오로지 '마음'의 문제였습니다. 따지고 보면 공부 잘되는 날도 '마음' 덕분, 공부 안되는 날도 '마음' 때문이었으니까요. 기대해도 좋습니다. 공부하고 싶은 마음이 가득하면 '공부가 이렇게 재미있다니!'라며 저절로 감탄이 나올 것이고, 공부에 재미가 붙으면 저절로 성적까지 오르는 놀라운 기적이 눈앞에 펼쳐질 것입니다. 잊지 마세요. 기적을 일으키는 데 필요한 건 오로지 '마음'뿐입니다.

4장

자기주도공부를 성공으로 이끄는 초등 핵심 습관 일곱 가지

초등학생 아이가 장기전에 돌입했습니다. 목표는 레이스 완주라는 점을 기억하세요. 완주할 수 있도록 함께 달려줄 일곱 가지 파트너를 소개합니다. 아무리 뛰어난 공부머리를 가지고 태어난 아이라도 아무리 넘치는 사교육을 제공할 능력이 있다 해도 지금부터 소개할 일곱 가지가 준비되지 않으면 아이가 공부 주도권을 갖는 일, 결코 만만치 않을 겁니다. 반대로 우리 아이가 이 일곱 가지를 균형 있게 길러가는 중이라면 살짝 들뜬 마음으로 아이의 완주를 기대해봐도 좋을 겁니다.

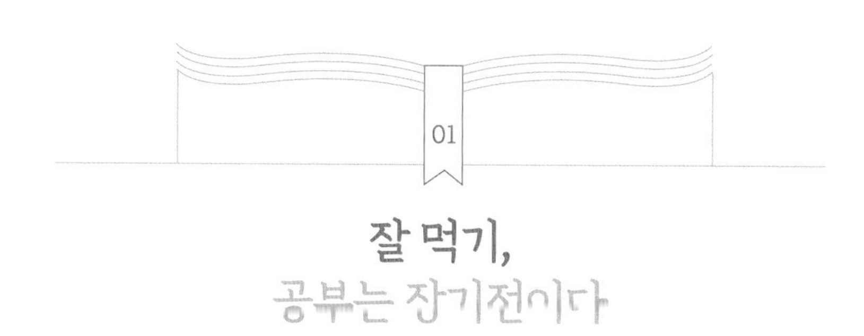

잘 먹기, 공부는 장기전이다

전직 미국 대통령인 오바마는 한 부모 가정에서 성장했지만 단 한 번도 자신을 향한 가족의 사랑이 부족하다고 느낀 적이 없었다고 합니다. 그럴 수 있었던 이유로 매일 어머니와 마주 앉아 아침밥을 먹으며 대화했던 경험을 들고 있는데요, 나를 위해 차려진 밥상에서 어머니의 깊고 따뜻한 사랑을 충분히 느꼈던 거죠. 오바마 대통령의 예를 들지 않아도 아침밥의 정서적 효과는 충분히 공감하실 거예요. 아침밥의 정서적 효과와 더불어 '공부하는 아이'에게는 '삼시 세끼'의 중요성도 점점 강조되고 있습니다.

공부하려면 잘 먹어야 합니다. 입맛 없는 아이, 예민하고 까다로운 식성의 아이, 편식하는 아이도 공부하려면 무조건 잘 먹어야 합니다. 잘 챙겨 먹으면 지금보다 더 잘할 가능성이 높습니다. 충분한 영양 공급은 뇌의 집중력과 효율에 직결되기 때문이죠. 다음은 음식이 두뇌 활동에 미치는 영향에 관한 논문의 일부입니다.

> 여중생을 대상으로 한 이승춘(2004)의 연구에서는 식습관이 좋고 아침 결식률이 낮으며, 인스턴트식품을 적게 먹고 있는 집단의 학업성적이 높게 나타났으며, 김영신(2008)의 중학생들의 식습관, 영양 지식이 건강 상태와 학업 성취도에 미치는 영향에 관한 연구에서도 영양 지식 점수가 높을수록 학업 성취도가 높게 조사되었고, 하루 식사 횟수가 3회이고, 3끼 모두 충분한 식사 시간을 가지며 편식을 하지 않는 그룹의 학업 성취도가 높게 나타났다.
>
> 〈초등학교 고학년의 아침 식사 실태 및 식습관과 학업의 관련성에 관한 연구〉, 강소희, 2013

들인 돈에 비해 높은 성과와 효율을 얻을 수 있을 때 '가성비가 좋다'라고 합니다. 비용만이 아니라 들인 시간, 에너지, 노력에 비해 더 많은 것을 얻을 수 있다면 '효율이 높다'라고 표현할 수 있습니다. 공부는 효율이 높아야 합니다. 시작은 '열심히'지만 목표는 '잘'하는 것이기 때문입니다.

우리 아이들이 이왕 공부를 시작했고 결과를 기대하고 있다면 조금이라도 더 높은 효율을 얻기 위해 전략적으로 접근했으면 합니다. 열심히만 하다가 좌절하지 않았으면 합니다. 엉덩이 힘으로 우직하게 노력은 했으나 결과는 아쉽다며 그냥 넘겨버릴 문제가 아니라는 뜻입니다. 아이가 학생의 본분을 충실히 하려 노력하고 있다면 부모도 부모의 본분을 잊지 말고 최선을 다해주세요.

> 식사 시간을 줄이고 과도하게 공부에 매진하는 것은 장기전에서 결코 올바른 방법이 아닙니다. 스스로 그렇게 숨이 막히는 환경을 만들면 결국 질식하는 것은 자기 자신입니다.
>
> — 이지훈, 《공부, 이래도 안되면 포기하세요》 중에서

공부 효율을 높이세요. 이왕 하는 거 원하는 결과까지 동반되도록 높은 효율을 유도해보세요. 지금 초등학생인 아이가 공부한 만큼의 효율을 얻을 수 있는 최고의 방법은 '제대로 된 좋은 식사'입니다. 인생 전체의 건강, 체격, 면역력, 성장, 식습관을 결정하는 가장 중요한 신체적·정신적 성장기이기 때문입니다. 부쩍부쩍 성장하느라 돌아서면 배고픈 아이들에게 몸과 더불어 뇌에도 충분한 영양소를 챙겨주세요.

삼시 세끼 챙기기 실전 원칙

성장기 아이에게 식사보다 중요하고 기본인 건 없습니다. 물론 이미 잘 알고 있지만 현실에 적용하고 매번 빠짐없이 실천하기란 쉽

지 않습니다. 아이의 하루 끼니를 완벽하게 챙기는 일은 부모에게 상당한 부담입니다. 특히 세끼를 모두 집에서 해결해야 하는 주말, 방학, 온라인 수업 기간에는 종일 부엌에서만 시간을 보내도 감당이 안 됩니다. 그래도 원칙이 흔들리지 않았으면 합니다.

아이의 밥을 시간 맞춰 차리느라 고생스러운 시기는 전체 인생에서 몇 년 되지 않다는 걸 기억해주세요. 집에서 먹이고 싶어도 그럴 수 없는 시기가 생각보다 훨씬 빠르게 다가옵니다.

원칙 1. 아침밥은 양보하지 마세요

매 끼니 양질의 식재료로 최고의 영양식을 차려야 한다는 말이 아닙니다. 공부에 필요한 에너지는 섭취하는 영양소에서 나온다는 기본 원칙을 기억하라는 말입니다. 눈물이 날 만큼 속상하고 절박한 맞벌이의 상황에서도 아이는 자라납니다. 상황보다 중요한 건 원칙입니다.

매년 만나온 교실 속 아이들의 현실을 살짝 알려드릴게요. 늦잠 자느라, 입맛 없어서, 안 차려줘서, 맛이 없어서, 속이 안 좋아서, 배가 아파서, 지각할까봐 등 다양한 이유로 아침을 굶고 등교하는 아이들이 있습니다.

속이 비어 있으니 힘이 없고, 힘이 없으니 공부할 의욕이 없고, 공부할 의욕이 없으니 수업에 집중하지 못합니다. 멍 때리고 앉아 있다가 선생님에게 잔소리를 듣고, 모둠 친구들에게서 열심히 좀 참여하라는 핀잔을 듣습니다. 배가 고프니 예민해져서 친구의 한 마디도 쉽게 지나치지 못하고 별것 아닌 일로 큰 싸움이 일어납니다.

매해 만나는 학부모님들에게 다른 것보다 아침밥을 꼭 챙겨 먹여 달라고 부탁드리는 이유도 여기에 있습니다. 빈속으로 오전 수업 4교시를 정상적인 컨디션으로 열심히 참여하고 즐겁게 보내기가 쉽지 않습니다. 어른은 빈속으로 출근해도 커피도 마시고 간식도 먹을 틈이 있지만 아이들은 그럴 틈이 없습니다.

3교시 끝날 즈음이면 아침밥 먹고 등교한 아이들도 배고프다고 힘들어합니다. 교실 생활은 어김없이 일상생활, 학원 생활, 혼자 공부하는 습관에까지 영향을 미칩니다. 그래서 아이가 스스로 공부하는 습관을 만들기 위해서는 규칙적이고 영양가 높은 식사가 기본이라고 강조하는 겁니다.

원칙 2. 끼니는 거르지 않습니다

'끼니를 빠짐없이 챙긴다'라는 기본 원칙을 세우면 흐지부지 때우는 날이 줄어듭니다. 조금 더 부지런을 떨어 맞벌이 부모님을 기다리는 아이가 혼자서도 챙겨 먹을 수 있는 구조를 만들어주세요. 초등 시기의 영양 상태와 식습관이 평생의 건강과 평생의 식습관, 나아가 아이가 부모가 되어 꾸린 가정의 식습관에도 영향을 미칩니다. 원칙은 간단합니다. 제때에 제 끼니를 챙기는 것입니다.

아이들이 벌써 규칙적인 식사보다 학원 시간표와 숙제를 더 중요하게 생각하는 건 아닌지 안타까울 때가 많습니다. 학교를 마치고나면 여러 학원을 오가느라 분식집과 편의점에서 저녁을 해결하는 게 일상이라는 아이들이 적지 않습니다. 컵라면, 샌드위치, 떡볶이, 닭꼬치, 햄버거, 삼각김밥이 매일의 저녁입니다. 이런 아이들에게 우리는 좋은 성적을 기대해도 되는 걸까요? 정말 그럴 권리가 있는 걸까요?

고학년이 될수록 시간표가 촘촘해지니 이해는 합니다. 하지만 그렇게 부실한 저녁을 먹는 일이 당연한 일상이 되어서는 곤란합니다. 아이가 학원 수업에 늦었거나, 부모가 맞벌이여서 어쩌다 한 번은 그럴 수 있지만 당연하게 여기거나 괜찮다고 생각하지 않았으면 합니다.

매일, 매번 아무렇지 않게 당연히 그래도 괜찮은 것으로 생각했다면 멈춰주세요. 저희 큰아이도 수학 학원 수업이 늦게 끝나는 날에는 쉬는 시간에 잠시 편의점에 들러 샌드위치로 허기를 달래고 들어가곤 했기 때문에 미안하고 찝찝한 마음이 늘 있었습니다. 정말 어쩔 수 없는 건지, 그것 말고는 대안이 결코 없는 건지, 최선의 선택이었는지 짚어봤으면 합니다.

원칙 3. 영양소의 균형을 고려하세요

끼니마다 균형 잡힌 영양소를 고려하기는 불가능하며 그럴 필요도 없습니다. 요리가 취미이자 특기인 분이라면 모를까 대다수 부모들은 일, 가사, 육아, 자기계발로 바쁜 하루를 보냅니다. 그래서 매끼니를 기준으로 삼기보다 하루 세끼를 기준으로 영양소 균형을 고려해서 음식을 챙기면 수월합니다.

영양소 중에서도 공부할 때 필요한 열량을 제공하는 탄수화물과 성장에 필요한 단백질은 매일 빠짐이 없어야 합니다. 하루 두 번 이상 밥으로 된 식사 차리기, 하루 한 번 고기나 생선 반찬 차리기, 아침 식사에는 사과 등의 과일 곁들이기, 매일 우유 마시게 하기, 비타민과 유산균 등의 기본 영양제 챙겨주기 등의 큰 원칙을 세우고 그것만이라도 지키도록 노력하세요.

학원이 늦게 끝나 떡볶이로 저녁을 때우고 온 피곤한 아이에게 닭가슴살 샐러드나 두부조림 등의 단백질을 보충해주는 것만으로도 공부 효율을 높일 수 있습니다.

원칙 4. 간식의 영양가도 챙기세요

공부 효율을 높이는 데 간식도 훌륭한 파트너입니다. 편의점에서 컵라면 등으로 당장의 허기는 메울 수 있지만 그것도 어쩌다 한두 번입니다. 적어도 일주일에 두세 번 정도는 우유, 치즈, 육포, 삶은 달걀, 샐러드 등 신선하고 영양가 높은 간식을 준비해주세요.

부모가 회사에 다니느라 일일이 챙겨줄 수 없는 상황이라면 냉장고에 미리 준비해두고 아이가 챙겨 먹을 수 있도록 습관을 만들어주세요. 매일 챙기기가 어렵다고 포기하기보다는 일주일에 절반 이상은 '그래도 좀 괜찮은 간식'을 먹이겠다는 큰 원칙 아래 접근하면 부모도 훨씬 덜 부담스럽습니다.

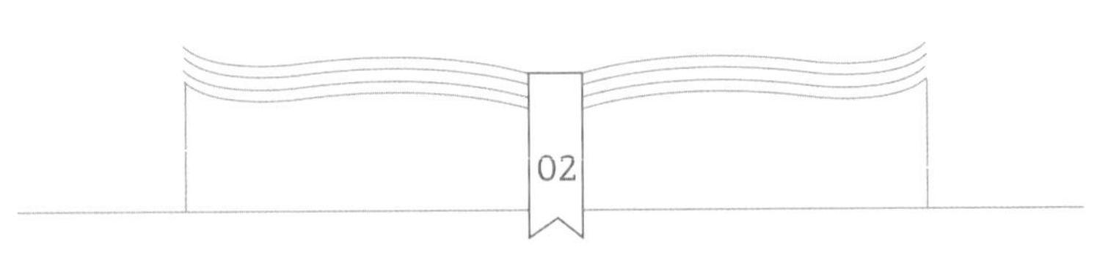

잘 자기,
공부에도 잠이 보약이다

역사상 위대했던 위인의 수면법을 살펴보면 다양합니다. 하루 2시간 정도만 자는 위버맨 수면법을 실천한 레오나르도 다빈치나 테슬라, 하루 4시간만 자며 작곡에 몰두했던 모차르트, 10시간 이상 자야 일상생활에 무리가 없었다는 아인슈타인도 있습니다. 권장 시간에 맞춰 수면을 시도하되 다음 날 몸 상태를 확인하면서 아이에게 맞는 수면 시간과 방법을 찾는 노력이 공부를 시작하는 과정에서는 반드시 필요합니다.

초등학생인 우리 아이, 요즘 잘 자고 있나요? 공부를 잘하고 있는지에 관심이 있다면, 충분히 잘 자고 있는지도 살펴야 합니다. 공부 효율을 높이고 공부로 인한 스트레스를 해소하기 위한 확실한 방법이기 때문이지요. 저희 두 사람은 성인 평균 수면 시간보다 훨씬 많이 자는 편이며, 아이들도 그렇습니다. 잠이 주는 학습적 효율을 잘 알고 있으며 자는 시간을 줄여가며 공부하면 얻는 것보다 잃는 것이 많은 시기라는 점에 합의했기 때문입니다.

어른인 우리도 잠의 영향을 크게 받습니다. 잠을 잘 자고 난 다음 날엔 개운하고 활기차게 하루를 시작하지만, 그렇지 못한 날엔 무기력하고 멍한 정신과 무거운 몸으로 하루를 보냈던 경험이 있을 거예요. 하루 동안 활동하면서 소비한 몸의 에너지를 재충전하는 시간이 바로 수면 시간이기 때문입니다.

한창 성장하는 아이들은 성인에 비해 수면의 영향을 훨씬 많이 받습니다. 수면의 중요성은 이미 수차례 검증되어 수면의 역할과 기능에 대한 연구 결과를 볼 수 있고, 지금도 관련 연구가 계속 진행되고 있습니다. 여러 연구에서 공통으로 나타나는 수면의 기능과 학습에 미치는 역할을 잠시 살펴보겠습니다.

첫째, 신체·근육·뇌의 기능이 회복됩니다.

뇌는 스트레스를 느끼면 신체에서 호르몬을 분비해 기억력을 떨어트립니다. 그러나 잠자는 동안 멜라토닌이 스트레스 저항력을 높여주면, 공부할 때 스트레스를 받더라도 뇌가 새로운 정보를 받아들이기에 적절한 상태를 유지할 수 있습니다.

둘째, 낮 동안 배우고 학습한 정보를 정리합니다.

숙면을 취하는 동안 기억을 관장하는 해마는 뇌에 입력된 정보들

가운데 남길 만한 정보는 남기고 버릴 것은 버려 재정리를 합니다.

셋째, 뇌척수액의 흐름이 높아지면서 뇌 안에 쌓인 대사 폐기 물질을 청소해서 배출합니다.

잠자는 동안 뇌척수액은 낮에 생체 활동을 하느라 발생한 불필요하거나 해로운 물질을 감소시켜 다음 날 새로운 에너지를 바탕으로 활동할 수 있게 합니다.

수면은 우리가 단순히 짐작한 것 이상으로 몸에 절대적인 영향을 미치며 공부의 효율을 높입니다. 공부법을 이야기할 때 수면을 매우 중요하고 필수적인 조건으로 생각해야 하는 이유입니다.

하지만 넘치는 학원 숙제를 다 하고나면 11시, 12시를 훌쩍 넘기는 게 대한민국 초등 고학년 아이들의 현실입니다. 물론 숙제를 통해 공부량이 확보되고 실력이 보장되므로 안 할 수는 없습니다. 공부량을 늘리고 싶을 때 시간보다 중요하게 고려해야 할 점이 있습니다. 바로 집중력입니다.

똑같이 공부해도 누구는 잘하고 누구는 못하는 건 집중력이 다르기 때문입니다. 집중력에 따라 공부 효율이 완전히 달라집니다. 집중력에 가장 큰 영향을 미치는 요인은 몸과 마음의 건강 상태입니다. 몸 건강의 기본은 잘 자고 잘 먹는 겁니다.

거꾸로 말하면 잘 자야 건강하고, 건강해야 집중할 수 있으며, 집중할수록 공부 효율이 높아집니다. 효율 높은 공부를 하기 위해, 열심히만 하지 말고 '잘'하기 위해 아이의 수면 시간을 어떻게 활용하고 조절할지 고민해야 하는 이유입니다.

잠 못 드는 요즘 아이들

우리 아이들은 잘 자는 걸까요? 한국 청소년 정책연구원에서 2019년 12월에 발표한 〈청소년의 건강권 보장을 위한 정책 방안 연구〉에 따르면 초등학교 4~6학년 평균 수면 시간은 8시간 41분, 중학생은 7시간 21분, 고등학생은 6시간 3분으로 평균 7시간 18분이었습니다.

구분	기상 시간	취침 시간	수면 시간
초등학생	7시 22분	10시 41분	8시간 41분
중학생	7시 15분	11시 54분	7시간 21분
고등학생	6시 54분	12시 51분	6시간 3분
전체 평균	7시 10분	11시 52분	7시간 18분

전국 초등학교 4~6학년(2,635명), 중학교 1~3학년(2,585명), 고등학교 1~3학년(2,981명) 학생을 대상으로 2019년 5월부터 7월까지 설문 조사한 결과(한국 청소년 정책연구원)

미국 국립수면재단NSF에서는 만 6~13세는 9~11시간, 만 14~17세는 8~10시간 정도를 수면 시간으로 권장합니다. 대한민국 초등학생은 수면 시간이 권장 시간 대비 약간 부족하지만 중·고등학생은 눈에 띄게 부족해지는 걸 알 수 있습니다.

미국 국립수면재단 연령대별 권장 수면 시간

구분	권장 시간	양호	부적절
만 6~13세	9~11시간	7~8시간, 12시간	7시간 미만, 12시간 초과
만 14~17세	8~10시간	7시간, 11시간	7시간 미만, 11시간 초과
만 18~25세	7~9시간	6시간, 10~11시간	6시간 미만, 11시간 초과
만 26~64세	7~9시간	6시간, 10시간	6시간 미만, 10시간 초과
만 65세 이상	7~8시간	5~6시간, 9시간	5시간 미만, 9시간 초과

앞서 진행한 설문 조사에서 잠이 부족하다고 느끼는 아이는 전체 응답자의 55.2%였는데, 잠이 부족한 첫 번째 이유로는 공부가 가장 많았고 그다음으로는 인터넷 사이트, 학원 및 과외, 채팅 순이었습니다.

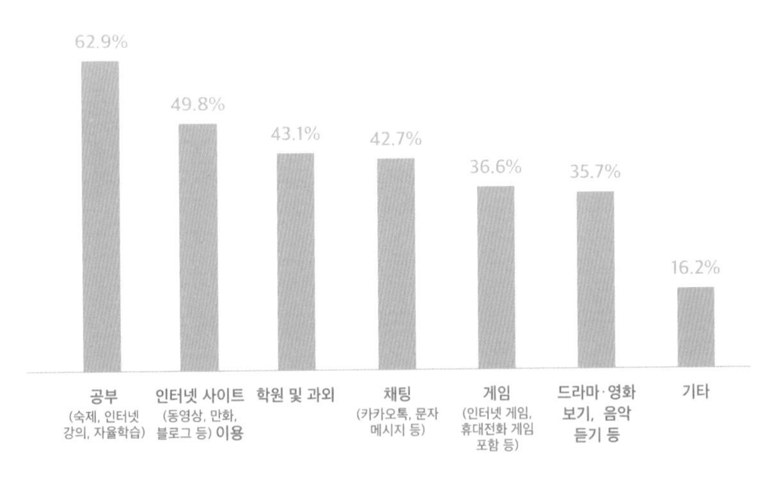

수면 부족 이유(복수 응답)

남학생은 공부-게임-인터넷 사이트 순이지만 여학생은 공부-인터넷 사이트-채팅 순입니다. 또, 초등학생은 공부-학원 및 과외-게임-드라마/영화/음악-인터넷 사이트-채팅 순이지만 중학생은 공부-인터넷 사이트-채팅 순으로 차이를 보입니다.

아이들이 충분히 자지 못하고 있습니다. 공부하느라 못 자고, 스마트폰 쳐다보느라 더 못 자고 있습니다. 부모라면 당연히 지금보다 공부 시간은 늘리고 인터넷, 게임, 드라마 시청 시간은 줄이고 싶겠지만 그게 어디 마음처럼 되던가요. 그래서 습관이 중요합니다.

중·고등학생이 되어 스마트폰 중독이 되어버린 아이를 잘 자게 해주고 싶다는 이유로 스마트폰을 반납하라고 할 수 없습니다. 그게 없으면 안 되는 아이가 되었습니다. 그렇게 되기 전에, 다시 말해 아직 부모의 말에 순종하는 초등 시기에 좋은 습관은 더해주고 안 좋은 습관은 빼는 시도를 해야 합니다.

초등학생의 적정 취침 시간

초등 시기는 내 아이에게 맞는 수면 시간, 취침·기상 시간, 수면 방법을 찾아가는 시간이라고 생각해야 합니다. 잠을 부르는 호르몬인 멜라토닌이 분비되기 시작하는 시간은 보통 밤 9~11시이고 새벽 2시경 최고조에 달하기 때문에 초등학생이라면 10시 이전에는 잠자리에 들라고 추천합니다.

사춘기가 되면 멜라토닌이 분비되는 시간이 차츰 늦춰지지만 그렇다 해도 잠자리에 드는 시간은 자정을 넘기지 않는 게 좋습니다. 그래야 깨어 있는 동안 밀도 높은 집중력을 발휘하여 공부할 수 있습니다. 부모는 아이가 스스로 학습해야 하는 양을 고려하여 수면 시간을 여러 차례 달리 하면서 자신에게 적합한 수면 시간을 찾는 시도를 하게 도와야 합니다.

얼마 전, 서울대 재학생들의 이야기를 들을 수 있는 유튜브 채널 〈스튜디오 S〉에 서울대 의예과에 재학 중인 김규민 학생이 나왔습니다. 김규민 학생은 고등학교 3학년 내내 저녁 11시에 잠들고 아침 4시 30분에 일어났다고 합니다. 그러면서 한 말이 잠드는 시간은 11시로 지키는데 "핵심은 '4시 30분에 일어난다'가 아니라 '아주 상쾌하게 눈이 떠지는 시간', 그 시간이 4시 30분이었다"입니다.

4시에도 일어나보고 6시에도 일어나봤는데 가장 개운하게 일어난 시간이 4시 30분이었다는 겁니다. 사람마다 다를 수 있고 초등학생이 따라 하기엔 무리가 있는 시간입니다. 하지만 **초등학생이라도 내가 쉽게 잠들 수 있는 시간과 개운하게 일어날 수 있는 시간, 나만의 적절한 수면 시간과 패턴 등을 찾아보는 노력은 해볼 만한 일입니다.**

꿀잠을 부르는 최적의 환경

2011년 스탠퍼드대학교 연구 팀은 미국립과학원회보PNAS에 푹 자지 못하고 자다 깨다를 반복하는 분절 수면이 기억력을 떨어트린다는 연구 결과를 발표했습니다. 수면을 방해받지 않은 쥐는 낯선 물건을 인지하는 데 오랜 시간이 걸리지만, 낯익은 물건을 인지하는 데는 그다지 오랜 시간이 걸리지 않았다고 합니다. 하지만 수면을 방해받은 쥐는 낯선 물건이든 낯익은 물건이든 상관없이 인지하는 데 똑같이 오랜 시간이 걸렸다고 합니다. 즉, 숙면을 취하지 못하면 인지능력이 떨어질 수 있다는 말입니다. 사실 연구 결과를 모르는 사람조차 이미 경험을 통해 알고 있는 내용이긴 합니다.

아이의 숙면을 돕는 최적의 환경은 아래와 같습니다.

- 일정한 시간에 잠자리에 들고 깨는 습관을 들이세요.
- 방 온도는 18~24℃가 적당합니다. (높은 온도는 숙면을 방해합니다.)
- 암막 커튼을 활용해서 방 안의 빛을 최대한 차단합니다.
- 아이 몸에 편한 침구류(이불, 침대, 적당한 높이의 목 베개)를 사용합니다.
- 가볍고 조임이 없는 복장을 선택합니다.
- 자기 전에 2~3분 정도 가볍게 스트레칭을 합니다.
- 잠자기 두 시간 전에는 스크린 기기(스마트폰, 패드, 노트북, PC, TV 등)를 사용하지 않습니다.
- 스마트폰이나 패드는 잠자는 공간에 들이지 않습니다.

가장 신경 써야 하는 부분은 스크린 기기, 그중에서도 스마트폰입니다. 2016년 대한소아내분비학회에서는 초등학생 학부모 500명을 대상으로 바른 성장을 위한 생활 습관 실천 인식 조사 결과를 발표했습니다. 응답자의 35.2%는 아이가 8시간 이하로 잔다고 답했고, 약 40%는 아이가 잠자기 직전까지 전자 기기를 사용한다고 답했습니다. 아이의 수면 습관에 부정적인 영향을 끼치는 가장 큰 요인으로 전자 기기 사용을 꼽은 응답자는 77%에 달했습니다.

잠자기 전에 스크린 기기를 사용하면 블루라이트가 뇌를 깨워 멜라토닌 분비를 억제할 뿐 아니라 2~3시간 동안 영향을 미쳐 수면을 방해합니다. 잠드는 데도 오랜 시간이 걸리지만, 설사 잠들더라도 숙면에 이르기까지 오랜 시간이 걸린다는 말입니다.

잠들기 전에 스크린을 보지 않는 것은 기본이고 잠자는 방에는 스크린 기기를 두지 말아야 합니다. 침대에서 스마트 기기를 멀리 떨어트려 두면 되지 않을까? 진동이나 무음으로 설정해두면 되지 않을까? 꺼두면 되지 않을까? 이렇게 생각할 수 있지만 자는 시간만큼은 스마트 기기를 부모님께 맡겨두도록 약속하고 지키는 분위기를 만드는 노력이 초등 시기에는 꼭! 필요합니다.

휴대전화를 사용하지 않더라도 침실에 휴대전화가 있다는 사실만으로도 수면에 방해를 받을 수 있다. 2,000~3,000명의 중학생을 대상으로 조사한 결과 옆에 휴대전화를 두고 잔 학생들이 그렇지 않은 학생들보다 21분 덜 잤다. 21분이 대수롭지 않게 들린다면 더 큰 영향력을 보여주는 연구 결과도 있다. 부모에게 자녀들의 수면 시간을 조사해달라고 요청한 결과, 침실에 휴대전화를 둔 아이들은 그렇지 않은 아이들보다 1시간이나 덜 잔 것으로 나타났다.

– 안데르스 한센, 《인스타 브레인》 중에서

정신과 전문의인 안데르스 한센의 주장이 아니더라도 우리는 이미 경험하고 있습니다. 스마트 기기를 보느라 늦게 자고, 더 보고 싶어 쉽게 잠들지 못하고, SNS와 카톡 문자를 확인하고 싶어 중간중간 깨고, 잠 들었다가도 새벽에 깨 스마트 기기를 들여다보고 있더라는 아이들 이야기를 심심찮게 듣습니다.

아이에게 스마트 기기를 쥐어주고 알아서 잘 사용하길 기대하면 곤란합니다. 열이면 열 모두 실패합니다. 화내고 실망할 일을 일부러 만들지 않았으면 합니다. '잠자는 시간에는 스마트 기기를 안방에 둔다' 정도는 따를 수 있습니다. 아이는 잠을 더 깊게 푹 잘 수 있을 겁니다.

쪽잠 활용하기

공부하다보면 집중력이 흐트러지고 멍해지는 경우가 종종 있습니다. 그럴 때는 가볍게 스트레칭을 하거나 바깥 공기를 쐬면 기분이 전환됩니다. 하지만 피로가 누적된 경우라면 떠나간 집중력은 쉽게 돌아오지 않습니다. 그럴 때 가장 효과적인 방법이 '쪽잠'입니다.

15~30분 쪽잠만으로도 스트레스와 뇌 피로를 줄일 수 있습니다. 그러면 직전에 공부한 내용을 정리하고 기억하는 데 도움이 됩니다. 잘 풀리지 않고 도무지 해결 방향을 찾지 못했던 문제인데 잠을 자고나니 갑자기 실마리가 보이는 경우도 종종 생깁니다. 이보다 좋은 게 없습니다.

미국 국립과학원회보PNAS에 실린, 생후 6~12개월 유아 216명을 대상으로 한 재미있는 실험 결과가 있습니다. 아이들에게 세 가지 놀이 방법을 가르쳐준 후에 A그룹은 30분간 낮잠을 재우고, B그룹은 낮잠을 재우지 않습니다.

잠에서 깬 A그룹 아이들은 놀이 방법을 평균 1.5개 기억한 반면, B그룹 아이들은 하나도 기억하지 못했습니다. 이처럼 수면은 뇌가 정보를 재정리하고 기억하는 과정을 돕습니다. 너무 자주 혹은 너무 길게 자는 쪽잠은 공부를 방해하지만, 하루 한 번 쪽잠은 적절히 활용하면 효과적입니다.

물론 현실적으로 우리 아이들이 평일 오후에 쪽잠을 잘 수 있는 날은 드물 거예요. 아주 방법이 없는 건 아닙니다. 방과 후의 일정이 여유로운 날, 주말, 온라인 등교일, 방학 등에 시도하여 공부 효율을 높여보길 제안합니다.

쪽잠 이후에 학습 효율이 높아졌음을 경험한 아이들은 중·고등학생이 되어도 쪽잠을 공부에 활용할 수 있을 겁니다.

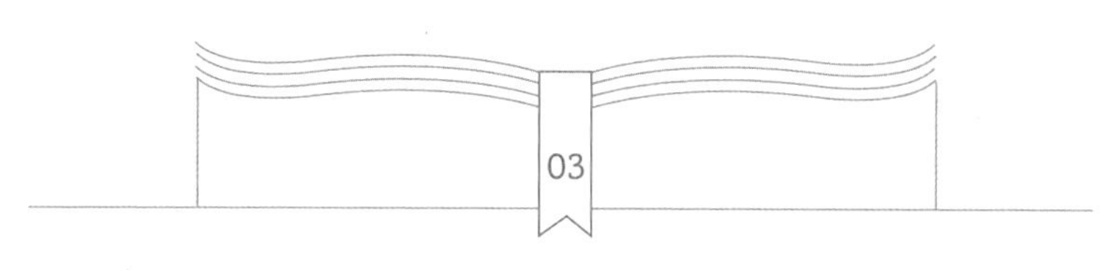

잘 쉬기, 공부에도 충전이 필요하다

주말을 잘 쉬고 다시 직장에 출근하면 같은 곳, 같은 업무인데도 색다른 느낌이 듭니다. 아이들은 더욱 그렇습니다. '아이들이야 어차피 매일 실컷 노는데 휴식이라는 게 필요하겠어'라고 생각할 수 있습니다. 하지만 우리 아이들에게도 휴식은 필수입니다. '한가롭다'라는 느낌이 드는 적당한 휴식은 사람이라면 누구에게나 필요합니다. 아이들에게는 더욱 충분한 휴식이 필요합니다.

공부를 하기 때문에 그렇습니다. 공부를 시작한 아이들은 잘 쉬어야 하고요, 적당한 휴식을 통해 학습 효율을 높여가는 경험을 해봐야 합니다. 쉰다는 것은 단순히 누워서 시간을 보내거나 아무것도 하지 않으면서 멍하니 시간을 보내는 것을 말하지 않습니다. 모든 아이가 같은 시간에 같은 방법으로 쉬어야 하는 것도 아닙니다. 놀아본 사람이 잘 노는 것처럼 쉬어본 아이가 잘 쉽니다. 내가 무엇을 하며 쉬고 어떤 환경에서 어떻게 쉬었을 때 몸과 마음의 에너지가 잘 충전되는지를 알아야 합니다.

공부가 되는 휴식

기계가 잘 돌아가게 하려면 충분한 기름보다 쉬는 시간이 중요합니다. 한 번도 쉬지 못한 기계에 배터리와 기름만 채운다고 마음처럼 팡팡 돌아가지 않을 겁니다. 그저 '멈추는 것'만으로도 의미가 있습니다.

자기 할 일을 다 마친 아이에게, 부모는 공부 점검을 마치면서 "공부 다 했으면 책 읽고 책상 위 정리하고 내일 책가방 챙겨놔라"라고 습관처럼 다음 할 일을 이야기합니다. 좋습니다. 모두 아이에게 필요한 일이니까요. 아이가 알아서 하면 고맙겠지만 아직 스스로 못하는 아이에게는 이런 잔소리도 필요합니다. 문제는 타이밍입니다.

일단은 멈출 여유를 주어야 합니다. 쉬게 해주어야 더 잘 돌아간다는 사실을 기억해야 합니다. 밀어붙이기만 하면 더 빠른 속도를 낼 것 같지만 욕심입니다. 열심히 공부해서 간신히 끝낸 아이에게는 "그래, 수고했어"라고 마무리만 해주면 됩니다. 잘 쉬는 것도 공부 전략 중 하나이기 때문입니다.

아이들이 적절히 쉬어야 하는 진짜 이유는 인간의 뇌가 집중할 때 하지 못했던 것을 오히려 휴식 시간에 해내는 신기한 일을 하기도 하기 때문입니다. 달리 표현하면 무의식이 힘을 발휘하는 것입니다. 산책할 때 기막힌 아이디어가 떠오를 수 있습니다. "유레카!"가 욕조에서 울려 퍼진 것처럼 말이죠.

휴식을 통해 몸과 마음이 이완되는 것을 느끼면서, 무엇을 꼭 하지 않아도 되는 시간을 혼자 보내다보면 그 시간의 틈을 비집고 창의적인 생각이 시작됩니다.

빡빡한 학원 일정을 소화해내는 요즘 초등학생들이 이전 세대에 비해 눈에 띄게 여유가 없고, 개인주의 성향이 강하고, 성적만 중시하는 모습을 보이는데, 이러한 모습에서 현장의 교사들도 공통적으로 안타까움과 부담을 느끼곤 합니다. 빨리하지 않으면 더 잘하지 못하면 불안하고 인정받기 어려운 분위기에서 성장하고 있는 아이들, 이것은 아이들의 잘못이 아닙니다. 몸과 마음을 편안하게 내려놓고 느긋하게 쉬는 경험을 하지 못했을 뿐입니다.

무슨 수를 써서라도 여행하고 빈둥거리며,
세계의 미래와 과거를 성찰하고 책을 읽고 공상에 잠기며,
길거리를 배회하고, 사고의 낚싯줄을 강 속에 깊이 담글 수 있기에
충분한 돈을 여러분 스스로 소유하게 되기를 바랍니다.

– 버지니아 울프

휴식과 공부의 균형 잡기

초등 시기에 경험해야 할 시간 관리의 핵심은 '얼마나 오랫동안 공부하느냐'가 아니라 '주어진 시간을 얼마나 효율적으로 활용하느냐'입니다. 친구들과 어울리며 성장해야 할 시기이기 때문에 무조건 오래 공부하는 것은 최선이 아닙니다. 짧게 공부하더라도 우선순위를 지혜롭게 정하는 습관이 필요합니다.

점점 더 잘하는 아이들은 주어진 과제를 스스로 해결하기 위해 애를 쓰고, 대충 끝내기보다 꼼꼼히 완성하기 때문에 상대적으로 시간이 부족할 수밖에 없습니다. 그러다보니 자연스레 해야 할 과제의 우선순위를 정하고 계획을 세워 움직이게 됩니다.

공부를 잘하는 아이들이라고 해서 체력이 좋은 것은 아니기에 때로는 체력적인 한계에 부딪힙니다. 적절한 휴식을 취하면서, 제한된 시간 내에 과제를 완수할 수 있도록 효율적으로 시간 분배를 하는 것도 점점 더 잘하는 아이들의 특징입니다.

스마트폰과 휴식

정해진 공부만 끝내면 스마트폰으로 SNS와 게임을 하려고 달려드는 아이들을 봅니다. 그게 최고의 휴식이라고 느끼기 때문입니다. 열심히 공부한 것에 대한 정당한 보상이라 생각하기 때문입니다. 미세먼지로 가득하고 친구들 없는 놀이터에 나가는 것보다 스마트폰 세상이 훨씬 재미있는 게 사실입니다. 그것 말고 딱히 즐거운 일이 없는 것도 맞습니다.

그런데 공부에 대한 보상 또는 공부 사이사이의 휴식이라는 이름으로 스마트폰을 매일 일정 시간 사용하는 것을 휴식이라고 봐도 될까요?

명확하게 선을 그어드리겠습니다. 스마트폰으로 하는 건 '놀이'입니다. 즉, '휴식'이 아니라는 겁니다. 휴식의 심리학적 의미를 생각해보면 이해가 빠릅니다.

휴식 (심리학)
심리학에서 휴식은 살아 있는 존재의 노여움, 불안, 공포 등의 원천에서 올 수 있는 각성이 없는, 낮은 긴장의 정서 상태이다. 옥스포드 영어사전에 따르면 몸과 마음이 긴장과 불안이 없는 경우이다. … 중략 … 휴식은 명상, 자율 훈련, 점진적 근육 이완을 통해 달성될 수 있다. 휴식은 압박에 대처하는 것을 개선하는 데 도움이 된다.

– 위키백과, 우리 모두의 백과사전에서

스마트폰을 사용하는 시간은 재미있습니다. 재미는 있지만 긴장과 불안도 함께합니다. 누군가와 대화를 나누고, 기사를 읽고, 사진을 감상하고, 게임을 통해 승부를 냅니다. "왜 그러냐"라고 따져 묻는 친구와 부드러운 대화를 이어가기 위해 에너지를 쏟고, 케네디

전 대통령 조카의 딸과 손자가 카누를 타다가 실종됐다는 기사를 읽고는 몰라도 됐을 이야기라며 창을 닫고, SNS에 올라온 친구들의 사진을 보며 부러움과 시기심으로 마음이 오락가락하고, 기필코 도달하고 싶은 게임 레벨을 갈구하며 엄지손가락의 지문이 벌게지도록 눌러댑니다.

한시도 손에서 스마트폰을 놓지 못하는 현대인의 모습을 판박이처럼 따라 하는 아이들. 착각해서는 안 됩니다. 스마트폰과 함께하는 시간은 휴식이 아닌 놀이입니다.

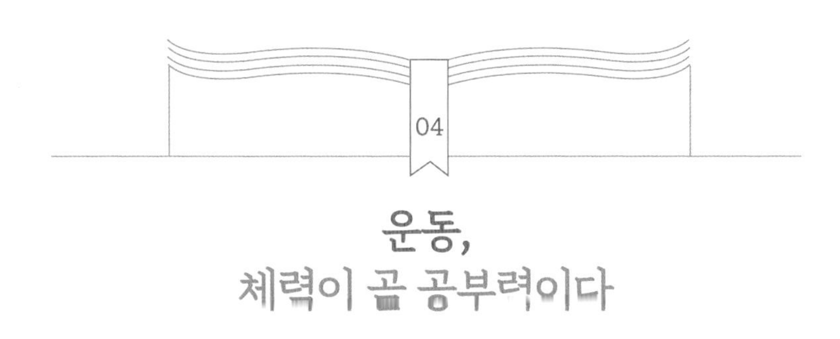

운동, 체력이 곧 공부력이다

운동이 신체 능력뿐 아니라 기억력, 집중력, 창의력과 같은 인지 능력을 높여준다는 다양한 연구 결과가 발표되고 있습니다. 하버드 의대 임상 정신과 교수인 존 레이티는 "'머리가 나쁘면 몸이 고생한다'라고 말하는데 과학적으로는 '몸을 쓰지 않으면 머리가 고생한다'라는 표현이 더 타당하다"라고 말합니다. 즉, 운동이 우리 뇌를 활성화해 공부를 잘할 수 있게 만들어준다는 말입니다.

초등학생에게 운동이 중요하고 필요하다는 건 누구라도 아는 사실입니다. 하지만 안다고 모두 실천하지는 않습니다. 당장 필요한 공부를 하는 것만으로도 시간이 빠듯한 아이에게 매일 운동까지 시키는 건 무리라고 생각할 수 있습니다.

빠곡한 방과 후 일정에서 간신히 시간을 빼내 운동을 한두 번 끼워 넣긴 했지만 상황이 조금만 바뀌어도, 시간이 조금만 부족해져도 운동은 언제든 중단해도 괜찮을 활동이라고 여깁니다. 정말 운동을 후순위로 미뤄도 괜찮은 걸까요?

아이가 어떤 고등학생, 어떤 성인으로 자라기를 기대하는지 아이의 5년 후, 10년 후 모습을 그려보세요. 늦은 밤까지 학원 강의실에 앉아 피곤을 이기지 못해 꼬박 졸고, 집에 와선 눈이 벌게지도록 스마트폰을 붙들고 있다 잠들고, 아침이 되면 짐을 지듯 몸을 이끌고 학교로 향하는 모습, 이 모습은 결코 우리가 바라는 아이의 모습이 아닐 겁니다.

단언컨대 자기주도공부, 즉 제대로 된 나만의 공부를 시작하려는 아이에게 하루도 빠짐없이 필요한 일정은 영어나 수학이 아니라 운동입니다. 초등 시기는 종목과 상관없이 매일같이 부지런히 몸을 움직이고 땀을 흘리며 체력을 다질 유일하고도 결정적인 시기입니다. 공부에서 오는 스트레스를 스마트폰이 아닌 운동으로 푸는 법을 이 시기에 경험하고 배워야 합니다. 아이가 독감에 걸리면 영어 학원 빠지는 걸 걱정할 게 아니라 운동하지 못하는 걸 안타까워해야 합니다.

초등학생 때는 정기적으로 운동하지 않아도 공부를 잘하는 아이가 많습니다. 하지만 공부는 이때만 하고 끝낼 게 아닙니다. 초등학교보다 중학교, 중학교보다 고등학교에서 더 오래 더 많이 해내야 합니다. 공부를 점점 더 잘하고 싶은 아이일수록 매일 운동을 해야 합니다. 왜 그런지 살펴보겠습니다.

짱짱한 체력,
고된 공부를 버티게 하는 힘

요즘 아이들, 그 어느 때보다 건장하고 체격이 좋습니다. 4·5학년이면 담임선생님 눈높이를 따라잡는 아이들이 속속 생겨납니다. 6학년 교실 복도를 지나다 얼핏 보곤 어른인가 싶을 만큼 큰 아이도 보입니다.

몸은 이렇게 껑충 자라는 아이들인데 웬일인지 운동장 한 바퀴를 돌면서도 힘들다고 헉헉거립니다. 못 뛰겠다며 일찌감치 포기하는 아이들도 꽤 많습니다. 몸을 움직이는 걸 어색해하고 불편해하며 부담스러워합니다. 더 자유자재로 몸을 쓰면서 구석구석 온몸의 근육을 발달시키고 힘을 길러야 할 초등학생이 일주일에 몇 번 없는 체육 시간마저도 의욕 없이 앉아 있거나 두어 발 물러서 있습니다.

때로는 숙제하느라 때로는 공부하느라 잠을 못 자 피곤하다며 의욕 없는 눈으로 운동장에 나와 앉아 있는 아이들의 지친 모습을 볼 때마다 꼼짝없이 책상에 묶여 매일 하는 많은 공부가 무슨 의미가 있을까 안타깝습니다.

짱짱한 체력이 뒷받침되지 않은 상태에서 지금 얻고 있는 성적은 갈수록 더 나은 결과로 이어지기 어렵습니다. 진짜 공부는 아직 시작되지도 않았는데, 이제 좀 본격적으로 시작해보려는데 돌아서면 피곤하고, 좀 하다보면 졸리고, 툭하면 코피가 나고, 한두 시간 만에 집중력이 뚝뚝 떨어지면 공부를 잘하려야 잘할 수가 없습니다.

보약 먹고 에너지 드링크와 커피를 들이붓는다고 해결될 일이었으면 누구나 서울대 갔습니다. 임시방편은 아무 소용이 없습니다.

반면, 공부는 평범했더라도 초등학생 때부터 체력을 잘 다져놓은 아이들은 공부량이 늘어도 평소와 다름없이 해냅니다. 오히려 초등학생 때에 비해 좋아진 체력을 바탕으로 앞으로 쭉쭉 치고 나가기도 합니다. 초등학생 때는 비슷비슷하게 다 잘하다가 중·고등학교로 올라갈수록 학력 격차가 벌어지는 결정적 요소 중 하나가 체력일 수 있다는 말입니다.

초등 시기에는 공부량이 많지 않아 공부가 체력과 별개로 여겨집니다. '운동 좀 못하면 어때'라고 가볍게 생각하는 부모와 아이들도 많습니다. 하지만 아이가 중학생만 되어도 이야기는 달라집니다. 해야 할 공부량과 과제가 급격하게 늘어납니다. 집중해서 오래 공부해야 하는데 체력이 약하면 쉽지 않습니다.

체력 싸움에서 지면 시간 싸움과 집중력 싸움은 시작도 못합니다. 그래서 저희는 두 아들의 체력을 다지기 위해 신경을 많이 씁니다. 집중력을 발휘해야 할 결정적 시기에 체력이 따라주지 않아 낭패를 보지 않았으면 해서입니다.

지금 우리가 아이를 키우는 대한민국에는 몸을 움직일 공간이 턱없이 부족합니다. 운동이 중요하다는 사실을 알고 부지런히 기회를 만들어 운동량을 늘려도 웬만한 국가의 운동량 기준에 비하면 여전히 모자랍니다. 일주일에 최소 4일 이상은 하루 1시간 이상 운동해야 합니다. 매일 30분~1시간가량 운동 시간을 확보해주면 좋습니다. 하루에 2~3시간을 몰아서 운동하는 것보다 매일 꾸준히 1시간 내외로 운동하는 것이 뇌 건강과 습관 형성에도 더 좋습니다.

체력이 받쳐줘야 집중 시간을 늘릴 수 있고, 집중 시간을 늘려야 성과도 낼 수 있습니다. 미국 명문대로 진학한 한국 학생들이 현지 학생들과 경쟁하면서 유독 힘들어하는 부분이 체력이라고 합니다. 시험 기간 일주일 내내 밤을 새워 공부하고 마지막 시험이 끝나면 한국 학생들은 그대로 쓰러지듯 잠을 청하지만, 체력이 남아 있는 현지 학생들은 농구장으로 달려간다고 합니다. 현지 학생들은 학창 시절 내내 운동으로 체력을 다져왔기에 일주일 정도는 밤을 새도 버틸 힘이 있습니다.

평소 운동으로 다져진 든든한 체력으로 일주일이 넘는 시험 기간 내내 밤을 새우면서도 고도의 집중력을 발휘하는 학생, 하루 이틀 제대로 못 잔 피로감을 견디지 못해 시험 날 제 실력을 발휘하지 못하고 무너지는 학생, 둘 중 시험 시간에 누가 더 높은 집중력을 발휘했을까요? 묻지 않아도 결과는 알 수 있습니다.

하버드대를 졸업한 동국대 금나나 교수도 MBC 〈공부가 머니?〉 프로그램에서 비슷한 말을 한 적이 있습니다. 하버드대 학생만의 특별한 공부법으로 '질문'과 '운동'을 꼽았는데, 운동의 생활화를 강조하면서 "운동을 하면 공부할 시간이 줄어들고 피곤해서 효율이 떨어진다고 생각하지만 습관이 되면 단시간에 효율적인 공부를 할 수 있고, 건강과 체력까지 챙길 수 있다"라고 말합니다.

즉, 공부는 건강과 체력이 받쳐줘야 잘할 수 있고, 건강과 체력을 기르려면 운동을 생활화해야 한다는 말입니다.

유산소운동을 통한 뇌 활성화

한국스포츠학회지에 실린 〈유산소 운동이 집중 과제 수행 시 초등학생의 뇌 활성화에 미치는 영향〉이라는 논문을 보면 초등학교 4~6학년 학생들에게 8주 동안 주 3회, 1회 20분씩 유산소운동(오래 달리기와 걷기)을 하게 하고 운동 전후에 뇌파를 측정하여 비교하는 내용이 나옵니다.

결과를 보면 유산소운동을 한 다음 집중 과제를 수행할 때 전두엽 오른쪽과 후두엽 오른쪽에서 상호작용이 효과적으로 일어났고, 전두엽과 두정엽 오른쪽에서 운동 전후 간 유의미한 차이가 나타났으며, 전두엽·바깥쪽 전두엽·두정엽에서도 마찬가지였습니다.

이 연구는 똑같은 시간과 장소에서 집중하여 과제를 수행하는 아이들일지라도 유산소운동 여부에 따라 결과에 차이가 날 수 있다는 걸 말해줍니다. 자기주도공부의 필수 요소이자 인생 전체를 통해 가장 중요한 키워드가 될 초등 시기 운동의 중요성을 역설하는 의미 있는 연구 결과입니다.

뇌는 가소성(환경, 학습, 훈련에 따라 역할과 기능이 변하는 성질)이 있는 몇 안 되는 기관입니다. 초등 시기는 몸은 물론 뇌도 급속도로 성장하는 시기입니다. 흔히 우리는 머리를 쓰고 마음을 써야 뇌가 활성화된다고 여기는데, 뇌 역시 몸을 움직여야 깨어나고 더욱 활성화됩니다. 몸을 움직일 때 뇌 활성화에 필요한 에너지와 산소가 공급되기 때문입니다.

가볍게라도 몸을 움직이면 '공부 호르몬'이라고도 불리는 세로토닌과 도파민이 분비되는데, 세로토닌과 도파민은 머릿속에 입력된 내용이 장기기억으로 더 잘 옮겨지도록 돕는 역할을 합니다. 이 때문에 운동하고난 다음 공부를 시작하거나 공부하는 틈틈이 가벼운 스트레칭을 하면 공부 효율이 높아지지만, 오랜 시간 같은 자세로 앉아 공부만 하면 그만큼 집중력과 공부 효율이 떨어집니다.

공부를 시작하기 전에 줄넘기 등의 가벼운 유산소운동을 하고 한 시간마다 가벼운 스트레칭을 하게 해주세요. 뇌를 적극적으로 활성화하는 최고의 방법입니다. 동네 산책하기, 달리기, 걷기, 자전거 타기처럼 특별한 기술이 필요하지 않는 유산소운동만으로도 공부 결과는 달라질 수 있습니다.

초등 운동 추천 목록

평생 재산이 될 체력을 다지고 운동의 즐거움을 알게 하려면 적절한 운동 경험이 필요합니다. 세계보건기구WHO는 청소년 운동 시간으로 하루 1시간을 권장하지만, 2016년 146개국 학생을 대상으로 한 조사에 따르면 우리나라의 청소년 신체 활동 미실천 비율은 무려 94%로 146개국 중 꼴찌였습니다.

우리나라 초등학교 정규 체육 시간은 주당 3시간이지만 땀 흘리며 실컷 뛰는 경우가 흔치 않고 날씨, 미세먼지 등의 이유로 운동장 수업을 하지 못하는 날도 많습니다. 가정에서 운동을 따로 챙겨야 하는 중요한 이유입니다.

운동 종목을 결정할 때는 개인 운동과 더불어 친구들과 함께 하는 팀 운동을 고려하세요. 개인 운동은 시간, 공간에 큰 제약 없이 할 수 있다는 장점이 있고, 팀 운동은 친구들과의 관계에서 심리적인 만족감, 협응성, 지속적인 운동 동기를 얻을 수 있다는 장점이 있습니다.

초등 학년별 추천 운동

구분	저학년	고학년
종류	기초 체력 향상 전신의 에너지 발산	기초 체력 향상 기술을 익히는 운동
개인	걷기(산책), 줄넘기, 등산, 수영, 자전거, 태권도, 발레, 요가	플라잉디스크, 인라인스케이트, 스케이트보드, 골프, 리듬 체조, 캐치볼
팀	축구, 피구, 캐치볼, 가가볼, 방송 댄스, 에어로빅	배드민턴, 테니스, 스쿼시, 농구, 탁구, 아이스하키, 플라잉디스크, 얼티밋

거주 지역에 따라 종목 선택의 폭이 제한되므로 모든 운동을 빠짐없이 경험할 수도 없거니와 경험해야 하는 것도 아닙니다. 현실적으로 경제적인 큰 부담 없이도 가능한 종목을 시도하면서 아이가 흥미를 보이고 꾸준히 배우기 원하는 운동을 선택하면 좋습니다.

되도록 다양하게 경험하게 하되 잘해야 한다는 부담은 버려야 합니다. 재미있게 계속하고 싶은 운동인지 확인하는 과정이라고 생각하면 좋습니다. 어릴 때 배우고 익힌 운동 능력과 기술은 평생 재산이 됩니다. 성인이 되어서도 활기찬 삶을 살 수 있는 발판이 되어줄 것입니다. 초등 시기에 영어나 수학보다 운동에 더 신경 써야 하는 이유입니다. 아이마다 조금씩 차이가 있고, 학기 중이냐 방학이냐에 따라 차이가 있지만 권장하는 적정 운동 시간은 아래와 같습니다.

초등 적정 운동 시간

학기 중	주 3일 / 하루 1시간 이상의 규칙적인 운동
방학 중	주 5일 / 하루 2시간 내외의 다양한 운동
유의점	• 잠자기 2시간 전에 운동 마무리하기 • 운동량이 많아 피로감을 느끼지 않는 정도 (하루 2시간 이하)

규칙적인 운동을 위한 루틴 만들기

눈에 잘 띄는 곳에 매일의 운동 혹은 이번 주의 운동 목록을 적어두세요. 매일 습관적으로 해야 할 일과 운동을 묶어두면 잊어버리거나 지나치고 싶은 마음을 다잡을 수 있습니다. 이렇게 지속하는 시간이 쌓이다보면 반복하는 일이 습관이 되어 훨씬 수월해집니다.

다음은 저희 아이들(현재 초등학교 5·6학년)이 실천하고 있는 하루 루틴입니다. 이렇게 아이들에게 목록을 작성하도록 해서 붙여놓게 하면 좋습니다.

초등 5·6학년 하루 루틴 예

영역	반복할 일	하루의 습관과 관련 짓기
운동	줄넘기 500개	(등하교) 줄넘기 줄을 책가방 걸이 옆에 걸어둡니다. ⇨ 학교를 다녀오면 가방을 두고 바로 줄넘기를 합니다.
학습	스트레칭	(기상) 침대에 앉아 1분간 스트레칭을 합니다.
	일기 쓰기	(잠자기) 침대 옆 벽면에 일기판 붙여두기 ⇨ 잠자기 전 간단하게 포스트잇 일기를 적고 잡니다.
	독서	(잠자기) 침대 머리맡에 읽을 책을 둡니다. ⇨ 실내 농구 20분 후 잠들기 전 30분 독서
	수학 공부	수학 공부를 마치고나면 30분간 게임을 합니다.
	영어 영상	(이 닦기) 이를 닦는 3분 동안, 하교 후 간식을 먹으면서 영어 영상을 시청합니다.
취미	악기 연습	(저녁 식사) 저녁 식사 후 20분간 드럼 연주하기

반복의 시작, 사소한 것부터 즐겁게

뇌가 알아차리지 못할 정도로 가볍고 작은 변화부터 즐겁게 할 수 있도록 시도해보세요. 사소함은 성공 확률을 높일 수 있는 비결입니다. 성공하기 쉬울 뿐 아니라 실패했을 때 좌절감과 실망감도

작습니다. 계획과 노력은 성공하지 않으면 지속하기 어렵습니다. 작은 성공에서 얻은 성취감은 더 큰 성공으로 이어지는 원동력이 됩니다. 성공의 반복은 곧 성공입니다.

오랜만에 헬스장에 가서 욕심껏 운동하고나면 다음 날엔 못 갑니다. 근육이 뭉쳐서 일상생활조차 힘들기 때문입니다. 근육통이 사라질 때까지 며칠 쉬면 그새 의욕은 사그라들고 귀찮아집니다. 오히려 첫날 가볍게 스트레칭을 하고 운동 기구 사용법 정도만 익히고 오면 다음 날 운동을 지속할 수 있습니다.

몸과 마음(뇌)이 지치지 않을 정도로만 반복하라는 뜻입니다. 괴롭고 힘든 시간이 아니라 해볼 만한 즐거운 기억으로 남아야 지속할 수 있고 반복할 수 있습니다. 아이들도 마찬가지입니다.

갑자기 오늘부터 자전거 타기 두 시간을 선언하고 몸도 마음도 준비되지 않은 아이들을 운동장으로 한강공원으로 끌고 다니지 않았으면 합니다. 집 앞에서 잠시 줄넘기하기, 동네 산책길 걷기, 부모님과 배드민턴 치기, 공 주고받기, 캐치볼하기 등 거창하지 않게 시작하되 그 횟수, 시간, 종류를 점차 늘려가 주세요.

집중력,
공부 환경이 만든다

'집중'이라는 개념을 국어사전에서 찾아보면 "특정한 과제 혹은 활동에 일정 시간 동안 연속적으로 주의를 주는 것"이라고 나옵니다. 여러 가지 산발적인 과제 말고 '특정한 과제'에, 20분이나 30분 말고 제법 긴 '일정 시간' 동안, 띄엄띄엄 말고 '연속적으로' 주의를 기울인다는 뜻입니다.

"아이가 집중을 잘하나요?"라는 말을 초등학생에게 적용하면 "아이가 수업을 듣거나 공부할 때 60분 정도는 내내 딴짓하지 않고 주의를 기울이나요?"로 바꿀 수 있습니다. 내 아이는 어떤가요? 실망하셨나요? 괜찮습니다. 집중력이 높은 아이는 초등 교실에서도 10% 미만일 정도로 흔치 않습니다. 다들 고만고만합니다.

초등학교에서는 한 과목당 수업 시간을 40분으로 잡는데, 그건 초등학생 평균 집중 시간이 40분이기 때문입니다. 중학생은 45분, 고등학생은 50분이고, 대학생은 1시간이 기본이지만 연강으로 진행되는 2시간 이상의 수업도 있습니다.

앞에 한 질문에서 시간이 40분이 아니라 60분인 이유는 아이가 매일 해야 하는 과제가 40분을 훌쩍 넘기기 쉽기 때문입니다. 이렇게 말하면 "60분까지는 바라지도 않고 40분만 집중해도 소원이 없겠네"라는 부모가 많습니다. 겨우 20~30분도 집중하지 못하고 들썩거리는 아이를 보고 있으면 한숨이 절로 나올 겁니다. 하지만 희망은 있습니다. 집중력은 노력, 환경, 의지로 높일 수 있기 때문입니다.

환경은 우리가 만들지만 그 환경이 우리를 만들기도 합니다. 아이의 공부에 적용해볼 만한 중요한 이야기입니다. 백만 원이 넘는 책상과 당장이라도 자세를 고쳐줄 것 같은 인체공학적으로 설계된 의자를 사준다고 해서 성적이 오르는 건 아닙니다. 하지만 수학 문제와 씨름하는 아이 옆에서 볼륨을 높인 텔레비전을 보고 스마트폰 게임을 하면서 성적을 다그치고 있다면 아이를 둘러싼 공부 환경에 관해 진지하게 고민해야 합니다.

아이들은 어른보다 공간의 분위기에 훨씬 예민하게 반응합니다. 교실에서 아이들이 지나치게 소란스러우면 잔잔한 음악을 틀어줍니다. 그러면 신기하게도 아이들은 음악 소리보다 목소리를 낮추고 이내 조용해집니다. 귀가 밝은 나이라 그렇습니다.

아이들은 오감이 그 어느 때보다 활발하게 반응하는 생애 최고의 민감한 시기를 보내며 성장하는 중이기 때문에 아주 작은 소리와 빛에도 예민합니다. 나이 들어가면서 먹는 것도, 보는 것도, 듣는 것도 시들하고 무심해진 부모의 눈으로 아이의 환경을 넘겨짚으면 안 되는 이유입니다.

집중력 기르기

집중력은 주변 환경, 집중의 경험, 하고자 하는 의지에 상당한 영향을 받는 가변적인 능력입니다. 부드러운 음악이 흐르는 깔끔하고 조용한 카페에서 책을 읽으면 집중이 잘되는 경험이 있을 겁니다.

아이가 뛰어다니고 쿠션을 집어 던지며 소리를 꽥꽥 지르는 거실 한가운데 앉아 집중해서 인문학, 경제학 서적을 읽어낼 수 있는 부모는 드뭅니다. 저희도 집중해서 원고를 써야 할 때는 도서관이나 카페로 갑니다. 도망가려는 집중력을 붙잡기 위해서입니다.

아이들은 긴 시간 집중해본 경험이 없기 때문에 자신이 어느 정도로 집중할 수 있는지 모르는 경우가 많습니다. 나도 오랜 시간 집중할 수 있다는 걸 아이 스스로 경험하게 해야 합니다. 또 한 가지 희망을 주는 사실이 있습니다. 집중력은 성장하면서 자연스레 길러지는 능력이라는 겁니다.

실제로 1학년과 6학년 교실의 수업 분위기가 판이하게 다른 이유는 자연스럽게 성장한 집중력의 차이 때문입니다. 이런 자연스러운 성장에 공부하고자 하는 아이의 의지가 더해진다면 성장의 폭은 훨씬 커질 수 있겠지요.

어른도 아이도 한 번쯤은 제대로 몰입하는 순간이 있습니다. 바로 좋아하는 일을 할 때입니다. 아이가 자랐다고 해서 싫어하는 공부에 집중하게 되는 건 아닙니다. 좋아하거나 하고 싶은 일을 몰입해서 해본 경험이 있어야 내키지 않는 공부를 할 때도 그 능력이 발휘됩니다. 좋아하는 일을 집중해서 해본 경험이 없는 아이가 어느 날 갑자기 집중해서 공부를 시작하는 건 어렵습니다.

아이가 한 자리에서 한 가지 활동을 (비록 그 활동이 공부에 조금도 도움이 되지 않는 쓸데없어 보이는 일일지라도) 한 시간 넘게 하고 있다면 그때 했던 활동과 당시의 집안 분위기를 기억했다가 유사한 경험이 잦아지도록 연출해야 합니다. 클레이를 주무르고 붙이고 던지느라 한 시간을 훌쩍 넘겨본 경험이 있어야 공부든 독서든 그 시간만큼 집중할 수 있습니다. 뭐가 됐든 혼자, 조용히, 오랫동안 한 가지에 빠져들어 있다면 아이를 절대 방해하지 마세요.

집중력을 높이는 공부 시간 계획하기

집중력을 높이기 위해서는 시간을 쪼개어 사용하는 것을 원칙으로 합니다. 한 시간 단위의 거창한 시간표는 지키기 어렵습니다. 몇 분 단위로 끝낼 수 있는 과제부터 시작해야 합니다.

문제집 한 쪽을 푸는 시간 3분, 수학 한 문제를 푸는 데 1분 이런 식으로 짧은 단위의 시간 안에 해결하는 것을 목표로 설정하고, 그 시간만큼은 오직 그 문제에 집중해보는 경험을 쌓아가야 합니다. 그렇게 3분 단위의 공부를 열 번 반복해서 30분간 공부해본 후 점차 시간을 늘려보세요. 하루하루 탑을 쌓듯 성공의 경험을 쌓으면서 집중하는 법을 몸으로 익혀야 합니다. 짧은 시간이지만 적어도 그 순간만큼은 몰입해냈다는 점에서 아이는 큰 성취감을 맛볼 수 있고, 그 힘으로 조금 더 긴 단위의 시간에 도전할 수 있습니다.

공부 시간과 간식·식사 시간이 겹칠 때가 있습니다. 먹으면서 공부하면 안 된다는 원칙을 세워주세요. 공부 습관을 만드는 초등 시기에는 이 습관이 평생 갈 수도 있다는 마음으로 사소해도 나쁜 습관은 생기지 않게 살펴야 합니다. 먹으면서 공부하는 습관이 들면 책상에 앉아 있는 시간은 길어도 집중과 효율은 상당히 떨어집니다. 아이는 책상에 오래 앉아 있었기 때문에 자기가 공부를 많이 한 것으로 착각합니다.

공부를 시작하기 전에는 공부에 사용할 열량을 고려해 가볍게 간식을 먹게 합니다. 그리고 공부를 시작할 즈음에 매일의 상황에 따라 아래와 같은 약속을 해두면 아이는 집중해서 공부합니다.

- 연산 끝나면 모여서 아이스크림 먹자.
- 오늘 영어책 읽는 데 몇 분 정도 걸려? 그동안 엄마가 떡볶이 만들어놓을게.
- 국어·사회 교과서 복습 끝나면 서랍에 있는 과자 꺼내서 먹어.

이렇게 다음 간식을 걸고 한두 가지의 공부를 마치고나면 다시 공부로 돌아가기 싫어하는 아이에게 저녁 식사의 기대감을 주는 약속을 하는 것도 효과가 있습니다.

- 오늘 저녁은 불고기니까 영어 일기 얼른 쓰고 나오면 되겠다.
- 오늘 점심에 치킨 시키려고 하는데 공부를 다 마치는 데 얼마 정도 걸릴까? 몇 시에 배달 오라고 할까?
- 오늘 아빠 일찍 오신다니까 공부 잘 끝내고 아빠랑 같이 저녁 먹으면 좋겠다.

이런 말로 힘든 시작을 하는 아이의 마음에 '끝이 있다'는 것과 '힘들지만 끝내고나면 좋은 일이 있다'는 것을 떠올리게 하여 예정한 30분, 1시간의 시간 단위에 흔쾌히 집중할 수 있게 해주세요. 공부는 마음이 한다는 사실, 기억해야 합니다.

스마트폰과 집중력

스마트폰이 학생들의 학업 성취도에 직접적인 영향을 끼친다는 연구가 이어지고 있습니다. 연구 결과를 굳이 들여다보지 않더라도 이미 매일 느끼고 있습니다. 아이가 아침에 눈 뜨자마자 보기 시작한 스마트폰을 잠들기 직전까지 끌어안고 있는 모습을 점점 더 자주 보고 있을 겁니다. 코로나19로 인한 사회적 거리 두기 정책으로 집

안에 있는 시간이 길어지면서 상황이 더욱 심각해지고 있습니다.

하루 종일 스마트폰을 들여다보며 게임을 하고 채팅하는 아이들의 모습은 이제 놀랍지 않습니다. 어른도 조절하기 힘든 스마트폰 중독 증상이 아이들에게도 평범한 일이 되었습니다.

키즈폰, 폴더폰도 사정은 마찬가지입니다. 가족이나 친구에게 걸려오는 전화, 문자, 톡에 더해져 스팸 전화, 스팸 문자, 재난 문자까지 종일 알림, 진동, 빛이 아이를 흔들어댑니다. 그렇지 않아도 집중력이 약한 아이를 수시로 공격합니다. 저희 아이들은 폴더폰을 사용하고 있는데요, 이 역시 공부 집중력을 방해하는 측면에서는 스마트폰과 큰 차이가 없음을 절실히 느끼고 있습니다.

자제력과 절제력은 전두엽 발달과 밀접한 관련이 있는데 전두엽은 25세는 돼야 완성됩니다. 초등학생에게 스마트폰을 주는 건 아이를 믿는 행동이 아니라 아이의 자제력을 테스트하는 행동입니다.

아이는 스마트폰 화면을 보고 싶은 마음을 누르느라 힘을 써야 합니다. 집중하는 데 쏟아야 할 힘을 자제하는 데 낭비하는 꼴입니다. 또 아이들은 부모의 눈을 피해 스마트폰을 쓰면서, 들킬까봐 조마조마해야 합니다. 스마트폰을 갖고 놀 때는 즐겁지만 부모가 보여준 믿음을 저버렸다는 생각에 죄책감이 듭니다. 스마트폰에 대해서만큼은 부모가 적극적으로 개입해야 하는 이유입니다.

아이들에게 스마트폰을 주는 건 최대한 늦추었으면 합니다. 초등학생 때는 쓰지 않길 권하지만 쉽지 않다는 걸 잘 압니다. 초등 고학년 교실에서는 25명 남짓의 아이들이 공부하는데 스마트폰을 쓰지 않는 아이는 서너 명 정도이기 때문에 나도 사달라는 요구를 무시하기가 쉽지 않을 겁니다. 늦출 수 있을 때까지 늦추되, 사주기로 했다면 원칙을 정해야 합니다. 원칙은 가족이 모여서 정하길 권합니다.

스마트폰 사용 원칙 1. 정해진 장소

2017년 미국 시카고대학교 연구 팀은 스마트폰이 학생들의 학업에 어떤 영향을 미치는지 실험했습니다(Adrian F. Ward, Kristen Duke, Ayelet Gneezy, and Maarten W. Bos).

이 실험은 스마트폰을 ① 교실 책상 위, ② 가방이나 주머니 속, ③ 교실 바깥에 두게 하고 교실 책상에 앉아 수학 문제를 풀게 하는 것이었습니다. 결과는 어땠을까요? ③은 성취도에서 크게 영향을 받지 않은 반면 ①과 ②는 학업 성취도가 눈에 띄게 떨어졌습니다. 즉, 스마트폰을 사용하건 사용하지 않건 스마트폰이 근처에 있으면 두뇌는 자극을 받고 일부 용량을 할애한다는 의미입니다.

아이들은 언제 울릴지 모를 전화벨, 문자, 새 소식에 목말라하며 신경을 기울입니다. 당연히 공부에 쏟을 에너지가 줄어듭니다. 따라서 공부하는 공간에는 아예 스마트폰을 들고 들어가지 않게 해야 합니다. 스마트폰을 쓰는 시간에만 보관 장소에서 꺼내오도록 하는 게 좋습니다. 보관 장소는 멀수록 좋고, 꺼내는 건 번거로울수록 좋습니다. 수면 시간에는 부모가 잠드는 안방에 보관하도록 하는 게 최선입니다.

고학년인데 알아서 잘하겠거니 하고 내버려둬선 곤란합니다. 어른들도 스마트폰을 손에서 놓지 못하고 눈을 떼지 못합니다. 문자나 톡이 오면 바로 확인하고 싶고, 확인한 후에도 원래 하던 일로 돌아가지 못한 채 한참 동안 SNS 피드를 확인하느라 시간을 보내기 일쑤입니다. 다 큰 어른도 이런데, 아이들은 말할 것도 없습니다.

스마트폰 사용 원칙 2. 정해진 시간

중간중간 슬쩍슬쩍 꺼내보는 습관이 생기지 않도록 신경 써야 합니다. 학교나 학원에 갈 때는 아예 놓고 가게 하고 집에 와서 정해진 시간 동안만 게임·SNS·채팅을 허락해야 합니다. 스마트폰으로 향하는 신경을 차단해 얼마나 집중할 수 있느냐가 성적을 결정짓는 시대가 왔습니다. 학습에 몰입하는 데 걸리는 시간은 평균 20분이지만 몰입이 깨지는 데는 30초면 충분합니다.

정해진 시간이 되면 반납하게 하고 약속을 잘 지켰을 때 적절한 보상(게임 10분 추가 등)도 필요합니다. 정한 원칙을 처음부터 잘 지키는 아이는 드뭅니다. 어길 때 혼내기보다는 지킬 때 충분히 칭찬하고 보상해주세요. 그래야 지키는 횟수가 늘어납니다. 지켰느냐 어겼느냐보다는 지키는 횟수가 늘어나는가에 초점을 맞춰서 지도해야 합니다. 사람이고 아이이다보니 어쩌다 한 번은 못 지킬 수 있습니다. 그럴 때 한 번씩은 모르는 척 눈감아주는 지혜도 필요합니다.

집중을 위한 최적의 환경 만들기

공부하고 싶게 만드는 최적의 환경을 고민해볼게요. 가정마다 상황과 조건은 절대로 충분하지 않을 겁니다. 제안드리는 저희도 집이 좁고 여유가 없어 해주지 못하는 게 더 많습니다. 그런데요, 알고 있지만 상황 때문에 어쩔 수 없이 해주지 못하는 것과 한번 생각해보지도 않고 그냥 두는 건 다릅니다. 듣고 알고 기억하고 있어야 가구를 바꾸고, 이사하고, 하다못해 전구 하나 갈아 끼울 때라도 조금 더 나은 환경으로 바꾸어줄 수 있습니다.

지금 해줄 수 없다고 포기하고 우울해하지 마세요. 공부 열심히 하겠다고 마음먹은 아이가 단숨에 전 과목 백 점을 받아오기 어려운 것처럼 열심히 지원해보겠다고 결심했다고 해서 당장 모든 걸 완벽하게 해줄 수 없고 그럴 필요도 없습니다. 늦어도 좋으니 하나씩 충분히 고민하면서 처한 상황에 맞게 최선의 선택을 하면 됩니다. 자기주도공부에 필요한 최적의 환경, 하나씩 짚어보겠습니다.

공부방과 거실과 식탁

공부를 시작하는 시기에는 식탁이 최고의 책상입니다. 물론 어릴 때부터 공부방에 앉아 혼자 공부하는 것을 선호하는 아이도 있습니다. 하지만 보통은 식탁이나 거실 탁자에 마주 앉아 부모와 두런두런 이야기도 하고, 모르는 건 바로바로 물어보며 공부하는 걸 훨씬 좋아합니다.

아이가 초등학교에 입학한다고 급하게 책상과 의자 세트를 들여주고는 방에 들어가 혼자 공부하라며 등을 떠미는 경우도 있습니다.

하지만 마음처럼 따라주지 않아 그 비싼 의자가 옷걸이가 되어버린 집을 많이 봅니다. 아이는 아직 준비되지 않았는데 부모의 의욕이 앞선 경우입니다.

아이가 싫다고 할 때까지, 제발 나도 내 책상이 있었으면 좋겠다고 말할 때까지, 내 책상 사주면 진짜 열심히 공부하겠다며 조를 때까지는 식탁이 최고의 책상입니다. 특히, 큰아이는 혼자 공부하라고 방에 넣어둔 채로 작은아이랑 거실에서 간식을 먹거나 텔레비전을 보지 마세요. 가뜩이나 혼자 감옥에 갇혀 벌 받는 기분이라 억울한데 밖에서 재미난 상황이 펼쳐지니 집중하기 어렵습니다.

자기주도공부라는 단어를 오해하여 아이가 자기 책상에 혼자 앉아서 하는 공부라고 생각하는데 그게 아닙니다. 식탁에 모여 앉아 동생들과 수다를 떨면서 노는 듯 공부해도 그 계획과 진도가 아이의 의지대로 진행되고 있다면 그게 자기주도공부입니다. 방에 들어가 혼자 공부하지만 어른이 정해준 분량과 시간을 채우느라 바쁜 거라면 아직 자기주도적인 공부를 한다고 보긴 어렵습니다.

최적의 온도

실내 공기가 덥고 탁하면 금방 졸리고 답답해져 집중력이 떨어지는 건 당연합니다. 천장에서 더운 바람이 나오는 교실에서는 히터 바로 아래쪽 아이들부터 볼이 발그레해지며 졸기 시작합니다. 몸이 보이는 당연한 반응입니다.

그렇지 않아도 공부할 마음이 없는데 덥고 답답하면 집중력은 더 떨어집니다. 공부하겠다고 시작한 아이가 30분도 안 되어 짜증을 내고 몸을 비틀어댄다면 온도를 점검해보세요.

나이 들수록 엄마 아빠는 기초 체온이 떨어지면서 부쩍 추위를 탑니다. 안 입던 내복을 챙겨 입고 수시로 춥다는 소리를 달고 다닐 겁니다. 그러는 동안 집 안 온도는 슬그머니 올라갑니다. 반면 한창 자라는 아이들은 어른보다 체온이 높습니다. 늘 더워하고 툭하면 더워합니다. 여름엔 당연히 덥고 겨울에도 희한하게 계속 덥습니다.

방마다 온도를 조절할 수 있다면 이제 어느 정도 면역력이 단단해진 아이 방은 서늘하게 유지해주세요. 적어도 공부하는 시간 동안은 창을 살짝 열어두는 식으로 방 안의 공기가 시원하고 선선하게 유지되도록 신경 써주세요. 적어도 하루에 한 번씩은 아이가 스스로 창문을 열어 환기하는 습관을 갖게 해주세요.

책상

언제쯤 아이의 책상이 필요할지는 부모가 판단할 수 있습니다. 식탁 아래에 지우개 가루가 소복하게 쌓이고, 그 곱던 식탁이 연필 자국으로 엉망이 될 만큼 긴 시간을 보내고나면 아이도 책상을 갖고 싶어 할 겁니다. (보통 2, 3학년 즈음입니다.) 그때가 아이의 방에 책상을 넣어줄 때입니다. 정말 바랐던 책상을 갖고나면 아이는 너무 좋아서 그 책상 앞에 앉아 일기 한 줄이라도 더 쓰고 싶어 합니다.

아이 방과 책상이 필요하다고 판단되면 앉자마자 곧장 공부가 시작될 수밖에 없는 단순한 환경을 만들어야 합니다.

책상에 앉아 연필 깎고, 책 찾아오고, 공책 찾아오고, 지우개 찾아오고, 책상 서랍 정리하고, 책상 위에 쌓인 지우개 가루 청소하고, 잘못 꽂혀 있는 책들 바로 꽂느라 10분씩 허비하는 습관이 자리 잡힌 아이들이 있습니다. 그래서 만질 것도 볼 것도 관심 둘 만한 것도 없는 단순한 환경으로 만들어줘야 합니다. 이것만큼은 부모님이 주도적으로 해야 합니다.

어렵지 않습니다. 아이 책상에 앉아 주위를 둘러본 후 집중을 방해하는 물건은 과감하게 치워주세요. 아이는 그게 왜 나쁜 건지, 왜 불필요한지, 집중력을 왜 떨어트리는지 모르기 때문에 알아서 정리하기 어렵습니다. 자주 앉아서 아이 시선으로 점검하며 관리해주세요. 집중도 습관입니다.

자녀가 학교에 갔을 때 또는 외출했을 때, 아이의 책상에 한 시간만 앉아 있어 보라. 물론 자녀가 공부할 때와 최대한 비슷한 상황을 만들어 놓고서 말이다. 어떤가? 의자는 몇 시간을 앉아 있어도 편안할 것 같은가? 책상이 너무 좁지는 않은가? 책상과 의자는 아이의 키에 잘 맞을 것 같은가? 조명의 밝기는 적절한가? 방음과 환기는 잘되는가? 거실에서 들려오는 TV 소리가 너무 크지는 않은가? 당신이 미처 신경 쓰지 못하고 있었던 많은 요소들이 공부하고 있는 자녀의 오감을 자극하고 있다.

– 전위성, 《엄마가 알아야 아이가 산다》 중에서

소음

웬만한 소음에 둔한 아이로 키우는 건 좋지만 그렇다고 해서 오만 가지 소음에 무차별적으로 노출시킬 필요는 없습니다. 사람의 집중력이라는 건 어느 정도의 한계와 조건을 가지고 있기 때문에 절간처럼 조용한 것도 부담스럽지만 대놓고 시끄러운 건 더 어렵습니다. 때로 아이가 지루해할 땐 잔잔한 연주곡을 틀어놓고 카페 분위기를 내어보는 것도 집중력을 반짝 올리고 싶을 때 추천하는 방법입니다.

어린 동생이 있어 늘 시끄럽고 분주하다고 너무 미안해하지 마세요. 그 소란함을 이겨내고 스스로 집중하는 법을 몸과 마음에 익혀갈 때까지 더 많이 격려하고 칭찬해주세요.

늘 혼자 완벽하게 조용한 환경에서만 공부했던 아이들은 교실의 소란스러움을 견디기 힘들어하면서 집중하기 힘들어합니다. 어느 정도의 소란함은 견디면서 공부에 집중할 수 있도록 해주세요.

부모가 저녁을 준비하며 달그락거리는 소리, 동생이 장난감으로 툭툭거리는 소리 정도는 안 들리는 것처럼 익숙해지는 것이 입시라는 장기 플랜에 빛을 발할 집중력 근육을 만드는 일이에요.

때로 좋아하는 가수의 노래를 틀어놓고 공부하겠다는 아이도 있는데 추천하지 않습니다. 아이들은 처음에 안 된다고 하면 안 되는 줄 압니다. 아이가 원한다는 이유로 해가 되는 습관을 내버려두지 마세요. 약속한 공부 분량을 약속한 시간에 마쳤다면 휴식을 하며 노래를 듣는 것으로 타협하기를 추천합니다.

조명

공부할 장소의 천장 조명은 밝은 LED 등이 좋습니다. 추가로 책상용·개인용 스탠드 조명도 필요합니다. 조명은 생각보다 훨씬 집중력과 시력에 큰 영향을 미치기 때문에 공부를 시작하기로 마음먹었다면 조명부터 점검해줘야 합니다. 조명이 어두워 눈이 스트레스를 받지 않도록 충분히 밝은 조명이 필요합니다.

아이가 거실에서 주로 책을 읽고 공부한다면 분위기 따위는 과감하게 포기하고 거실 전체를 대낮처럼 환하게 만들어주세요. 식탁에 모여 공부하고 있다면 식탁 위 등도 충분히 밝아야 합니다.

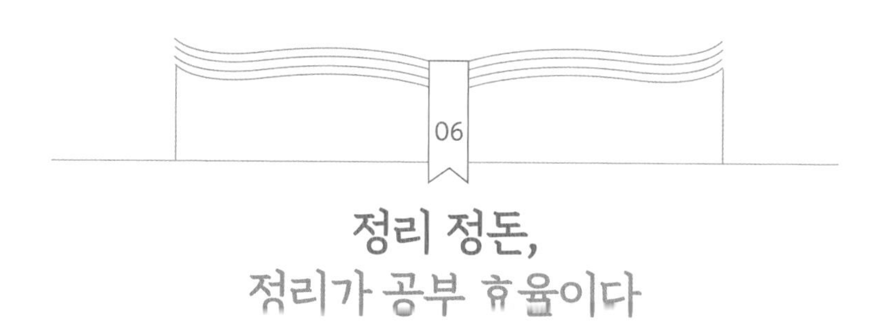

정리 정돈, 정리가 공부 효율이다

정리도 능력인 시대입니다. '정리를 잘한다'라는 평범해 보이는 칭찬이 '정리력'이라는 단어까지 만들어냈습니다. 임희정 선생님과 강누리 선생님이 쓴 《우리 아이 정리 습관》을 보면 정리력을 "물건, 시간, 공간을 적절하게 조율하여 효율적이고 효과적으로 사용할 줄 아는 힘"이라고 정의합니다.

우리 아이의 정리력은 어느 정도일까요? 어수선한 책상 위, 가방 속을 굴러다니는 연필들, 어디 갔는지 알 수 없는 지우개, 뱀 껍질처럼 벗어놓은 옷가지, 순서도 규칙도 없이 뒤죽박죽 꽂혀 있는 책과 공책. 아이 방을 보고 한숨 쉬어본 적이 있을 겁니다.

'우리 애는 원래 정리를 잘 못해', '정리도 시키긴 해야 하는데 좀 커서 시키지 뭐', '공부할 시간도 부족한데 내가 얼른 정리해주면 되지'라며 스스로 정리할 기회를 막는 부모가 많습니다. 이건 아이를 도와주는 게 아닙니다. 오히려 스스로 할 기회와 가능성을 빼앗은 꼴입니다. 자기주도공부를 준비하는 아이에게라면 더욱 그렇습니다.

아이 방의 모습, 책상 위의 모습은 아이 머릿속과 크게 다르지 않습니다. 정리되지 않은 책상 위에서 문제집을 풀고 있다면 지금 온전히 집중하지 못하고, 더 잘할 수 있는데 그러지 못하고 있다고 생각해도 좋습니다.

물론 정리력과 학업 성취도가 직접적으로 관련이 있는지는 증명되지 않았습니다. 정리를 잘한다고 다 공부를 잘하는 건 아니지만, 정리력이 낮은 아이가 공부를 잘하는 경우는 보기 어렵습니다. 위대한 결과를 좌우하는 건 디테일입니다. 별 차이 없어 보여 사소하게 넘겨버리는 정리 습관이 공부를 제대로 시작하려는 아이에게는 결정적 차이를 만들어내기도 한다는 걸 기억했으면 합니다.

공책 정리

공책 정리는 자기주도공부의 기본입니다. 공책 필기를 할 때는 되도록 깨끗하게 쓰게 해야 합니다. 공부 습관을 만들어가는 시기이기 때문이기도 하고, 서술형 평가가 대세인 시대를 마주했기 때문이기도 합니다.

공책 한 권에 영어 단어를 외우다 만 흔적과 수학 문제의 풀이 과정이 섞여 있으면 안 됩니다. 과목별 · 용도별 공책을 결정하고 한 권의 공책은 무슨 일이 있어도 끝까지 쓰게 합니다.

초등학생의 공책은 일기장, 독서록, 배움공책, 과목별 공책, 수학 풀이 공책, 영어 글쓰기 공책 등입니다. 문제집을 끝까지 풀어내는 것만큼 중요한 일이 공책을 활용한 공부입니다.

다 푼 문제집을 바라보면 성취감도 생기고 개운한 마음도 들지만 다시 펴보고 싶고 간직하고 싶다는 생각이 들진 않습니다. 하지만 공책은 '내가 공부한 결과물' 자체이다보니 다 쓴 공책만으로도 성취감을 느끼면서 간직하고 싶어 합니다. 복습에 활용하기 쉬운 이유입니다.

공책으로 공부하는 습관을 들여야 합니다. 주어진 문제를 풀고 채점하면 끝나는 수동적인 공부 말고, 백지처럼 느껴지는 공책을 한

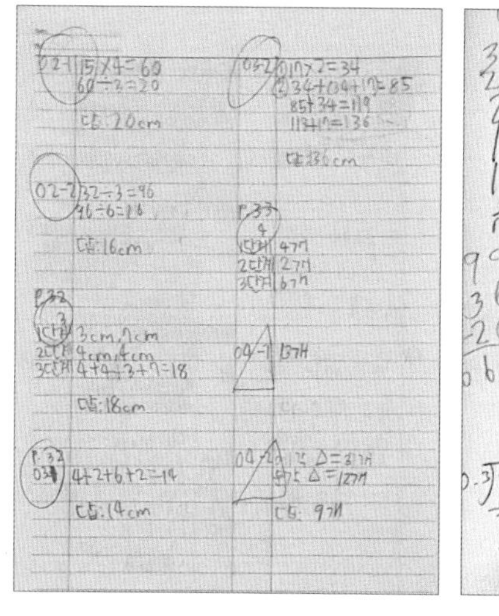

정리된 수학 풀이 공책

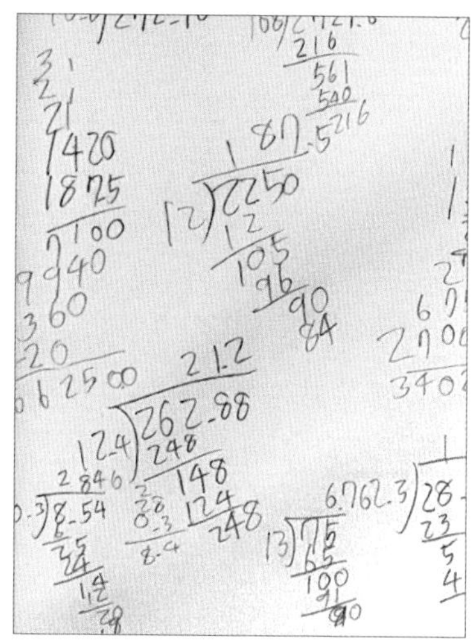

정리되지 않은 수학 풀이 공책

쪽씩 채우며 가지런하게 필기하고 정리하면서 성취감을 느끼는 공부 습관이 필요합니다.

잘 정리한 공책이 보이면 아낌없이 칭찬해주세요. 칭찬 한마디에 공책을 더 깨끗하게 더 잘 정리하려고 노력할 겁니다. 그런 노력이 성취로 이어질 겁니다. 무엇보다 차분히 정리해서 쓰다보면 머릿속도 깔끔하게 정리되는 느낌이 들 때가 있습니다. 대충 아무렇게나 적은 공책을 보면 머릿속도 함께 복잡해지겠지요.

필통 정리

교실 속 아이들의 필통을 들여다보면 아이의 성향이나 정리 습관이 고스란히 드러납니다. 필통 속 필기구의 종류와 상태는 학습 효율과 직결됩니다. 그래서 공부 좀 하는 아이들의 필통을 보면 구성이 다릅니다. 한 번 쓸까 말까 한 예쁘기만 한 필기구는 거의 없고 공부할 때 꼭 필요한 연필, 지우개, 빨간 펜, 형광펜, 자 등이 잘 정리되어 있습니다.

교실에서 보면 여자아이들은 필기구 욕심이 과해서 문제고, 남자아이들은 꼭 필요한 필기구도 제대로 챙기지 않아서 문제입니다. 학년이 올라가면 자연스럽게 알아서 챙기는 아이들이 대부분이지만 저학년 때는 주기적으로 챙겨줄 필요가 있습니다.

학년과 상관없이 오늘, 아이 필통을 꺼내서 들여다보세요. 공부 효율을 떨어트릴 만한 게 없는지 확인하고 함께 정리해보세요. 주기적으로 정리하면서 아이 스스로 느끼도록 해주세요. 어느 순간 아이 스스로 잘 정리하게 되는데, 그때까지는 어른의 도움이 필요합니다.

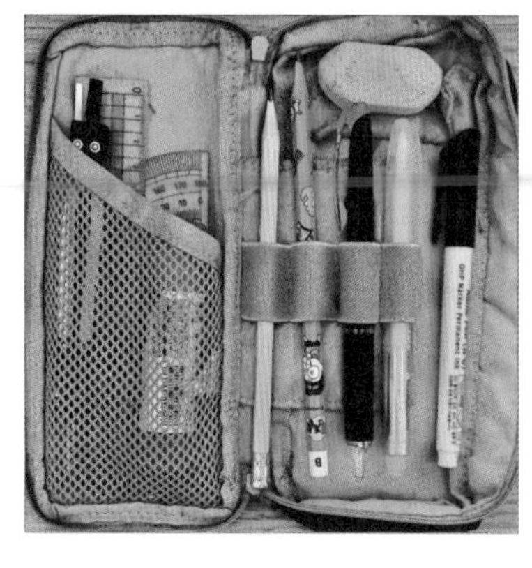

잘 정리된 필통

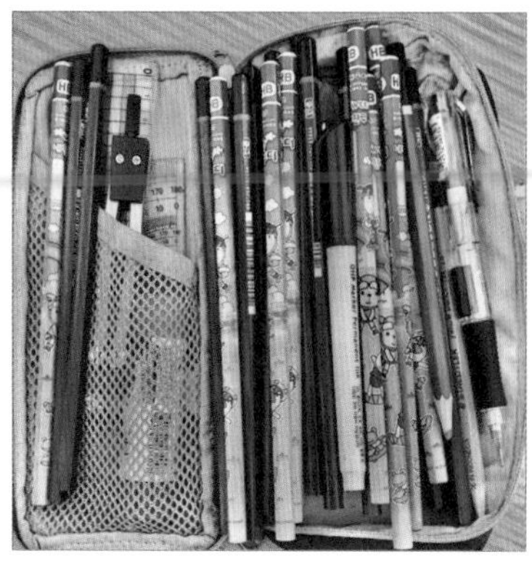

관리가 안 된 필통

대체로 공부 잘하는 아이들의 필통은 왼쪽과 비슷한 경우가 많습니다. 단정한 연필 글씨를 바탕으로 중요한 내용을 빨간색으로 표시하려면 왼쪽 필통 정도라야 합니다. 수학 문제 풀이에 필요한 자와 각도기, 채점하기 위해 필요한 빨간 볼펜, 잘 지워지는 지우개, 단정한 연필 몇 자루(B, 2B)를 기본으로 합니다. 중요한 부분을 표시할 수 있게 형광펜이 있으면 좋고, 색깔이 있는 필기구는 한 가지면 충분합니다.

오른쪽 필통처럼 정리되지 않은 채로 다니면 필요한 것을 찾느라 시간을 뺏깁니다. 정작 필요한 필기구가 없거나 지우개가 보이지 않아 친구에게 빌리느라 산만합니다. 공부 효율이 떨어질 수밖에 없습니다.

색깔 펜을 다섯 가지도 넘게 가지고 다니는 아이들이 있습니다. 대개 이런 경우 갖가지 색깔로 공책을 장식하느라 바쁩니다. 장식하는 데 시간을 보내는 것도 문제지만 도무지 뭐가 중요한 건지 알 수 없을 정도로 여러 색이 칠해져버린 공책은 공부 효율을 떨어트리는 요인이 됩니다. 반대로 연필만 잔뜩 들고 다니는 아이도 있습니다. 중요하건 중요하지 않건 모든 내용을 연필로만 적어 공책을 다시 볼 때 애를 먹기도 합니다.

책상과 책장 정리

초등학생 중 사물함 정리를 잘하는 아이는 많지 않습니다. 집에서는 더하면 더했지 덜하지는 않을 겁니다. 어지러운 책장은 나쁜 의도가 있다거나 게으른 습관 탓이 아닙니다. 아이가 아직 뭐가 문제고 정리가 왜 필요한지 몰라서입니다. 천천히 잡아주면 됩니다.

아이에게는 공부하는 법을 배우는 지금의 과정이 모두 처음입니다. 요령이 생기고 본인만의 노하우를 활용할 정도로 경험이 많지 않습니다. 부모인 우리가 대신해줄 필요는 없지만 잘된 예를 보여주며 앞으로 스스로 해볼 수 있도록 본을 보여주는 일은 중요합니다.

"책상 꼴이 저게 뭐냐"라는 말로 비난하고 꾸짖기보다는 "이렇게 정리해두면 책을 찾기가 훨씬 쉽겠지?" 같은 말과 행동으로 아이가 뒤따라 걷게 해주세요.

매일 공부할 과목의 교과서·공책·문제집도 정리가 필요합니다.

집 안의 모든 책이 모여 있는 가족 공용 책장 말고, 아이가 공부하는 책상 위와 책장에도 정리의 원칙을 만들어주고 그 원칙에 따라 정리하도록 알려주세요. 매일 공부 계획과 일주일 공부 계획에 맞춰 정리해야 합니다.

매일 꺼내 공부하는 교과서·공책·문제집을 위한 전용 칸이 필요하고, 책장을 살피거나 책을 찾을 필요 없이 공부를 시작하는 동시에 바로 책을 펼칠 수 있는 구조도 중요합니다.

잘 정리된 책장

정리되지 않은 책장

아이들의 집중력은 어른보다 떨어지기 때문에 책가방에 들어 있는 문제집을 찾고, 동화책 사이에서 공책을 꺼내다보면 본격적인 공부가 시작되는 시간은 10분씩 늦춰질 수밖에 없습니다. 그만큼 집중력이 흐려진 상태로 공부를 시작합니다.

마음먹고 의자에 앉으면 지체 없이 공부를 시작할 수 있는 환경을 만들어주고 그 환경에 익숙해지게 해야 합니다. 지금 만든 정리의 원칙과 습관을 대학 입시까지 이어가도록 도와주세요.

07

스크린 타임과 게임, 계획과 조절이 먼저다

2018년 한국 미디어 패널 조사에 따르면 대한민국 초등 고학년의 스마트폰 보유율은 81.2%였습니다. 2년이 지난 지금은 어떨까요? 코로나19의 확산으로 온라인 수업이 일상화되면서 초등학생의 스마트 기기 보유율은 100%에 육박하고 있습니다. 당장 스마트 기기 없이는 학교 수업을 들을 수 없기 때문에 당연한 현상이겠지요.

온라인 수업 몇 달 동안 우리 아이들의 컴퓨터 다루는 실력이 눈에 띄게 좋아졌습니다. 기특한 한편 우려되는 면도 있습니다. 모니터 앞에 앉아 있는 '스크린 타임(인터넷 검색, 유튜브 영상 시청, 게임, 타자 연습 등 모니터 앞에서 영상물이나 그래픽 화면을 보며 보내는 시간)'이 코로나19 이전에 비해 눈에 띄게 늘었고 그에 따른 부모의 우려가 높아지고 있습니다. 그간 애써 막았던 유튜브 노출도 이젠 막기 어려워졌습니다. 담임선생님께서 올려주신 오늘의 학습 영상 상당수가 유튜브 채널에 공유된 동영상이기 때문입니다.

온라인 수업과 숙제를 마쳤으면 그만 컴퓨터를 끄라고 하지만 아이들은 이제 겨우 초등학생입니다. 한 번 열린 유튜브의 창을 쉽게 닫지 못합니다. 한동안 머물며 구글 AI(인공지능)가 추천해준 영상을 차례로 클릭해갑니다. 늦은 밤 침대에 누운 어른들이 스마트폰을 한번 잡으면 자극적인 포털 기사의 바다에 빠져 시간을 훌쩍 보내는 것과 다르지 않습니다. 그렇다고 수업 내내 아이를 감시할 수도 없는 노릇입니다.

스크린 타임 계획하고 조절하기

부모 마음 같아선 온라인 수업만 마치면 당장 인터넷을 끊어버리고 싶습니다. 하지만 그것도 지금 시기엔 정답이 아니지요. 집 안에서 보내는 시간 동안 책 읽고 공부하고 스트레칭도 하면 좋겠지만 아이들에게도 숨 쉴 구멍이 필요합니다. 스크린으로나마 웃고 떠들고 놀 시간이 조금은 필요합니다. 스크린 타임을 무조건 줄이려고 하기보다는 계획을 짜서 조절하도록 해야 하는 이유입니다.

자기주도공부를 시도하기로 했다면 아이가 하루 24시간을 어떻게 계획하느냐 역시 아이에게 맡겨야 합니다. 공부를 넘어 자기 시간 전체를 계획하고 조절하고 실천하는 것이야말로 자기주도 공부법의 핵심이니까요. 계획한 공부 시간을 뺀 나머지 시간 동안 무엇을 할지 어떻게 보낼지를 계획하는 연습이 필요합니다. 그 시간 안에 스크린 타임에 대한 계획이 포함되어야 합니다.

코로나19 발생 이전의 아이들이 어떻게 공부하고 놀고 운동할지 계획하고 허락받고 실천했던 것처럼, 포스트 코로나 시대에는 스크린 타임을 스스로 계획한 후 허락받고 실천할 수 있어야 합니다. 이 시간을 얼마나 잘 조절하고 활용하느냐가 자기주도공부의 성패를 가늠하는 요즘입니다.

머리를 맞대고 앉아 스크린 타임을 계획해보세요. 실은 스크린에 빠져 지내는 아이도 잘 알고 있습니다. 이렇게까지 오랜 시간 붙잡고 있을 일이 아니라는 걸요. 그런 아이를 꾸짖고 비난하기보다는 스크린에 빠져 지내는 지금의 시간이 지속되면 어떤 결과로 이어지는지를 차근차근 설명해주세요. 당연히 잘 알 거라 짐작하여 설명하지 않고 넘어간 많은 것들이 아이 머릿속에 뒤죽박죽 박혀버려 정리되지 않을 때가 많습니다.

스크린 타임을 스스로 조절할 줄 아는 계획적인 일상을 위해 필요한 건, 부모의 일방적인 지시가 아닌 생각할 기회를 주는 질문입니다. 사람은 자신을 향한 어떤 질문에 대해 본능적으로 답을 고민합니다. 적절한 질문을 건네는 것만으로 아이가 자신의 일상을 돌아보고 멈추고 새롭게 시작할 수 있게 도울 수 있습니다.

매일 반복되는 일상에서는 깨닫기 힘들었던 지점을 질문으로 바꾸어 건네고, 당장 답이 돌아오지 않더라도 생각할 기회를 갖도록 기다려주는 부모가 되어야 합니다. 스크린 타임에 관해 생각하고 계획하도록 도와줄 질문을 공유합니다. (질문하기 전, 우리 집의 '스크린 타임'에 관한 기준과 정의에 대한 협의가 필요합니다.)

스크린 타임에 관한 대화를 여는 질문

- 요즘 하루에 스크린 타임이 몇 시간 정도 되니?
- 우리나라 초등학생들의 스크린 타임이 하루에 몇 시간 정도 될까?
- 매일의 스크린 타임이 세 시간이라면 한 달이면 총 몇 시간이 될까? 그 시간을 날로 바꾸면 며칠이 되는 걸까?
- 초등학생에게 적당한 스크린 타임은 몇 시간이라고 생각하니?
- 스크린 타임에 엄마의 제한이 필요할까, 그렇지 않을까?
- 스크린 타임에 제한이 없다면 어떤 일이 일어날까?
- 엄마, 아빠의 스크린 타임은 하루에 몇 시간 정도 될 것 같아?
- 평일과 주말의 스크린 타임을 어느 정도로 계획하면 좋을까?

게임 계획하고 조절하기

게임은 이제 대한민국의 일상이 되었습니다. 지하철을 타면 고개를 숙이고 게임에 열중하는 사람들을 쉽게 볼 수 있습니다. 아이들도 예외는 아닙니다. 초등학생부터 고등학생에 이르기까지 자유 시간이 생기면 가장 하고 싶은 일이 게임입니다. 게임은 여가를 즐기는 가장 대표적인 방법이며 학생들이 가장 쉽게 접할 수 있는 인기 1위의 취미가 되었습니다. 전 세계 게임 산업은 2018년을 기준으로 130조 원 규모를 넘어섰고, 한국 시장은 14조 원을 넘어 세계 4위에 올라섰습니다.

게임의 인기와 더불어 프로 게이머라는 직업도 인기가 높아지고 있습니다. 2019년 6~7월 교육부와 한국직업능력개발원에서 전국 1,200개 초·중·고등학교 학생 2만4천783명으로 대상으로 조사한 초등학생 장래 희망 직업에서는 프로 게이머가 전체 중 6위를 차지할 정도입니다. 운동 분야의 정식 종목으로 인정해야 한다는 움직임도 있어 e-sports라는 이름의 올림픽 종목 도입에 대한 논의도 진행되고 있습니다.

게임 관련 산업의 발달과 사람들의 선호도는 앞으로도 가속화될 겁니다. 게임 속 가상공간은 자극과 반응이 빠르며, 상상 속에서만 가능했던 것들이 시각화되어 직접 체험할 수 있는 곳이기 때문에 중독성이 굉장합니다. 다양한 즐거움과 자극이 있고 원하는 대로 설정하고 통제할 수 있으며, 채팅 기능을 통해 국내·외 많은 사람과 쉽게 관계를 맺고 소통할 수도 있습니다.

집에서 하는 PC 게임과 콘솔 게임까지 합하면 대부분의 초등학생들이 게임의 유혹에 노출되어 있다고 봐도 무방합니다. TV와 인터넷에는 날마다 게임 광고가 쏟아져 나옵니다. 특히 남학생들의 주된 관심사와 화젯거리는 단연 게임입니다. 게임을 하지 않으면 친구들과 어울리기 힘들고 대화 거리도 없다고 하소연하는 게 현실입니다.

게임에는 긍정적인 면이 존재하지만 중독성, 학습의 몰입 방해, 건강 악화라는 부정적인 면이 분명한 만큼 아이의 게임을 어떻게 바라보고 조절하게 할지는 상당히 시급하고 무거운 문제입니다.

게임의 긍정적 요소 인정하기

게임의 장점과 현실을 무시하고 게임을 무조건 금기시하는 게 능사는 아닙니다. 게임의 긍정적 요소를 인정하고 지혜롭게 활용하는 것이 부모의 역할이 된 시대입니다. 게임 노출 시기는 늦출수록 좋습니다(초등 고학년). 하지만 노출할 수밖에 없거나 이미 저학년부터 노출된 상황이라면 게임을 학습에서 받는 스트레스를 풀어주는 도구, 기분을 환기하는 도구로 인정하고 조절하면서 활용하는 방안을 찾아가야 합니다.

게임을 칭찬의 기회로 삼을 수도 있습니다. 계획한 대로 게임을 즐기고 끝내는 아이라면 칭찬해주세요. 게임을 한다는 이유만으로 힐난하고 방해하는 부모님이 있습니다. 공개된 장소에서 계획한 시간만큼 아이가 해도 괜찮은 종류의 게임을 하고 있다면 충분히 즐기면서 편안하게 할 수 있는 분위기를 조성해줘야 합니다.

이런 몇 가지 점들을 긍정적으로 바라보면서 '얼마나 할 것이냐'에 관해 아이와 합의해야 합니다. 아이가 계속 게임만 하려 한다, 그만하라고 해도 말을 듣지 않는다, 밤잠을 안 자고 새벽까지 게임을 해서 걱정이다, 이런 하소연은 게임 시간·방법·원칙에 대한 합의 없이 스마트폰을 쥐어준 결과입니다. 게임에 관한 세 가지 원칙을 제안합니다.

하나, 공개된 장소에서 하게 해주세요

아이들이 사용하는 컴퓨터와 게임기를 거실에 설치하면 사용 시간, 게임 종류를 조절하는 데 큰 도움이 됩니다. 중독성이 강하고 조절이 힘든 게임일수록 폭력적·선정적인 내용과 장면을 담고 있는 경우가 많습니다. 가족과 함께 쓰는 공개된 장소에서 게임을 하다보면 이러한 게임을 하지 않거나 자제할 가능성이 높습니다.

아이 방처럼 좁고 닫힌 공간일수록 게임 몰입도가 높아져 시간과 종류를 조절하기 어렵습니다. 넓고 열린 공간일수록 신경 쓰이는 사람과 물건이 많다보니 게임 몰입도가 떨어질 수밖에 없어 중독의 위험이 적습니다.

둘, 스스로 계획하고 조절해보는 기회를 주세요

하고 싶은 게임의 종류·시간·사용 방법에 대한 계획을 스스로 세우게 해야 합니다. 평일 하루에 몇 시간을 하고 주말에는 하루에 몇 시간을 할지, 어디에서 할지, 게임 종류는 어떻게 나눌지, 몇 시부터 몇 시까지는 할 수 있고 몇 시부터 몇 시까지는 안 할지 등을 구체적으로 계획해야 합니다.

스스로 고민하고 계획을 세워 실천해봐야 계획력, 점검 능력, 조절력이 성장합니다. 더불어 말과 행동에 책임을 지는 연습도 할 수 있습니다.

계획을 세웠더라도 할 일을 하지 않고 게임 먼저 하려 하고, 약속한 시간이 지나도 게임을 끝내지 못하기도 합니다. 어느 날은 잘하는가 싶다가 어느 날은 또 무너지기도 합니다. 그럴 때마다 잔소리를 퍼붓고 왜 지키지도 못할 약속을 했느냐며 다그치면 곤란합니다. 때로 모르는 척 넘어가줄 때도 있어야 합니다.

셋, 그럼에도 최소한의 확인과 점검은 필요합니다

최소한의 확인과 인격적인 간섭은 필요합니다. 아이를 믿어야 하지만 온전히 맡겨둬선 곤란합니다. 계획대로 실천하고 있는지 주기적으로 확인해야 합니다. 아이는 부모가 자기의 게임에 관해 관심을 두고 있으며 주기적으로 점검하고 있음을 의식해야 합니다.

자기 조절력을 관장하는 전두엽은 25세에 이르러서야 완성됩니다. 겨우 열 살 남짓인 아이에게 성인의 자제력과 조절력을 기대해선 곤란하다는 의미입니다. 사용 시간 조절에 도움이 되는 스마트폰 사용 관련 앱을 설치하여 스스로 점검할 수 있도록 기회를 주는 것도 바람직합니다.

스마트폰 사용 차단 기능 앱 : Black Out　　스마트폰 사용 차단 기능 앱 : Family Link

이런 감시 앱을 설치하려고 하면 아이는 대번에 나를 못 믿는 거냐며 반항하는 눈빛을 보냅니다. 이럴 땐 감정을 싣지 말고 건조하게 반응하세요. 너를 못 믿는 게 아니라 게임을 못 믿는 거라고, 게임이 너를 붙잡고 놔주지 않을 거라고, 그런 게임을 뿌리치고 나오는 건 어른인 나조차도 쉽지 않은 일이라고 말입니다. 괜히 믿고 맡겼다가 실망해서 막말을 쏟아내 관계를 망치느니, 애초에 실망할 일을 만들지 않도록 대처하는 게 훨씬 현명한 방법입니다.

게임 습관을 초기에 조절하는 데 실패한 가정마다 스마트폰 사준 것을 후회하고 게임을 허용해준 것을 후회하지만 돌이킬 방법이 없다며 막막해합니다.

초등학생의 게임은 평일 하루 최대 1시간을 넘지 않도록 해야 합니다. 평일 하루 30분 정도가 적당하고 주말에는 평일보다 많이 할 수 있도록 하면 아쉬움이 덜합니다. 이것 역시 부모가 계획하고 강요하면 지속시키기 어렵습니다. 아이 스스로 세운 계획에 따라 실천하고 확인하고 반성하는 자기주도공부의 과정은 게임에도 동일하게 적용됩니다. 스스로 세운 계획이라면 훨씬 더 책임감 있게 지키려고 노력할 것입니다.

게임 중독, 예방하고 대처하기

네이버 지식백과에서 '게임 중독'을 검색하면 〈천재학습백과 초등 소프트웨어 용어사전〉에 실린 정의가 다음과 같이 나옵니다.

게임 중독 game addict

요약: 정상적인 생활에 지장을 받을 정도로 게임에 몰두하는 상태.

게임 중독은 과도하게 게임에 빠져 있는 상태를 말합니다. 이와 같은 현상은 일상생활뿐 아니라 건강에도 악영향을 미치게 되는데, 생활 패턴이 변화하여 수면 부족, 식욕 저하로 이어질 수 있고 대인 관계에도 문제가 생기는 등 여러 부작용을 동반합니다. 그럼에도 자신을 대신하는 게임 속 캐릭터를 통해 대리만족을 느낄 수 있기 때문에 더욱 빠져들기 쉽습니다.

게임 중독 여부를 정확하게 진단하기 위해 오른쪽 게임 중독 진단표를 활용할 수 있습니다. 진단표의 항목을 참고해 상태를 확인하고 심각한 상태라면 반드시 전문가를 찾아야 합니다. 반복되는 잔소리와 훈계는 관계만 악화시킬 뿐 상황을 개선하지 못합니다. 전문가의 도움을 받으면 불필요한 노력과 감정 소모 없이 효과적으로 해결할 수 있습니다.

모든 게임이 다 같지 않다는 점도 유의해야 합니다. 유독 중독성이 강한 게임이 있습니다. 롤LOL, 리니지, 배틀 그라운드, 오버워치처럼 게임 시간이 길고, 캐릭터를 성장시키는 데 오랜 시간과 노력이 요구되는 게임은 중독성이 높습니다.

미국정신의학회 게임 중독 진단표

번호	증상	✓
1	게임에만 몰두한다. 직전 게임에 대한 생각이나 앞으로 할 게임에 대한 기대 등에 빠져 있다.	
2	게임을 못 할 때 금단 증상이 있다. (짜증, 화남, 슬픔 등의 감정을 느낌)	
3	게임을 하는 시간이 계속 증가한다.	
4	게임을 덜 하려는 시도가 실패한다.	
5	게임 때문에 기존의 취미, 운동에 대한 관심이 사라졌다.	
6	'내가 문제가 있나'라고 생각하면서도 게임을 과도하게 한다.	
7	게임을 얼마나 많이 하는지 거짓말을 한 적이 있다.	
8	무기력함, 죄책감, 짜증을 해소하기 위해 게임을 한다.	
9	게임 때문에 학업, 직장 생활, 인간관계에 심각한 위기가 생겼다.	

위 증상 중 다섯 가지가 12개월 이상 지속되는 경우 게임 중독으로 의심

초등학생이 주로 하는 게임에는 무엇이 있고, 무엇을 피해야 하는지 정도를 미리 알아두는 관심도 필요합니다. 그 정도도 어렵다면 아이가 새로 시작하려고 하는 게임이 어떤 종류의 게임인지 확인한 후 설치를 허락해야 합니다. 중독성이 강한 게임이라면 조절력이 충분하고 시간도 넉넉하게 확보되는 성인이 된 다음에 하도록 권합니다. 다음은 중독성이 강한 대표적인 스마트폰 게임입니다. 이미 많은 아이들이 이 게임을 즐기고 있을 텐데요, 부모의 적극적인 관심과 관리가 중요하다는 점 기억하세요.

LOL

배틀 그라운드

오버워치

리니지

게임 말고 다른 취미 갖기

게임에 중독된 아이의 문제는 다른 것에 관심이 없고 오직 게임만 하려 한다는 점입니다. 다른 활동으로는 대체하기 어려운 게임만의 매력이 있기 때문에 다른 취미가 있다 해도 게임을 완전히 중단하기는 어렵습니다. 게임과 병행할 수 있으면서 성향이 다른 종류의 취미를 찾는 노력이 필요합니다. 게임 이외의 취미 생활을 통해 스트레스를 해소하고 즐거움을 경험하다보면 게임에만 집중하고 중독되는 상황을 어느 정도 조절할 수 있거든요.

초등학생이 취미로 가질 만한 유익한 활동을 크게 세 가지로 나누어보았습니다. 이 중에는 아이가 게임에 빠지기 전 한때 열광했던 취미도 있을 수 있습니다. 게임에 밀려 잊혀진 취미를 다시 즐기게 하는 것도 자기주도공부를 시작하고 지속시키는 방법 중의 하나입니다.

초등학생 권장 취미 목록

구분	취미
신체 활동	운동
지적 활동	독서, 바둑, 장기, 체스, 큐브 맞추기, 스도쿠, 퍼즐, 글쓰기, 미로 찾기
문화 예술 활동	악기 연주, 만화 그리기, 미술 작품 만들기, 그림 그리기, 종이접기 영화/공연 감상, 영상 제작

위의 세 가지 종류 중 서로 성격이 다른 두 가지 이상의 취미를 시작하게 해보세요. 아이가 게임만 하려 했던 건 게임 말고 다른 즐거운 취미를 아직 만나지 못했기 때문일 수 있으니까요.

아이 알기가 먼저입니다

"애는 왜 이렇게 잠시도 가만히 앉아 있지 못하는 걸까요?"

"독서를 열심히 시켰는데 국어 점수는 왜 나아지지 않을까요?"

"수학 머리가 없진 않은 것 같은데 꼭 한두 개씩 틀려서 와요. 왜 그런 걸까요?"

아이 공부를 붙잡고 시키다보면 흔하게 마주하는 궁금증이고 고민일 거예요. 아이는 태어난 대로, 이제까지 해온 대로 최선을 다하고 있는데, 부모의 불만과 실망은 끝이 없습니다. 우리 아이는 왜 이렇게 성에 차지 않는 걸까요.

공부를 제대로 시키고 싶다면, 진짜 똘똘하게 앞서가는 아이로 만들고 싶다면, 자기의 의지와 계획으로 공부해가는 아이의 모습을 보고 싶다면 가장 먼저 아이를 알기 위해 노력해야 합니다. 아이를 아는 것이 우선이고, 가장 중요합니다. 아이를 알아야 아이를 위한 최선의 방법을 알아낼 수 있고, 아이를 알아야 사춘기도 이겨냅니다. 지금 대한민국의 교육에는 그 노력이 빠져 있습니다.

잘 가르친다는 학원, 친구들이 공부하는 과목, 과목별 일타 강사에 관한 정보는 더욱 자세히 빠르게 알기 위해 벅차다 싶은 노력도 마다하지 않습니다. 싫은 모임에도 얼굴을 내밀고, 늦은 밤까지 눈을 못 떼고 검색하지만 훨씬 중요한 '내 아이를 알아가는 노력'은 빠져 있습니다.

원하는 성적이 나오지 않고, 공부 습관이 잡히지 않는 이유는 더 유능한 강사의 수업을 듣지 못해서가 아닙니다. 그룹 과외를 받았어야 할 아이가 학원에 다녀서 혹은 엄마표로 공부하고 있기 때문이 아닙니다. 아이의 성향, 흥미, 소질, 강점을 파악하지 않고 '좋다는 모든 것'을 동원해 밀어넣은 결과입니다.

아무리 좋다는 것도 내 아이와 맞지 않으면 소용이 없습니다. 도대체 무슨 생각을 하고 있는지 모르겠고, 왜 저렇게 속 터지는 행동을 하는 건지 궁금하다면 아이의 마음을 들여다봐주세요.

마음부터 들여다보고, 머릿속 생각을 알기 위해 노력하면서 이 아이가 공부하기 어려운 환경, 성향, 특징, 습관, 의지, 마음가짐을 하나씩 잡아가야 합니다. 아이를 파악하는 방법을 하나씩 짚어볼게요.

말할 수 있는 분위기를 만들어주세요

말은 그 사람의 마음과 생각을 동시에 알 수 있는 훌륭한 표현 수단입니다. 우리 아이가 도통 말을 하지 않아 답답하다면 아이와 하는 대화 속에 공감, 맞장구, 칭찬, 유머가 적절했는지 짚어보세요. 말이 없는 아이가 아니라, 무뚝뚝한 아이가 아니라, 그저 '말하기 싫은 아이'일 수 있거든요.

입 여는 것을 꺼리게 만드는 과하거나 무뚝뚝한 반응은 아니었는지, 아이가 말만 하면 잔소리와 훈계로 마무리하진 않았는지, 칭찬받고 싶어하는 걸 알면서 버릇 나빠질까봐 참았던 건 아니었는지, 재미있는 것에 반응하는 아이에게 진지한 이야기만 했던 건 아닌지 살펴보세요.

수업 시간에는 말없이 조용하던 아이가 단둘이 이야기할 때는 끝도 없이 종알거리며 이야기를 쏟아내곤 합니다. '내가 속 얘기를 꺼내도 괜찮겠다'라고 느껴야 비로소 입을 여는 성향의 아이이기 때문입니다. 교실에서 15년 넘게 아이들과 생활하고 있지만 아직 더 많이 노력해야겠다고 다짐하는 순간입니다.

아이의 다문 입이 부담스럽고 걱정된다면 아이가 말을 꺼내도 괜찮을 만큼 허용적이고 따뜻한 대화 분위기를 마련해줬는지 확인해주세요. 사실 아이들은 정말 하고 싶은 말이 많거든요.

아이 글에 관심을 기울여주세요

공부를 시키려면 아이가 '어떤 행동을 하는지'보다 '어떤 생각을 하는지'에 무게를 두고 살펴봐야 합니다. 행동은 결국 생각의 지배를 받기 마련인데, 행동 자체에만 집중하고 행동을 해석하려고 애쓰다 보면 노력만큼 결과가 돌아오기 어렵습니다. 왜 저런 행동을 하는지 알고 있어야 합니다. '아이의 생각'에 집중한 결과입니다.

생각을 들여다볼 수 있는 열쇠는 아이의 글입니다. 그래서 담임교사가 아이를 파악하기 위해 가장 공들이는 일이 '일기장 검사'였습니다. 읽고 답장을 써줘야 해서 시간도 오래 걸리고 고되지만 아이의 생각과 마음을 엿볼 수 있는 가장 훌륭한 도구였기 때문입니다. 하지만 일기장 검사가 아이들의 인권을 침해한다는 해석 때문에 일기를 썼는지 안 썼는지만 확인하거나, 아예 검사하지 않는 분위기입니다. 그래서 최근에는 일기 대신 '주제 글쓰기'와 같은 다양한 글쓰기 과제를 냅니다. 글쓰기 실력이 향상되도록 도우려는 목적이지만, 한편으로는 글에 담긴 아이의 생각과 마음을 읽기 위해서이기도 합니다.

아이의 글에 관심을 가져보세요. 잘 썼느냐 못 썼느냐, 몇 줄을 썼느냐보다 중요한 건 글에 담긴 아이의 생각과 마음입니다. 어떤 생각을 하는지, 말로 표현 못 한 솔직한 마음은 무엇인지 들여다볼 수 있습니다. 빨간 펜으로 오자를 교정하고 띄어쓰기를 바로잡아주는 것보다 훨씬 중요한 일입니다.

아이의 취향을 존중해주세요

아이들은 어른의 축소판이 아닙니다. 그 자체로 고유한 개성을 지닌 인격체입니다. 부모의 미니미가 아닙니다. 내가 낳은 자식이지만 성향이 달라서 힘들고, 취향이 별나서 낯설게 느껴질 수 있습니다. 그게 정상이고 당연한 겁니다.

취향은 마음, 생각과 더불어 그 사람을 결정하는 중요한 요소입니다. 왜 하는지 이해되지 않는 공부를 꾸역꾸역하며 노력하는 아이의 마음을 환하게 해주는 방법, 생각보다 어려운 일이 아니에요. 방법은 간단합니다. 아이에게 되도록 많은 선택권을 주는 거예요.

읽을 책을 고를 때, 새 학기 문제집을 살 때, 공책과 연필을 골라야 할 때, 학원 중 한 군데를 선택해야 할 때 등 선택지를 두세 가지로 추려냈다면 최종 선택은 아이의 취향에 맡겨보세요. 초등 시기의 공부를 계획할 때는 월등하게 더 낫거나 후회할 만큼 별로인 선택지는 드물거든요. 아이가 본인 취향을 존중받아 선택하고나면 앞장서려고 할 거예요. 곧 다가올 다음 선택의 순간에 조금 더 자신만만하고 여유 있는 모습을 보일 거예요. 초등 시기는 그래도 되는 시기이며, 그래야 하는 시기입니다.

맺음말

많은 책을 읽지만 그 내용을 모두 기억하고 살진 못합니다. 저희도 그렇습니다. 이 책도 그럴 거예요. 다 기억할 수 없지만 하나라도 해볼까 싶은 마음이 들었으면 좋겠습니다.

'사회 공부 방법 중에 이런 게 있었네', '이 정도는 오늘부터 해볼 만하겠다', '우리 아이는 아직 한참 먼 것 같긴 하지만 여기 이 방법은 할 수 있을 것 같아'라는 좋은 느낌이 들었길 바랍니다.

'아, 이거 괜찮다' 싶은 마음에 몇 가지 정도는 밑줄을 쳐놓았을 수도 있겠네요. 그렇다면 성공입니다. 위대한 성취는 '하나'에서 시작합니다. 하나를 해야 둘을 하지요. 하나만 해보세요.

'같이 먹어요'를 여전히 '가치 먹어요'라고 써들고 오는 아이라면 바른 글자인 '같이 먹어요'를 큼지막하게 써서 냉장고 문 앞에 붙여 주세요. 저녁마다 10분 정도는 8시 뉴스를 함께 볼 수도 있어요. 일기를 매일 쓸 수 있도록 하는 선물을 걸고 구슬리는 거, 영 불가능한 일은 아니잖아요.

더 잘하려고 완벽하게 하려고 하지 말고 할 수 있는 것만 해주세요. 저희도 다 못 해요. 앞으로도 그럴 것 같아요. 하지만 다 해주지 못해도 성공할 거라 믿어요. 저희는 아이 공부의 성공이 명문대 합격이 아니라 스스로 공부할 줄 아는 방법을 찾아내는 것이라고 믿거든요.

이 책을 마무리하는 2020년 겨울은 여느 해와 다릅니다. 코로나19로 인해 우리 아이들이 방에 앉아 모니터를 보며 수업을 듣는 비非일상이 일상이 되어버린 힘겨운 한 해를 마무리하고 있습니다. 대한민국 모든 부모와 아이가 공부와 유튜브 사이에서 힘겨루기를 하고 있습니다. 그래서 더더욱 욕심내지 않았으면 합니다.

모든 것을 다 잘해야 한다고 생각하면 부모도 아이도 너무 쉽게 지쳐버릴 거예요. 자기주도 공부법이라는 이름으로 쉬운 것부터 하나씩, 할 수 있는 것부터 조금씩 중학교 입학 전까지 시도하고 경험하면 좋겠습니다.

공부는 결국 아이 스스로 해야 한다는 평범하고 분명한 사실을 자기만의 방식으로 표현해준 사랑하는 두 아들, 항상 저희 가정을 기도와 격려로 지지해주시는 가족 모두에게 깊은 감사를 전합니다. 저희 두 사람이 펴낸 지난 책들의 독자로, 유튜브 채널과 오디오 클

립의 구독자로, 매생이 클럽 아이들의 부모로 열렬한 지지를 보내주시는 부모님들께 진심으로 감사의 말씀을 전합니다.

2020년 코로나의 겨울

이은경, 이성종 드림

참고 도서

《강성태 3년 공부 다이어리》 강성태 | 다산4.0

《강성태 66일 공부법》 강성태 | 다산에듀

《거실공부의 마법》 오가와 다이스케 | 키스톤

《공부 호르몬》 박민수, 박민근 | 21세기북스

《공부, 이래도 안되면 포기하세요》 이지훈 | 위즈덤하우스

《공부를 공부하다》 박재원, 정유진 | 에듀니티

《공부하는 힘》 황농문 | 위즈덤하우스

《기적의 집중력》 모리 겐지로 | 비즈니스북스

《끝까지 해내는 기술》 캐롤라인 애덤스 밀러 | 빈티지하우스

《내 아이를 위한 최선》 기맷 포르 | 즐거운학교

《독학은 어떻게 삶의 무기가 되는가》 야마구치 슈 | 메디치미디어

《메타인지 학습법》 리사 손 | 21세기북스

《미쳐야 공부다》 강성태 | 다산에듀

《스트레스에 강한 아이의 비밀》 스튜어트 쉥커, 테레사 바커 | 북라이프

《아이와 나는 한 팀이었다》 최성현 | 위즈덤하우스

《열 살까지는 공부보다 아이의 생각에 집중하라》 황경식 | 트로이목마

《엄마 심리 수업》 윤우상 | 심플라이프

《완전학습 바이블》 임작가 | 다산에듀

《우리아이 정리습관》 임희정, 강누리 | 마음상자

《운동화를 신은 뇌》 존 레이티, 에릭 헤이거먼 | 녹색지팡이

《이것이 진짜 공부다》 강성태, 박철범, 서경석, 이병훈 | 다산에듀

《이토록 공부가 재미있어지는 순간》 박성혁 | 다산북스

《인스타 브레인》 안데르스 한센 | 동양북스

《집중하는 힘》 마르코 폰 뮌히하우젠 | 미래의창

《체육관으로 간 뇌과학자》 웬디 스즈키 | 북라이프

《초등 매일 공부의 힘》 이은경 | 가나출판사

《초등 매일 공부의 힘 실천법》 이은경 | 가나출판사

《하기 싫은 일을 하는 힘》 홍주현 | 사우

《하버드 상위 1퍼센트의 비밀》 정주영 | 한국경제신문사

《혼자 공부법》 송용섭 | 다산에듀

《혼자 공부하는 힘》 조승우, 고승진 | 이상

《혼자 공부하지 못하는 아이들》 박인연 | 제8요일

《혼자 하는 공부의 정석》 한재우 | 위즈덤하우스

《흔들리지 않는 공부 멘탈 만들기》 김상운 | 움직이는서재

참고 논문

- 강태진, 하숙례 | 한국스포츠학회 2017, vol.15, no.4 | 중학생의 스포츠 활동이 학업 스트레스 및 운동 몰입에 미치는 영향
- 김정주, 정구인, 우민정 | 한국초등체육학회지 2016, vol.22, no.3 | 유산소 운동이 집중 과제 수행 시 초등학생의 뇌 활성화에 미치는 영향
- 임희진, 백혜정, 김동식 | 한국청소년정책연구원 경제·인문사회연구회 협동연구총서 19-61-01 연구보고 19-R18 | 청소년의 건강권 보장을 위한 정책방안 연구 |

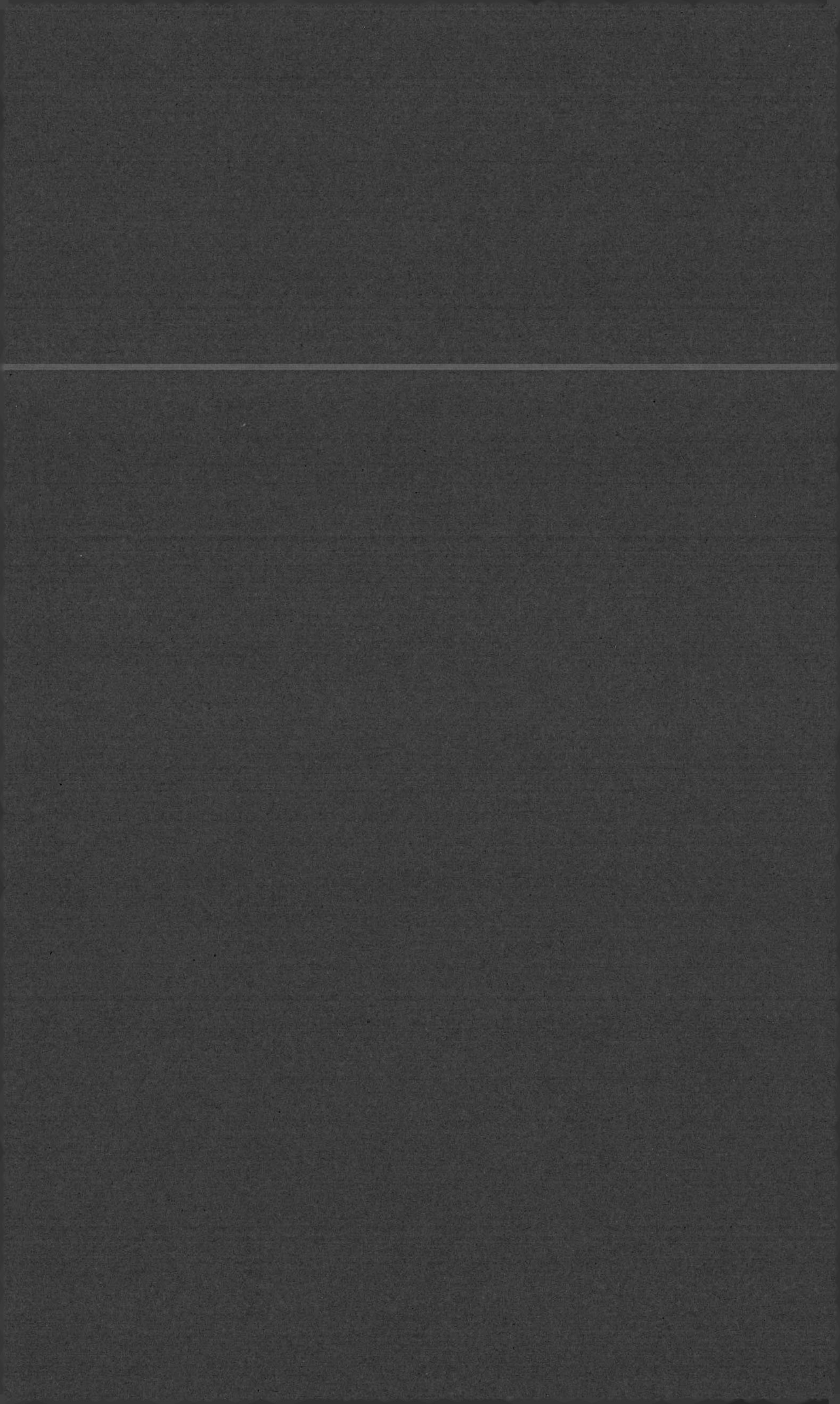